Mathias Oberhauser
Hermann Vetter u. a.

Mechatronische
Getriebesysteme

Mechatronische Getriebesysteme

Mechatronik und Design moderner Kfz-Getriebe

Prof. Dipl.-Ing. Mathias Oberhauser
Prof. Dipl.-Ing. Hermann Vetter

Dipl.-Ing. (FH) Manfred Bek
Dr. Joachim Burmeister
Dipl.-Ing. Harald Deiss
Dipl.-Ing. Bernhard Drerup
Dr.-Ing. Kurt Engelsdorf
Toshifumi Hibi, B.S.M.E.
Dipl.-Ing. Hans Hillenbrand
Masamichi Kijima, B.S.M.E., M.S.M.E.
Dr.-Ing. Ralf Kischkat
Prof. Dipl.-Ing. Werner Klement

Dr.-Ing. Lutz Paulsen
Dipl.-Ing. Marko Poljansek
Dr.-Ing. Stephan Rinderknecht
Dipl.-Ing. (FH) Günter Rühle
Dr.-Ing. Wolfgang Runge
Dipl.-Ing. Steffen Schumacher
Yasuo Sumi, M.S.M.E., B.S.M.E.
Tohru Takeuchi, M.S.M.E., B.S.M.E.
Dipl.-Ing. Ralf Vorndran
Takeshi Yamamoto, B.S.M.E.

2., aktualisierte und erweiterte Auflage
Mit 224 Bildern und 9 Tabellen

Kontakt & Studium
Band 595

Herausgeber:
Dr.-Ing. Michael Mettner
Technische Akademie Esslingen
Weiterbildungszentrum
Dipl.-Ing. Elmar Wippler, expert verlag
Begründet von
Prof. Dr.-Ing. Wilfried J. Bartz

Bibliografische Information Der Deutschen Bibliothek

Die Deutsche Bibliothek verzeichnet diese Publikation
in der Deutschen Nationalbibliografie;
detaillierte bibliografische Daten sind im Internet über
http://dnb.ddb.de abrufbar.

Bibliographic Information published by Die Deutsche Bibliothek

Die deutsche Bibliothek lists this Publication
in the Deutsche Nationalbibliografie;
detailed bibliographic data is available in the Internet at
http://dnb.ddb.de .

ISBN 3-8169-2239-2

2., aktualisierte und erweiterte Auflage 2003
1. Auflage 2001

Bei der Erstellung des Buches wurde mit großer Sorgfalt vorgegangen; trotzdem können Fehler nicht vollständig ausgeschlossen werden. Verlag und Autoren können für fehlerhafte Angaben und deren Folgen weder eine juristische Verantwortung noch irgendeine Haftung übernehmen.
Für Verbesserungsvorschläge und Hinweise auf Fehler sind Verlag und Autoren dankbar.

© 2001 by expert verlag, Wankelstr. 13, D-71272 Renningen
Tel.: +49 (0) 71 59-92 65-0, Fax: +49 (0) 71 59-92 65-20
E-Mail: expert@expertverlag.de, Internet: www.expertverlag.de
Alle Rechte vorbehalten
Printed in Germany

Das Werk einschließlich aller seiner Teile ist urheberrechtlich geschützt. Jede Verwertung außerhalb der engen Grenzen des Urheberrechtsgesetzes ist ohne Zustimmung des Verlags unzulässig und strafbar. Dies gilt insbesondere für Vervielfältigungen, Übersetzungen, Mikroverfilmungen und die Einspeicherung und Verarbeitung in elektronischen Systemen.

Herausgeber-Vorwort

Bei der Bewältigung der Zukunftsaufgaben kommt der beruflichen Weiterbildung eine Schlüsselstellung zu. Im Zuge des technischen Fortschritts und angesichts der zunehmenden Konkurrenz müssen wir nicht nur ständig neue Erkenntnisse aufnehmen, sondern auch Anregungen schneller als die Wettbewerber zu marktfähigen Produkten entwickeln.

Erstausbildung oder Studium genügen nicht mehr – lebenslanges Lernen ist gefordert! Berufliche und persönliche Weiterbildung ist eine Investition in die Zukunft:
– Sie dient dazu, Fachkenntnisse zu erweitern
   und auf den neuesten Stand zu bringen
– sie entwickelt die Fähigkeit, wissenschaftliche Ergebnisse
   in praktische Problemlösungen umzusetzen
– sie fördert die Persönlichkeitsentwicklung und die Teamfähigkeit.

Diese Ziele lassen sich am besten durch die Teilnahme an Lehrgängen und durch das Studium geeigneter Fachbücher erreichen.

Die Fachbuchreihe *Kontakt & Studium* wird in Zusammenarbeit zwischen dem expert verlag und der Technischen Akademie Esslingen herausgegeben.

Mit ca. 600 Themenbänden, verfasst von über 2.400 Experten, erfüllt sie nicht nur eine lehrgangsbegleitende Funktion. Ihre eigenständige Bedeutung als eines der kompetentesten und umfangreichsten deutschsprachigen technischen Nachschlagewerke für Studium und Praxis wird von der Fachpresse und der großen Leserschaft gleichermaßen bestätigt. Herausgeber und Verlag freuen sich über weitere kritisch-konstruktive Anregungen aus dem Leserkreis.

Möge dieser Themenband vielen Interessenten helfen und nützen.

Dr.-Ing. Michael MettnerDipl.-Ing. Elmar Wippler

Vorwort

Die allgemeinen Forderungen nach höherer Wirtschaftlichkeit, größerem Komfort und besserer Umweltverträglichkeit im Automobilbau beeinflussen sehr stark auch die Entwicklung moderner Fahrzeuggetriebe. Die möglichen Potentiale hinsichtlich Verbrauchssenkung, Fahrerentlastung und Zuverlässigkeit lassen sich nur noch mit Hilfe der Elektronik durch Automatisierung herkömmlicher Schaltgetriebe (sogenannte ASG), neue Funktionen in den klassischen Automatikgetrieben (AG) oder stufenlose Getriebe (CVT) voll ausschöpfen. Der bisher meist beschrittene Weg der Adaption elektronischer Komponenten an bewährte Mechanik muß in Zukunft immer mehr im Sinne eines mechatronischen Konzeptes überdacht werden.

Der TAE Lehrgang Mechatronische Getriebesysteme und das daraus hervorgegangene vorliegende Buch möchten diesen interdisziplinären Ansatz bei der Entwicklung neuer Fahrzeuggetriebe in der Aus- und Weiterbildung aufgreifen. In den beiden Hauptkapiteln werden sowohl die mechanischen als auch die steuerungstechnischen Aspekte moderner Fahrzeuggetriebesysteme vorgestellt.

Im ersten Teil des Buches werden die verschiedenen grundsätzlichen kinematischen Möglichkeiten zur Leistungsübertragung über Zahnradstufen oder hydrodynamische Wandler aufgezeigt und diskutiert. Daraus ergeben sich die Strategien zur Steuerung der Gangwechsel. Anhand moderner ausgeführter Beispiele werden die heute produzierten Getriebevarianten automatisiertes Schaltgetriebe, Stufenautomat und CVT-Getriebe als Gesamtsysteme vorgestellt. Dabei werden auch die vom Gesamtfahrzeug vorgegebenen Randbedingungen dargestellt.

Die im zweiten Teil behandelte Technik der Getriebesteuergeräte befindet sich in einer sehr dynamischen Entwicklung. Schwerpunkte sind die Einführung von Hybridsteuergeräten und die immer stärkere Integration der Mikroprozessorsteuerungen mit den hydraulischen Aktuatoren bis hin zur räumlichen Anordnung im Getriebe selbst. Durch diese Modulbauweise wurde eine weitere Optimierung der Wirtschaftlichkeit ermöglicht. Im Softwarebereich werden adaptive Programme entwickelt, die sich dem jeweiligen Fahrzustand selbständig optimal anpassen.

Das Buch wendet sich an Ingenieure und Techniker, die sich in Entwicklung, Versuch, Fertigung und Service mit elektronisch gesteuerten Getrieben befassen, und möchte insbesondere die Verständigung zwischen Fachleuten mit unterschiedlicher Erstausbildung, die an gemeinsamen Projekten arbeiten, fördern. Es gibt einen guten Überblick über die verschiedenen Getriebesysteme, insbesondere auch CVT Getriebe.

Prof. Mathias OberhauserProf. Hermann Vetter

Inhaltsverzeichnis

Vorwort

1.	**Getriebedesign**	1
1.1	**Grundlagen Kennungswandler** Mathias Oberhauser	1
1.2	**Getriebekonzepte** Bernhard Drerup	13
1.3	**Hydrodynamische Anfahrelemente** Werner Klement	30
1.4	**Das 5-Gang-Automatikgetriebe W5A180 für die A-Klasse von Mercedes** Hans Hillenbrand	41
1.5	**Technik des CVT-Getriebes** Ralf Vorndran	57
1.6	**Die mechatronische Getriebesteuerung im AUDI-CVT** Ralf Kischkat	71
1.7	**Development of Half-Toroidal CVT** Toshifumi Hibi, Tohru Takeuchi, Yasuo Sumi, Takeshi Yamamoto, Masamichi Kijima	84
1.8	**Das Doppelkupplungsgetriebe (DKG): Ein Vorgelegegetriebe mit Zugkraftüberbrückung** Stephan Rinderknecht, Günter Rühle	106
1.9	**Die Automatisierung des Antriebsstrangs bei Nutzfahrzeugen** Lutz Paulsen	122

2. Getriebeelektronik 151

2.1 Mechatronische Systeme im Antriebsstrang 151
Hermann Vetter

2.2 Aktuatorik und Sensorik zur Steuerung von Automatikgetrieben 167
Steffen Schumacher

2.3 Mechatronikkonzepte für Getriebesteuerungen 195
Kurt Engelsdorf

2.4 Entwicklungstools und Cartronic® 215
Marko Poljanšek

2.5 Funktionen von Automatgetriebesteuerungen 236
Wolfgang Runge, Joachim Burmeister, Manfred Bek, Harald Deiss

Autorenverzeichnis

1. Getriebedesign

1.1 Grundlagen Kennungswandler

Mathias Oberhauser

1. Einleitung

Der Verbrennungsmotor dominiert nach wie vor wegen seines ausgereiften Entwicklungsstandes, seiner hohen Leistungsdichte und des großen Energieinhaltes des verwendeten Kraftstoffes im Bereich der Straßenfahrzeugantriebe. Das vom Motor abgegebene Moment ist von der Last (Gaspedalstellung) und der Motordrehzahl abhängig. Diese Abhängigkeit bezeichnet man als die *Kennung* des Motors. Der Verlauf des Motormoments über der Drehzahl bei maximaler Last bezeichnet man als die *Lieferkennlinie* der Maschine. Die Lieferkennlinie des Verbrennungsmotors - Drehzahllücke und starke Drehzahlabhängigkeit der abgegebenen Leistung - ist jedoch im Prinzip für den Fahrzeugantrieb schlecht geeignet. Zentrale Aufgabe des Antriebsstranges ist daher, die Kennung des Motors an die aktuelle Fahrsituation anzupassen. Diese *Kennungswandlung* erfolgt bei den Handschaltgetrieben (Manual Transmission MT), den automatisierten Schaltgetrieben (ASG) und den klassischen Automatgetrieben (Automatic Transmission AT) in diskreten Stufen und bei den stufenlosen Getrieben (Continuously Variable Transmission CVT) kontinuierlich. In diesem Beitrag wird der prinzipielle Einfluß der Kennungswandlung auf Fahrleistung und Verbrauch dargestellt. Der Einfachheit halber werden die fahrzeugtechnischen Betrachtungen an Stufengetrieben durchgeführt. Die Ergebnisse sind allerdings nicht nur für die optimale Steuerung der Schaltpunkte von automatisierten und Automatikgetrieben per Software, sondern auch zur Steuerung von CVT's anwendbar. Vertiefte Betrachtungen dazu werden in den folgenden Kapiteln angestellt.

2. Aufgabe von Fahrzeuggetrieben

Das Getriebe ist Teil des Antriebsstrangs des Fahrzeuges. Grundaufgabe des Antriebsstrangs ist die Übertragung des Motormomentes auf die Antriebsräder. Während lange Zeit in Europa das Handschaltgetriebe und Einachsantrieb bei Pkws Standard war, sind in den achtziger Jahren durch die verstärkte Anwendung der Elektronik und Aktorik sehr viele Innovationen im Antriebsbereich wie permanenter Allradantrieb, selbständig zuschaltende Allradantriebe (Viscokupplung, 4-matic) Antriebs-Schlupfregelung (ASR), Sperrdifferentiale und elektrohydraulische Vielgang-Automatgetriebe umgesetzt worden. Tabelle 1 zeigt allgemein die Aufgaben des Antriebsstrangs.

- Lieferkennlinie an Zugkraftbedarf anpassen
- Drehzahllücke des Verbrennungsmotors überbrücken
- Motor möglichst verbrauchsoptimal belasten
- Komfortabler Fahrbetrieb
- Möglichst geringe Beeinträchtigung der Seitenkräfte am Rad
- Hohe Traktion

Tabelle 1: Aufgaben des Antriebsstrangs

Trotz aller neuen Komponenten wird die Gesamtleistung des Antriebs nach wie vor wesentlich durch das Getriebe bestimmt.

3. Getriebe als Kennungswandler

Der Motor muß im gewünschten Geschwindigkeitsbereich des Fahrzeuges bei allen vorkommenden Steigungen den Fahrwiderstand überwinden und darüber hinaus eine ausreichende Beschleunigungsreserve bieten. Für den Fahrbetrieb ist aber nicht nur Antriebsleistung, sondern auch genügend Bremsleistung des Antriebsstrangs erforderlich, um die Betriebsbremse zu schonen. Bild 1 zeigt die Fahrwiderstandskraft am Rad in der Ebene über der Fahrgeschwindigkeit für einen mittleren Pkw. Die Fahrwiderstandskraft setzt sich aus dem näherungsweise konstanten Rollwiderstand und dem quadratisch mit der Fahrgeschwindigkeit anwachsenden Luftwiderstand zusammen.

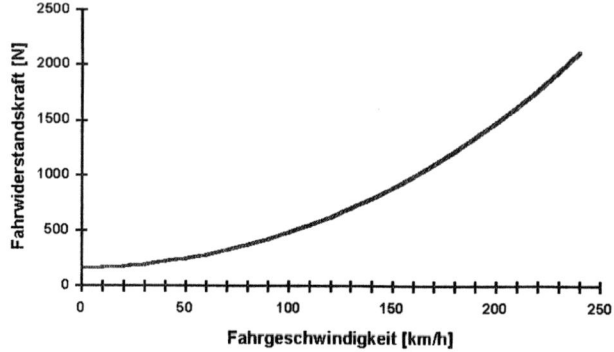

Bild 1: Fahrwiderstandskraft eines mittleren Pkw in der Ebene

Aus thermodynamischen und schwingungstechnischen Gründen weisen Verbrennungsmotoren jedoch Kennfelder auf, die einen Direktantrieb unmöglich machen. Der Motor kann nicht unterhalb der Leerlaufdrehzahl (genauer unterhalb der minimalen Lastdrehzahl) betrieben werden, das abgegebene Moment an der Kurbelwelle ist verglichen mit den erforderlichen Momenten am Rad gering, jedoch ist die maximale Motordrehzahl viel höher als die auch bei hohen Geschwindigkeiten auftretenden Raddrehzahlen. Bild 2 zeigt als Beispiel die idealisierte Lieferkennlinie (Vollastmoment) eines typischen Pkw-Ottomotors.

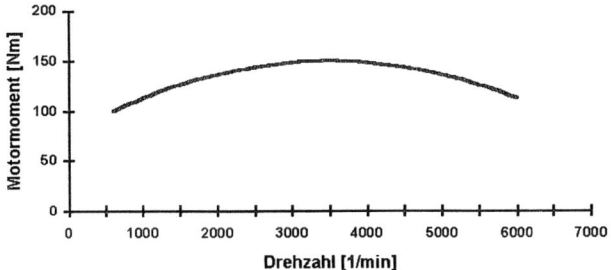

Bild 2: Idealisierte Lieferkennlinie (Vollastmoment) eines Ottomotors

Die Drehzahlgrenzen liegen bei Pkw Otto- bzw. Dieselmotoren bekanntermaßen zwischen ca. 800 und 6000 1/min bzw. 800 und 4000 1/min und bei Lkw Dieseln zwischen 600 und 2000 1/min. Würde man versuchen, diesen Motor in dem Pkw mit der Fahrwiderstandslinie nach Bild 1 als Direktantrieb, d.h. ohne Kupplung und ohne Getriebe einzusetzen (was bei einem Elektromotor z.B. als Radantrieb durchaus möglich wäre), ergäben sich geschwindigkeitsabhängige Antriebs- und Widerstandskräfte an der Antriebsrädern nach Bild 3.

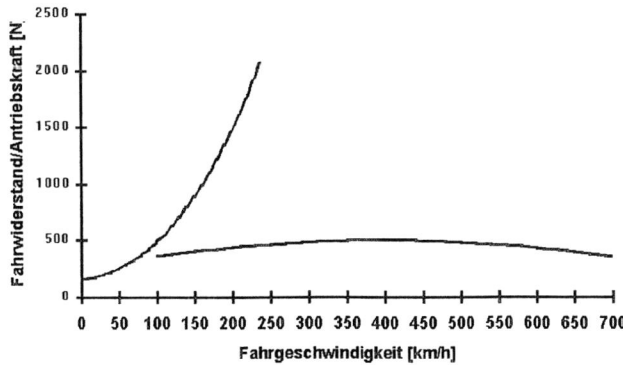

Bild 3: Verbrennungsmotor als Direktantrieb

Beim Direktantrieb entspricht jede Umdrehung der Kurbelwelle einer Radumdrehung. Im Leerlauf (keine Kupplung) würde der Pkw bereits mit 100 km/h fahren und rein kinematisch könnten 700 km/h erreicht werden, ohne den Motor zu überdrehen. Der Vergleich mit der Fahrwiderstandskraft zeigt jedoch, daß die Kraft des Motors ohne Getriebe bei allen Fahrgeschwindigkeiten zu gering ist.

3.1 Arten von Kennungswandlern

Man unterscheidet prinzipiell zwei Arten von Kennungswandlern: *Kupplungen* und *Getriebe*. Bild 4 zeigt die Momentverhältnisse an beiden Typen. Bei der idealen Kupplung (ohne Lagerreibung) ist das Ausgangsmoment stets gleich dem Eingangsmoment, die Drehzahlen können aber unterschiedlich sein. Bei einem Anfahrvorgang mit einer konventionellen Trockenkupplung z.b. steht zunächst die über Getriebe und Differential mit dem Rad verbundene Ausgangswelle still und die mit dem Motor verbundene Eingangswelle läuft mit Motordrehzahl. Das über das Kupplungspedal gesteuerte Kupplungsmoment (Reibmoment) wirkt in gleicher Höhe als Bremsmoment auf den Motor und als Antriebsmoment auf die Getriebeeingangswelle.

Im Gegensatz zur Kupplung wandelt ein Getriebe nicht nur Drehzahlen sondern auch Momente. Für Übersetzungen ungleich eins (dann arbeitet das Getriebe wie eine geschlossene Kupplung) ist stets ein Abstützmoment erforderlich. Dies ist bei der Dimensionierung des Getriebegehäuses zu berücksichtigen.

Ein Getriebe kann als "mechanischer Transformator" betrachtet werden, siehe Bild 5. Die Modellvorstellung als Vierport wird in signalflußorientierten Simulationsprogrammen (z.B. MATLAB/ SIMULINK, MATRIXx, ASCET) gerne verwendet. Zu beachten ist die Rückwirkung zwischen Moment und Drehzahl.

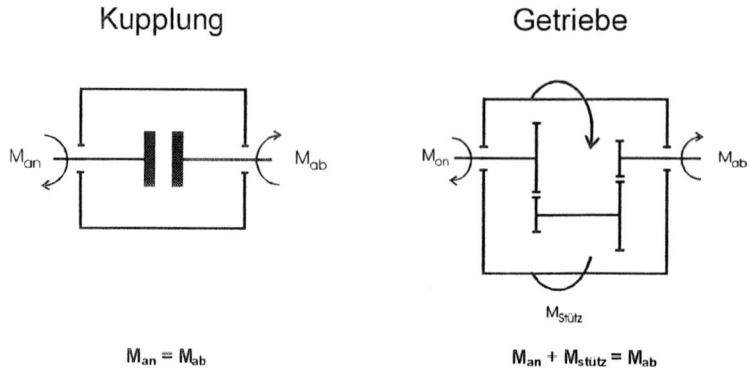

Bild 4:   Kupplung und Getriebe

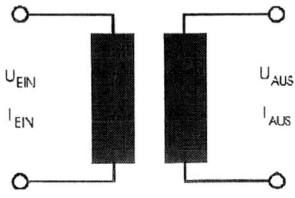 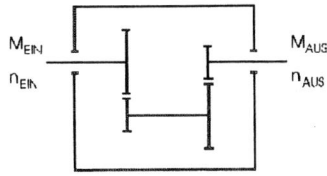

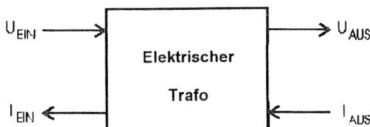 

Bild 5:   Getriebe als mechanischer Transformator

Die Übersetzung des idealen Getriebes ist definiert als

$$i_G = \frac{n_{Ein}}{n_{Aus}} = \frac{M_{Aus}}{M_{Ein}}$$

Eine Getriebeübersetzung von 3 bedeutet also, der Motor (Getriebeeingang) dreht dreimal schneller als der Getriebeausgang (z.B. Kardanwelle) und das Ausgangsmoment ist dreimal größer als das Motormoment.

In der Realität gibt es in der Mechanik wie in der Elektrotechnik keine "idealen" Transformatoren. Die Ausgangsleistung ist infolge der Reibung zwischen den Zahnrädern und in den Lagern und der Panschverluste im Öl etc. stets kleiner als die Eingangsleistung. Man beachte die Umkehrung des Wirkungsgrades im Schub.

Die Gesamtübersetzung teilt sich beim konventionellen Pkw-Einachsantrieb auf das (Schalt-)getriebe und das Achsgetriebe als konstantes Getriebe auf (Reihenschaltung). Bei Heckantrieb und Frontmotor ist das Achsgetriebe meist als Kegel- und Tellerrad ausgebildet. Die Seitenwellen übertragen dann das volle Radmoment. In schweren Lkws und in Allradfahrzeugen gibt es noch weitere Übersetzungen (z.B. Außenplanetenachsen, Verteilergetriebe) auf die hier nicht näher eingegangen werden soll.

Das Achsgetriebe beeinflußt natürlich nicht nur die Übersetzung, sondern erhöht den Leistungsverlust.

$$\eta_{ges} = \eta_{Getriebe} \cdot \eta_{Achse}$$

Strenggenommen stellt das Differential ein weiteres Getriebe im Antriebsstrang dar. Differentiale sind Sonderformen von Planetengetrieben, deren Funktionsweise im nächsten Beitrag besprochen wird. Bei Geradeausfahrt und griffigen Boden kann die Wirkung des Differentials auf die Längsdynamik jedoch vernachlässigt werden.

3.2 Föttinger-Wandler als Anfahrelement

Im Gegensatz zum Handschaltgetriebe sind beim Automatikgetriebe Anfahr- und Schaltfunktion nicht getrennt. Trotz vieler Versuche mit aktiv gesteuerten (automatisierten) Trockenkupplungen erfolgt der Anfahrvorgang im klassischen Automatikgetriebe passiv über Strömungswandler. Die Strömungswandler haben inzwischen einen hohen Entwicklungsstand erreicht und bieten neben der automatischen Anpassung von Motor und Getriebe zusätzlich Schwingungsdämpfung und eine Momenterhöhung um den Faktor 2 bis 2,5 bis zum Kupplungspunkt, d.h. der Wandler ist ein Getriebe für sich! Die ersten Automatikgetriebe in den USA und die ersten Busgetriebe in Europa hatten tatsächlich nur zwei mechanische Gänge. Bei den modernen Vielganggetrieben tritt dieser Vorteil aber immer mehr in den Hintergrund und man verwendet den Wandler nur zum Anfahren und im Notlauf.

3.2.1 Aufbau und Funktion

Bild 6 zeigt schematisch den Aufbau des Wandlers. Er besteht aus drei Schaufelrädern. Das Pumpenrad ist mit dem Motor verbunden, das Turbinenrad mit dem Planetengetriebe und das Leitrad als drittes Rad dient der Momenterhöhung, d.h. durch dieses dritte Rad wird die Strömungskupplung zum Getriebe (Wandler). Das Leitrad stützt sein Moment am Gehäuse ab (vergleiche Vorgelegewelle). Das Öl im Wandler (gleicher Ölkreislauf wie Planetengetriebe) führt beim Durchströmen gleichzeitig eine axiale und eine radiale Bewegung aus und wird im Leitrad umgelenkt.

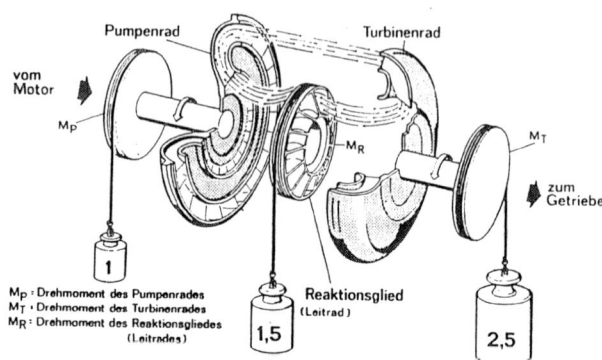

Bild 6: Föttinger-Wandler nach Schachmann [1]

3.2.2 Kennlinien

Bild 7 zeigt die Kennlinien eines Föttingerwandlers.

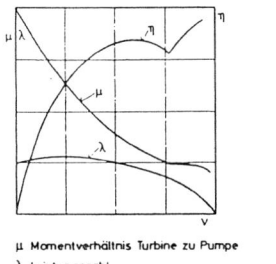
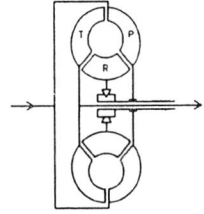

μ Momentverhältnis Turbine zu Pumpe
λ Leistungszahl
ν Drehzahlverhältnis
η Wirkungsgrad

P Pumpe
T Turbine
R Reaktionsglied

Bild 7: Kennlinien eines einstufigen zweiphasigen Wandlers

Im Zugbetrieb (Motor treibt Fahrzeug an) läuft das Pumpenrad schneller als das Turbinenrad. Das Drehzahlverhältnis

$$v = \frac{n_{Turbine}}{n_{Pumpe}}$$

liegt zwischen 0 (Fahrzeug steht) und 1. Bei Drehzahlgleichheit kann allerdings kein Moment mehr übertragen werden. Das Momentverhältnis

$$\mu = \frac{M_{Turbine}}{M_{Pumpe}}$$

ist bei Stillstand des Fahrzeuges am größten (ca. 2 bis 2,5), d.h. effektiv wirken beim Anfahren drei hintereinandergeschaltete Übersetzungen

- Wandler   ca. 2,5
- Planetengetriebe ca. 3,5
- Differential   ca. 3,5

Je schneller das Fahrzeug fährt, um so mehr geht die hydraulische Übersetzung gegen eins. Im Kupplungspunkt sind Pumpen- und Turbinenmoment gleich, d.h. der Föttinger-Wandler arbeitet als Kupplung. Das Leitrad stört oberhalb des Kupplungspunktes sogar die Strömung zwischen Pumpe und Turbine (Momentumkehr). Daher wird bei modernen Wandlern das Leitrad über einen Freilauf mit dem

Getriebegehäuse verbunden. Dadurch rotiert es bei Vorzeichenwechsel des Abstützmomentes mit und erhöht so den Wirkungsgrad.
Im Schubbetrieb (Motor bremst Fahrzeug) läuft die Turbine schneller als die Pumpe. Aus Moment- und Drehzahlverhältnis ergibt sich der Wirkungsgrad

$$\eta = \frac{P_{Turbine}}{P_{Pumpe}} = \mu \cdot \nu$$

Wie Bild 7 zu entnehmen ist, sind die Wirkungsgerade im Anfahrbereich relativ schlecht. Maximalwerte liegen bei ca. 80 Prozent. Da auch im Kupplungsbereich die Pumpe zur Momentübertragung schneller drehen muß als die Turbine wird ständig Leistung vernichtet. Daher gibt es zwischen Pumpe und Turbine in modernen Automatikgetrieben eine mechanische Reibkupplung, die sog. Wandlerüberbrückungskupplung, die nach dem Anfahrvorgang Drehzahlgleichheit herstellt und damit die Verluste eliminiert.

3.3 Fahrzustandsschaubild bei Stufengetrieben

Mit dem "mechanischen Trafo" kann das Lieferkennfeld des Motors dem Fahrbetrieb angepaßt werden. Bild 8 zeigt die Lieferkennlinien am Rad für den Pkw nach Bild 1 und dem Motor nach Bild 2 kombiniert mit einem 5-Gang Stufengetriebe.

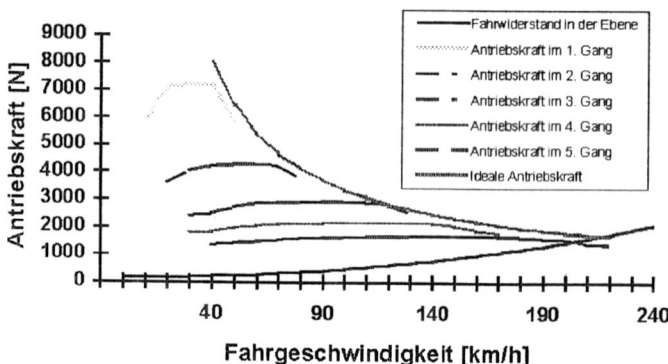

Bild 8:   Fahrzustandsschaubild mit 5-Gang Stufengetriebe

Eine Erhöhung der Getriebeübersetzung verringert den in diesem Gang fahrbaren Geschwindigkeitsbereich und vergrößert die am Radumfang wirksamen Kräfte. Im Gegensatz zur Situation in Bild 3 (ohne Getriebe) liegt in den unteren Gängen die verfügbare maximale Antriebskraft über dem Fahrwiderstand, d.h. es ist eine

Reserve zum Beschleunigen oder zum Befahren von Steigungen vorhanden. Die Lieferkennlinie des fünften Ganges schneidet die Fahrwiderstandslinie bei der Höchstgeschwindigkeit von ca. 210 km/h.

3.4 Maximale Antriebsleistung

Es wurde bereits angesprochen, daß die Lieferkennlinie des Verbrennungsmotors für den Betrieb als Fahrzeugantrieb sehr schlecht geeignet ist. In Bild 9 ist das Moment des Beispielmotors aus Bild 2 entsprechend der Formel

$$P_{mot} = M_{mot} \cdot 2\pi \cdot n_{mot}$$

in die Motorleistung umgerechnet.

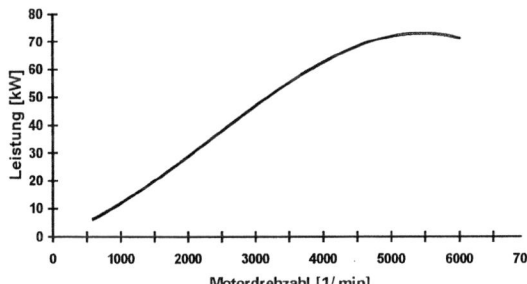

Bild 9: Leistungskennlinie des Beispielmotors

Der Motor erreicht seine maximale Leistung nur bei einer einzigen Drehzahl, darüber fällt die Leistung zur Maximaldrehzahl hin wieder leicht ab.

Ein idealer Antriebsstrang stellt bei jeder Geschwindigkeit die maximale Motorleistung am Rad zur Verfügung.

$$P_{Rad}(v) = F_{Rad} \cdot v = P_{Mot_{max}}$$

$$F_{Rad} = \frac{P_{Mot_{max}}}{v}$$

Diese ideale Abtriebskraft bildet im Fahrzustandsschaubild eine Hyperbel, vergleiche Bild 8. Da bei einem Stufengetriebe (Handschaltgetriebe oder Automatikgetriebe mit geschlossener Wandlerüberbrückungskupplung) die Motordrehzahl und die Fahrgeschwindigkeit fest gekoppelt sind, steht die maximale Leistung am Rad in einem bestimmten Gang nur bei einer einzigen Geschwindigkeit zur Verfügung. Aufgrund der Leistungsverluste kommt jedoch nur ein Teil der Motorleistung am Rad an. Die realen Lieferkennlinien können daher nur Annäherungen an die ideale Zugkrafthyperbel sein. Beim CVT hingegen ist der kinematische Zwang aufgehoben, da kein festes Verhältnis mehr zwischen Motor- und Raddrehzahl herrscht. Wegen der endlichen Regeldynamik und des im allgemeinen schlechteren Wirkungsgrades wird aber auch hier in der Praxis die optimale Kennung nur angenähert erreicht.

4 Verbrauchsoptimale Auslegung

Der Verbrennungsmotor wandelt die im Kraftstoff enthaltene chemische Energie in mechanische Energie um. Die üblichen Kraftstoffe Benzin und Diesel weisen im Vergleich zu anderen eine sehr hohe volumetrische und spezifische (auf die Masse bezogene) Energiedichte auf, siehe Tabelle 2.

Kraftstoff	Heizwert Hu kJ/l	Dichte kg/l	Heizwert Hu kJ/kg
Benzin	32.050	0,73	43.900
Diesel	36.000	0,83	43.350

Tabelle 2: Energiedichten von Benzin und Diesel

Um diese Zahlen zu veranschaulichen, soll ein Beispiel betrachtet werden:

Beispiel: Konstantfahrt eines Pkw mit 100 km/h

Fahrzeugdaten:
    Masse 1000kg
    Rollwiderstandsbeiwert 0,012
    cw-Wert   0,34
    Frontfläche 2 m^2

Fahrwiderstand F_w=445 N
Fahrwiderstandsleistung P_w=12,4 kW
Arbeit in 1h W_w=44.565 kJ

Theor. Verbrauch   ca. 1l/100 km

Aus Erfahrung liegen reale Verbräuche wesentlich höher. Dies hat zwei Gründe:

- Der Motor wandelt die chemische Energie nur unvollkommen um.

- Im Antriebsstrang geht Energie verloren, z.B. durch Reibung oder Nebenaggregate (Hydraulikpumpe).

Der Wirkungsgrad des Motors beträgt maximal ca. 30 Prozent. In der Praxis wird nicht der Wirkungsgrad, sondern der *spezifische Kraftstoffverbrauch* angegeben. Er ist das Verhältnis der zugeführten Kraftstoffmasse (chemischen Energie) zur Arbeit an der Kurbelwelle (mechanische Energie).

$$b_e = \frac{\dot{m}_{Br}}{P_{mech}} = \frac{m_{Br}}{W_{mech}} \quad \left[\frac{g}{kWh}\right]$$

Der spezifische Verbrauch des Verbrennungsmotors ist stark betriebspunktabhängig und unterschiedlich im stationären bzw. instationären Betrieb. Er ist nur in einem engen Bereich optimal und steigt insbesondere bei niedrigen Lasten stark an. (Ein Motor im Leerlauf nimmt chemische Energie auf und gibt keine Arbeit ab, sein spezifischer Verbrauch ist unendlich).

Im Motorkennfeld ergeben sich die typischen "Muschellinien", siehe Bild 10.

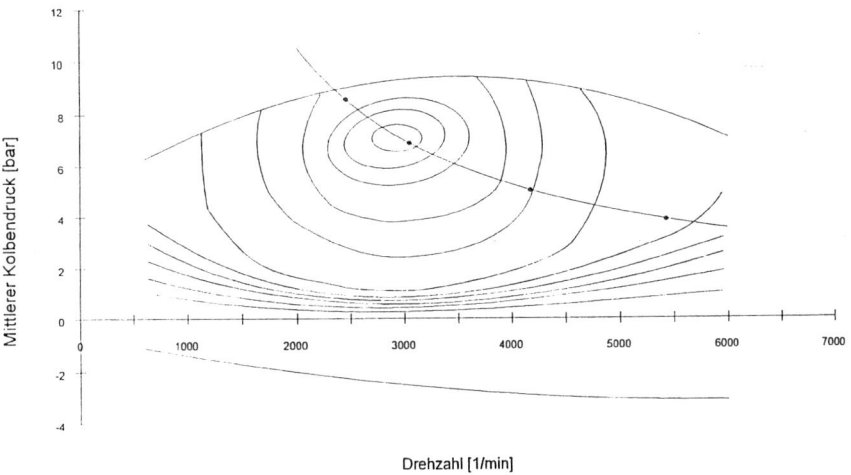

Drehzahl [1/min]

Bild 10:   Idealisiertes Verbrauchskennfeld eines Verbrennungsmotors

Betrachtet man die am Rad geforderte Leistung als gegeben, kann der Motor diese praktisch mit unendlich vielen Moment- Drehzahlkombinationen auf der entsprechenden Leistungshyperbel liefern. Der verbrauchsoptimale Punkt liegt in der Muschel b_{emin}.

Beim Stufengetrieben sind die Motordrehzahl der Raddrehzahl gangabhängig fest zugeordnet. Man kann daher in der Regel das Verbrauchsoptimum nur annähern. Allgemein ist es günstig, die Leistung bei hohem Moment und niedriger Drehzahl, d.h. im möglichst hohem Gang, abzugeben.

Neben der Wahl des Betriebspunktes beeinflußt der Gesamtwirkungsgrad des Antriebsstrangs den Kraftstoffverbrauch. Die Leistungsverluste setzen sich aus konstanten, moment- und drehzahlabhängigen Anteilen zusammen.

Auf die Energieverluste bei den speziellen Getriebearten wird in den Fachbeiträgen noch detailliert eingegangen.

5 Literatur

[1] Schachmann: Zusammenarbeit Wandler - Motor, ZF interner Bericht.
[2] Lechner, G.; Naunheimer, H.: Fahrzeuggetriebe. Springer Verlag, Berlin Heidelberg (1994)
[3] Loomann, J.: Zahnradgetriebe. Springer Verlag, Berlin Heidelberg (1988)

1.2 Getriebekonzepte

Bernhard Drerup

Getriebe werden auch als Kennungswandler bezeichnet. Sie haben die Aufgabe, die unterschiedlichen Kennfelder von Kraft- und Arbeitsmaschinen einander anzupassen. Sie können sich durch ihre Kenngrößen wie auch ihre Bauformen unterscheiden. Im folgenden werden einige grundlegende Getriebekonzepte vorgestellt. Dabei geht es weniger um Vollständigkeit der möglichen Konzepte, sondern darum zu zeigen, welche Konzepte sich für bestimmte Anforderungen besonders eignen.

1. Kenngrößen von Getrieben

Einige grundlegende Kenngrößen sind unabhängig vom konstruktiven Aufbau der Getriebe. Zu diesen zählen die größte Übersetzung i_{max}, die kleinste Übersetzung i_{min} und als Quotient daraus die Spreizung $\varphi = i_{max} / i_{min}$.

Die *Anfahrübersetzung* i_{max} wird entweder durch die Steigforderung oder durch die erforderliche Rangier- oder Arbeitsgeschwindigkeit bestimmt. Es gibt auch Vorschläge, beim PKW aus Verbrauchsgründen die installierte Motorleistung zu verringern und durch größere Anfahrübersetzungen die gleiche Anfahrbeschleunigung zu erzielen wie mit hubraumgrößeren Motoren. Hierfür sind jedoch enge Grenzen gesetzt.

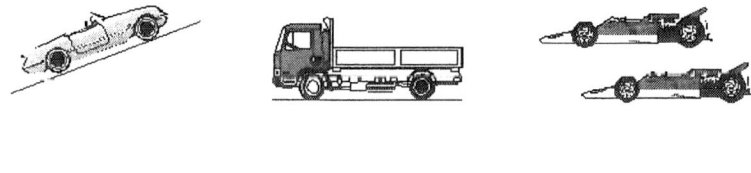

Steigvermögen   Rangiergeschwindigkeit   Anfahrbeschleunigung

Bild 1:   Kriterien für die Anfahrübersetzung

Zwar kann man im stationären Betrieb die Zugkraft durch eine hohe Anfahrübersetzung erheblich steigern (Crawler im NKW); beim Beschleunigen aber muß auch der ganze Antriebsstrang beschleunigt werden, und hierbei geht die Masse des Motors mit dem Quadrat der Gesamtübersetzung ein. Wie Bild 2 zeigt, gibt es ein Optimum der Anfahrübersetzung, bei dem die maximale Anfahrbeschleunigung erreicht wird.

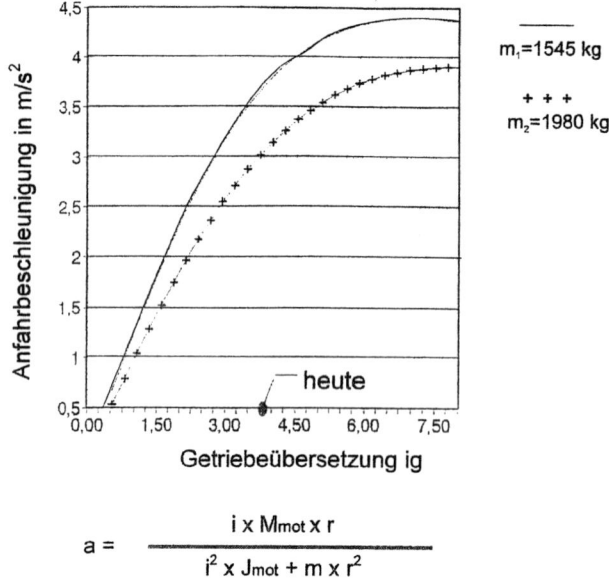

$$a = \frac{i \times M_{mot} \times r}{i^2 \times J_{mot} + m \times r^2}$$

Bild 2: Anfahrübersetzung für maximale Beschleunigung

Die *niedrigste Übersetzung* i_{min} war lange Zeit durch die Forderung bestimmt, die maximale Motorleistung in Geschwindigkeit umzusetzen.

Zur Reduzierung der Verluste wurde das Getriebe im obersten Gang verblockt (d.h. wie eine Kupplung betrieben), die Anpassung an das Motorkennfeld erfolgte durch die Wahl der Achsübersetzung.
Mit der ersten Energiekrise rückte der Kraftstoffverbrauch vermehrt ins Blickfeld und die sogenannten E-Gänge tauchten auf. Es handelte sich um Overdrive–Übersetzungen $i < 1$, die die Betriebspunkte des Motors in Bereiche mit günstigerem Wirkungsgrad verlagern sollten.
Trägt man die Fahrwiderstandsparabeln des Fahrzeugs für verschiedene Gangübersetzungen in das Motorkennfeld Bild 3 ein, so sieht man, das die Betriebspunkte für Standardübersetzungen bei Betrieb in der Ebene unterhalb des Bereichs günstigen Verbrauchs liegen.

Die OD-Gänge erschließen diesen Bereich. Die ersten OD-Getriebe wurden allerdings wenig angenommen, weil sie im obersten Gang keine Beschleunigungsreserve hatten und schon bei geringfügig höherem Momentenbedarf eine Rückschaltung erforderten.

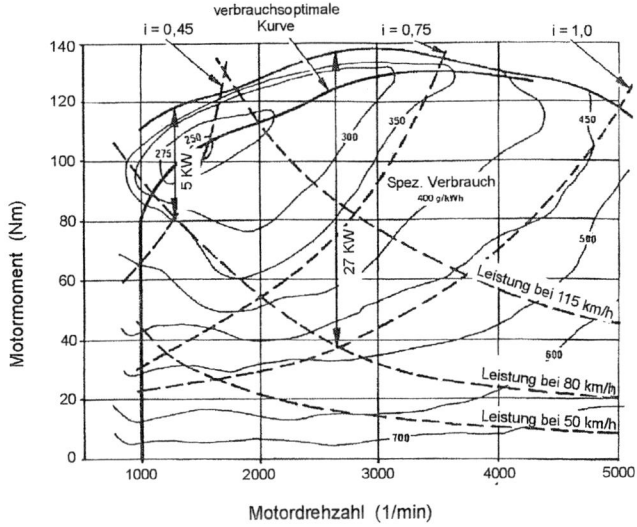

Bild 3   Verbrauchskennfeld

Wie sollten nun ein oder mehrere OD-Gänge ausgelegt werden? Hier hilft die sogenannte *Badewannenkurve*.

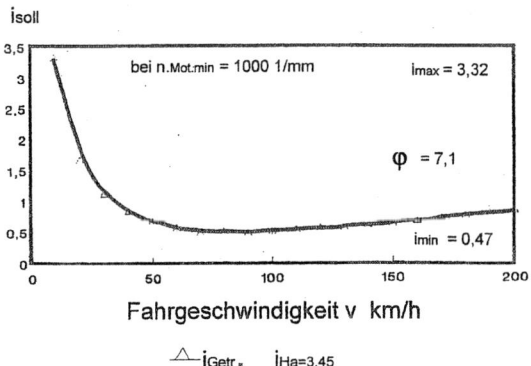

Bild 4:   „Badewannenkurve" zur Ermittlung von i_min

In dieser Darstellung ist die verbrauchsoptimale Getriebeübersetzung über der Fahrgeschwindigkeit aufgetragen. Üblicherweise gilt diese Darstellung für Fahrten in der Ebene. An Steigungen wandert die Kurve nach oben, im Gefälle nach unten.

Es empfiehlt sich, diese Kurve für eine leichte Steigung zu ermitteln, und dadurch ein gewisses Beschleunigungsvermögen zu berücksichtigen.

Die *Gesamtspreizung* eines Getriebes ergibt sich aus dem Verhältnis von größter zu kleinster Gangübersetzung

$$\varphi = i_{max} / i_{min}$$

Schon frühe Untersuchungen bei Ricardo [1] zeigen, daß eine Gesamtspreizung von 6 – 8 für PKW ausreicht, um das Verbrauchspotential auszunutzen.

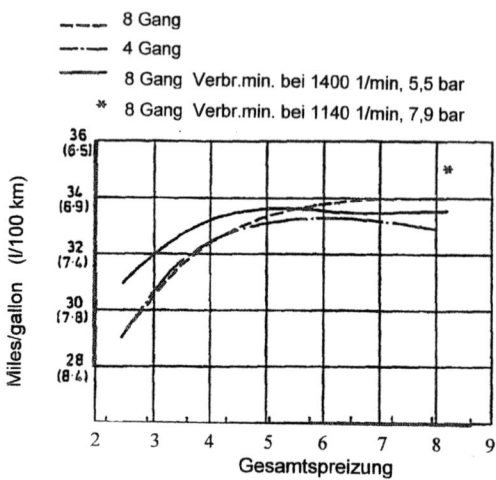

Quelle: [1]

Bild 5: Kraftstoffverbrauch als Funktion der Spreizung

Die erforderliche *Gangzahl* bei einem Stufengetriebe hängt einerseits vom Fahrzeugeinsatz, andrerseits vom Drehzahlbereich, dem Verlauf der Vollast-Linie und von der Art des Verbrauchskennfelds des Motors ab.

Kriterien sind Leistungsbedarf, Verbrauch und Fahrbarkeit. Fahrzeuge mit großer Getriebespreizung, die bei unterschiedlichen Geschwindigkeiten die volle Motorleistung einsetzen müssen, wie beispielsweise Fernverkehrslastwagen oder Ackerschlepper, benötigen eine hohe Gangzahl, wenn die Nennleistung nur in einem engen Drehzahlbereich des Motors zur Verfügung steht
Das gleiche gilt hinsichtlich des Verbrauchs. (Vgl. ZF-Slogan für die ECOSPLIT-Reihe: Mehr Stufen, weniger Verbrauch!).
Unmittelbar einleuchtend ist auch, daß ein schmaleres nutzbares Drehzahlband des Motors (beim NKW Diesel etwa 1/3 des Bereichs vom PKW Ottomotor) eine engere Gangstufung erfordert.

Liegen Spreizung und Gangzahl eines Getriebes fest, so ist noch zu klären, wie die einzelnen Gänge zu stufen sind. Ein Vielganggetriebe hat meist eine geometrische Stufung, da die hohen Gangzahlen durch Hintereinanderschalten von 2-, 3- oder 4-Gang Getrieben erzielt werden. Bei 3- bis 6-Gang Getrieben wird i.a. eine progressive Gangstufung bevorzugt.

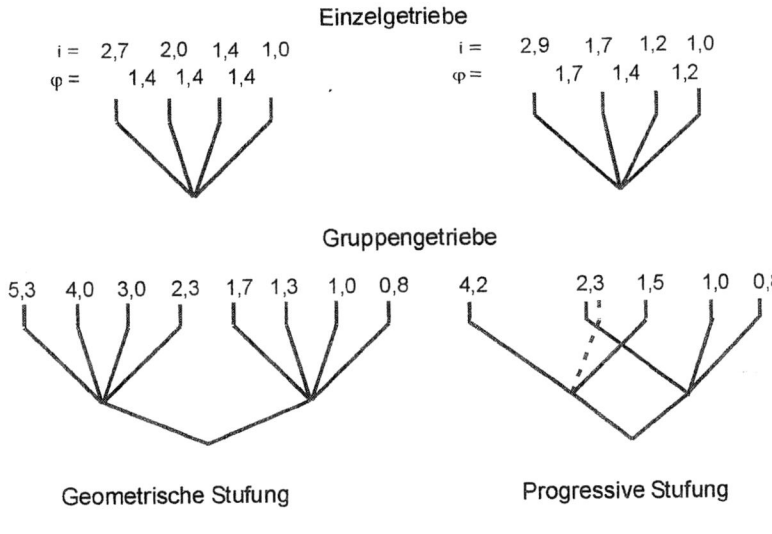

Bild 6   Gangstufungen

Die ideale progressive Stufung hat einen parabolischen Verlauf.

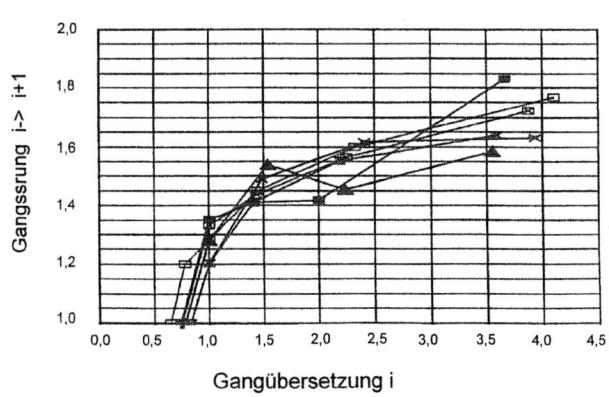

Bild 7   Gangstufung verschiedener Planetengetriebe

2. Getriebebauformen

Grundsätzlich kann die Kennungswandlung nach verschiedenen physikalischen Prinipien erfolgen und zwar elektrisch, hydraulisch oder mechanisch.

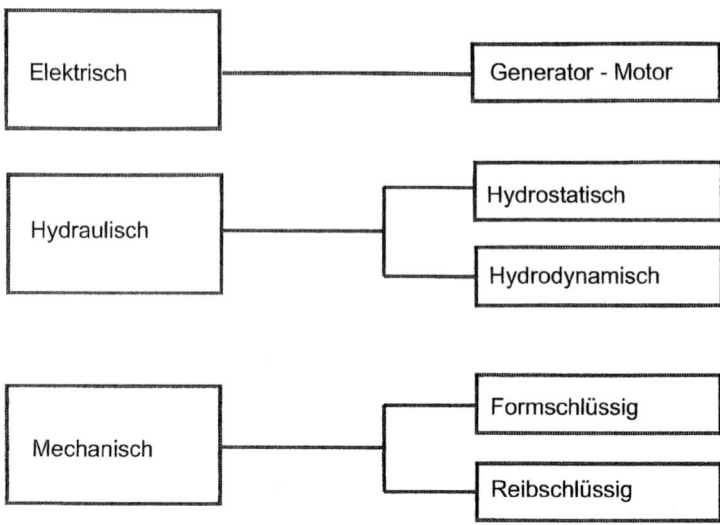

Bild 8   Formen der Momentwandlung

Die elektrischen Getriebe erfordern hinter einem Verbrennungsmotor eine 2-malige Umwandlung der Energieform. Das gleiche gilt für die hydraulischen Getriebe. Dies schlägt sich im Wirkungsgrad nieder.
Bei den hydraulischen Getrieben gibt es weitere Besonderheiten, die den Einsatz auf Sonderfälle einschränken:
Der hydrodynamische Wandler hat eine fest vorgegebene Kennung, die während des Betriebs nicht verändert werden kann. Bei Hydrostatgetrieben sind hohe Betriebsdrücke erforderlich, um die Baugröße gering zu halten. Dies kann zu akustischen Problemen führen.

Ziebart und Ott [2] haben Anfang der 80er Jahre Getriebesysteme hinsichtlich Kraft- und Leistungsdichte verglichen. Dazu wurde für verschiedene Systeme untersucht, welcher konstruktive Aufwand erforderlich ist, um ein Drehmoment bzw. eine mechanische Leistung von einer Welle auf eine andere zu übertragen.

	Kraft-Übertragung	Schema	Verstellgrössen
1	Zahnradgetriebe	formschlüssig	 keine
2 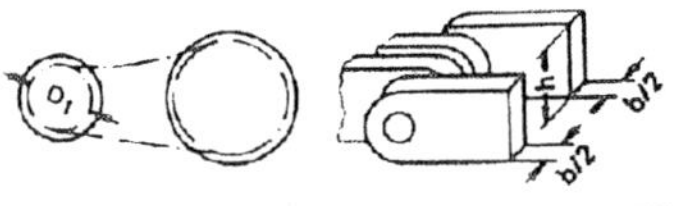	Kettengetriebe		keine
3	Reibradgetriebe	kraftschlüssig	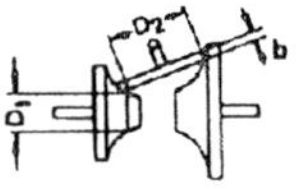 D
4	Keilriemengetriebe		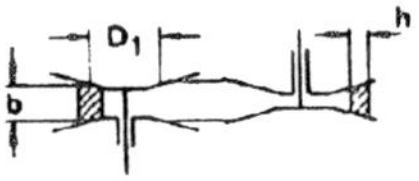 D
5	Hydrostatisches Flügelzellengetriebe	quasi-formschlüssig	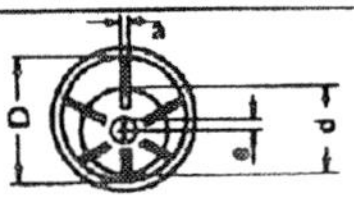 e
6	Hydrostatisches Axialkolbengetriebe		α
7	Hydrostatisches Radialkolbengetriebe		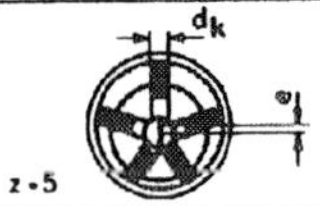 e
8	Elektrisches Getriebe	 kraftschlüssig	B
9	Hydrodynamisches Getriebe 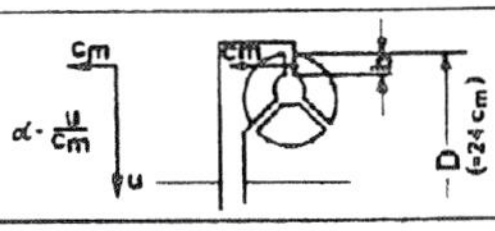		(α)

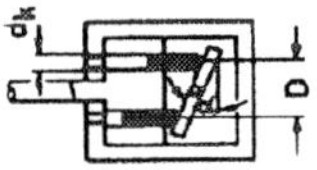

Quelle [2]

Bild 9   Vergleich verschiedener Getriebesysteme

Es wurden die leistungsübertragenden Teile bestimmt und unter Berücksichtigung begrenzender Werte dimensioniert. Das sich ergebende Bauvolumen wurde dann verglichen.
Der Vergleich ergab, daß das herkömmliche Zahnradgetriebe die mit Abstand höchste Leistungsdichte aufweist.

Art des Getriebes	Leistungsdichte KW/dm³
Zahnradgetriebe	318,8
Hydrostatisches Getriebe	218,8
Keilriemengetriebe	23,5
Elektrisches Getriebe	9,8

Bild 10   Leistungsdichte verschiedener Getriebesysteme

3. Analyse und Synthese von Planetengetrieben

Bei den Zahnradgetrieben unterscheidet man zwischen Vorgelege- und Planetengetrieben. Während bei den Vorgelegegetrieben die Achsen aller Zahnräder ortsfest sind, können beim Planetengetriebe, wie der Name schon andeutet, die Planetenräder um das Sonnenrad kreisen. Im Gegensatz zu Vorgelegegetrieben sind die Planetengetriebe in ihrer Wirkungsweise nicht leicht zu durchschauen, vor allem wenn es über einfache Planetensätze hinaus geht.
Daher soll hier auf die Planetengetriebe näher eingegangen werden, zumal sie wesentlicher Bestandteil vieler leistungsverzweigter Getriebe sind.

Ein Planetensatz in seiner einfachsten Form besteht aus Sonnenrad, Steg, Planetenrädern und dem Hohlrad.

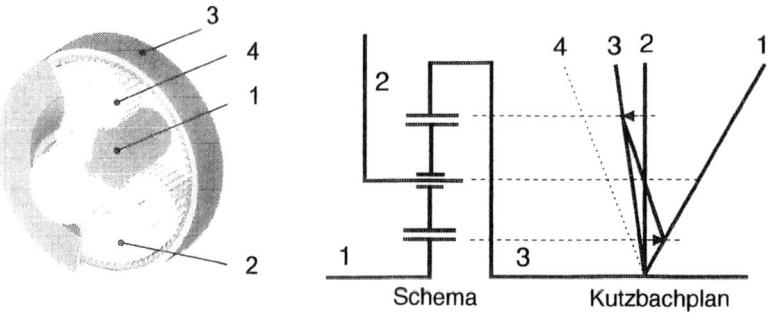

Bild 11   Darstellungen eines Planetensatzes

Das Zähnezahlverhältnis von Hohlrad und Sonne wird als Standübersetzung bezeichnet, weil es bei stehendem Steg das Drehzahlverhältnis von Sonne zu Hohlrad angibt.

$$i_0 = -z_{Hohlrad}/z_{Sonne}$$

Im stationären Fall ist die Summe aus Sonnenrad-, Steg- und Hohlradmoment gleich 0.

$$T_{Sonne} + T_{Steg} + T_{Hohlrad} = 0$$

Ferner gilt $\quad T_{Hohlrad}/T_{Sonne} = -i_0$

Ist ein Moment bekannt, so lassen sich die anderen daraus berechnen.
Dies gilt nicht für die Drehzahlen des Planetensatzes. Sie bestimmen sich nach der Formel von „Willis":

$$n_{Sonne} + i_0 * n_{Hohlrad} = (1-i_0) * n_{Steg}$$

Die Drehzahlverhältnisse am Planetensatz lassen sich sehr gut am sogenannten 'Kutzbachplan' ablesen. Er entsteht, indem man an einem maßstäblichen Modellschnitt bei Vorgabe zweier Drehzahlen die Umfangsgeschwindigkeiten in den Wälzkreisen einzeichnet. Die Strahlen kennzeichnen die Drehzahlen der einzelnen Wellen und an ihren Schnittpunkten mit einer Referenzlinie kann man die Größe der Drehzahlen ablesen.
Wichtig ist die Tatsache, daß bei echten Koppelgetrieben die Reihenfolge der Wellen immer dieselbe ist. Ordnet man den einzelnen Wellen verschiedene Aufgaben zu - z.B. Antriebswelle, Festwelle und Abtriebswelle -, so kann man aus dem Verhältnis der Drehzahlen die Art der Übersetzung – Langsamgang, Schnellgang, R-Gang – ablesen. Hilfreich ist der Kutzbachplan zum Verständnis von Koppelgetrieben wie sie in Automatgetrieben eingesetzt werden.

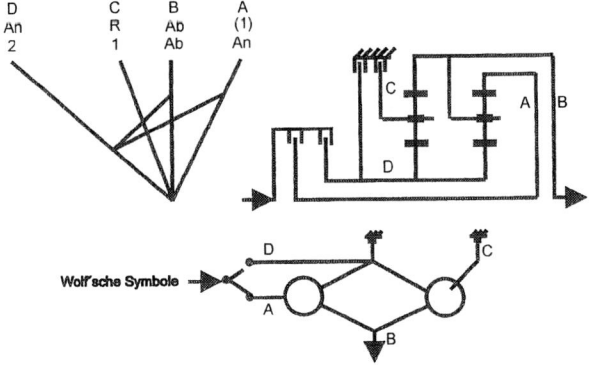

Bild 12   Planeten-Koppelgetriebe (Simpson-Satz)

Bild 12 zeigt Schema und Drehzahlplan eines 3-Gang Getriebes. Neben den Schemabildern sind hier auch die Wolf'schen Symbole angegeben, mit deren Hilfe allgemeine Überlegungen anschaulicher dargestellt werden können. Der Kutzbachplan zeigt theoretisch mögliche Kombinationen von Wellenaufgaben (bei gleicher Abtriebswelle). Allerdings sind nicht alle realisierbar!
Überlegungen zur systematischen Getriebesynthese sind von Ott [3] angestellt und 1968 veröffentlicht worden.

4. Stufenlos-leistungsverzweigte Getriebe

Stufenlose Getriebe haben den Vorteil, daß sie in einem vorgegebenen Bereich jede Übersetzung einstellen können und daß Übersetzungsänderungen kontinuierlich erfolgen. Nachteilig gegenüber Stufengetrieben sind der schlechtere Wirkungsgrad und die geringere Leistungsdichte.
Aus diesem Grunde baut man stufenlos-leistungsverzweigte Getriebe, bei denen nicht die volle Eingangsleistung über den Variator fließt. Dadurch wird allerdings die Spreizung des Gesamtgetriebes gegenüber der Variatorspreizung reduziert.
Bei der einfachen Leistungsverzweigung sind 3 Systeme zu unterscheiden:
- solche mit Eingangsdifferential
- solche mit Ausgangsdifferential.
- solche mit doppelter Leistungsverzweigung

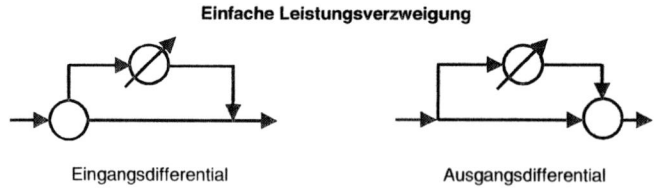

Einfache Leistungsverzweigung

Eingangsdifferential   Ausgangsdifferential

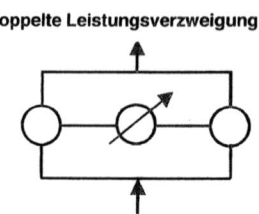

Doppelte Leistungsverzweigung

Bild 13   Leistungsverzweigungen

Am häufigsten sind Systeme mit einfacher Leistungsverzweigung. Sie unterscheiden sich in zweierlei Hinsicht, in der Variatorbelastung und in der Fähigkeit, bei laufendem Antrieb aus dem Stand heraus anzufahren. Die unterschiedliche Variatorbelastung ist aus dem folgenden Bild zu ersehen.

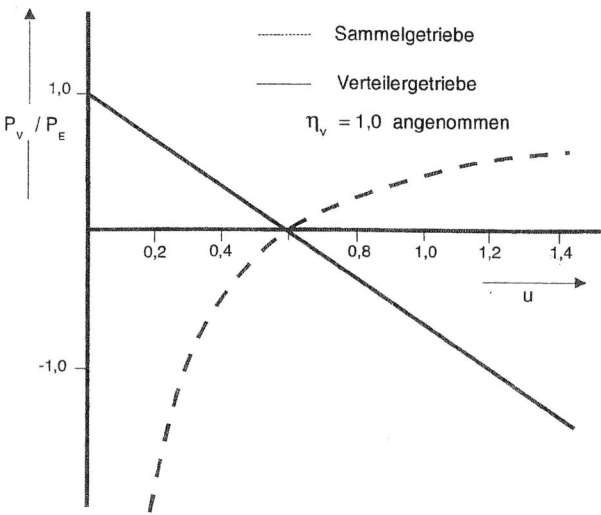

Quelle[4]

Bild 14   Variatorleistung bei Leistungsteilung

Im Anfahrbereich ist die Belastung des Variators beim Eingangsdifferential niedriger, im Overdrivebereich beim Ausgangsdifferential.
Wie aus Bild 13 zu ersehen, steht beim Eingangsdifferential bei stehendem Abtrieb auch die Ausgangswelle des Variators. D.h. mit einer solchen Anordnung kann aus dem Stand nur angefahren werden, wenn der Variator die Übersetzung ´unendlich´ ermöglicht.
Dies ist beim Hydrostatgetriebe der Fall. Das „Vario"-Getriebe des Fendt-Schleppers ist ein solches Getriebe mit Eingangsdifferential und einem Hydrostatgetriebe als Variator.
Will man mit einem Variator mit endlicher Spreizung (besser mit positiver Spreizung) aus dem Stand anfahren, so muß eine leistungsverzweigte Anordnung mit Ausgangsdifferential gewählt werden. Beim abtriebsseitigen Planetensatz kann die Abtriebswelle stehen, während Antriebswelle und Variatorausgangwelle drehen.
Diese Fähigkeit einer Getriebeanordnung, ohne spezielles Anfahrelement bei laufendem Motor aus dem Stand anzufahren bezeichnet man als „Geared Neutral".

5. Leistungsflüsse und Wirkungsgrade

In Systemen mit Leistungsverzweigung können die Leistungen auf verschiedene Weise fließen. Dies wird am Beispiel eines Systems mit Eingangsdifferential aufgezeigt.

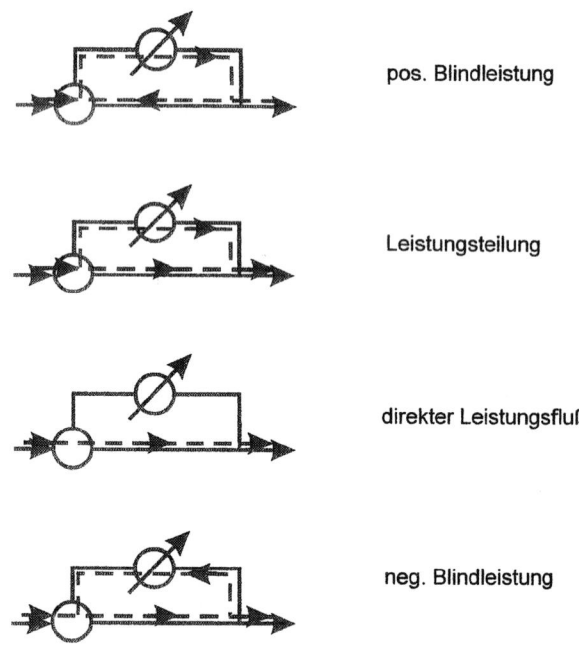

Bild 15   Leistungsflüsse bei Leistungsverzweigung

Im Rückwärtsfahrbereich fließt über den Variator eine Leistung, die größer ist als die Eingangsleistung. Es handelt sich hierbei um „positive Blindleistung", positiv deshalb weil sie in gleicher Richtung fließt wie bei Leistungsteilung. Im Anfahrpunkt fließt die ganze Eingangsleistung über den Variator. Wird die Variatorleistung kleiner als die Eingangsleistung, so muß die restliche Leistung in gleicher Richtung über den rein mechanischen Zweig fließen. Dies ist die sogenannte „Leistungsteilung".
Wird die Variatorleistung zu 0, so fließt die gesamte Leistung über den mechanischen Zweig. Dies ist der energetisch günstigste Fall, da im Variator keine Verluste auftreten. Fließt die Leistung über den Variator in negativer Richtung, so spricht man von „negativer Blindleistung".

Die Art des Leistungsflusses ist entscheidend für den *Wirkungsgrad* des Gesamtgetriebes. Da der Wirkungsgrad des Variators niedriger ist als der eines Planetensatzes, nimmt mit zunehmender Variatorleistung der Gesamtwirkungsgrad des Getriebes ab.
Dies ist anhand des obigen Beispiels aufgezeigt, wobei zur Vereinfachung der Planetenwirkungsgrad zu 1 und der Variatorwirkungsgrad konstant zu 0,8 gesetzt wurde.
In Bild 16 sind die normierten Leistungsflüsse durch die einzelnen Zweige sowie die daraus resultierenden Wirkungsgrade gezeigt

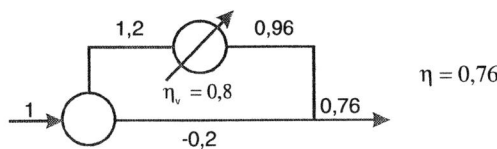

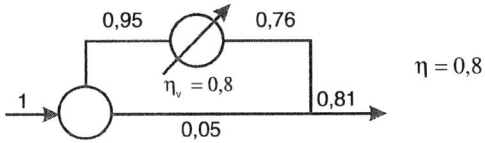

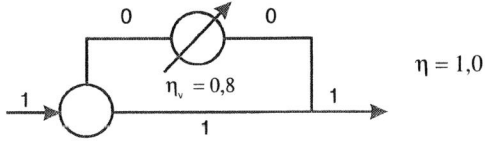

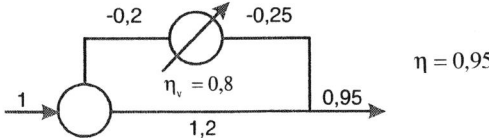

Bild 16   Wirkungsgrade bei Leistungsverzweigung

6. Steuerungskonzepte und Fahrstrategien

Bei Automatgetrieben werden Zeitpunkt und Ablauf eines Übersetzungswechsels nicht mehr durch den Fahrer sondern durch ein internes Programm gesteuert. Dabei wirken sich die *Schaltpunkte* primär auf Leistungsvermögen und Verbrauch des Fahrzeugs, der *Schaltablauf* vorrangig auf den Komfort des Fahrers aus.
Da bei Automatgetrieben der Gangwechsel meist unerwartet erfolgt, sollte er möglichst wenig spürbar sein. Dafür ist der Ablauf der Lastübernahme wichtig. Im folgenden wird die Problematik anhand einer Vorgelege-Anordnung, dem sog. „Förster"-Modell erläutert, benannt nach dem ehemaligen Leiter der DB-Forschung Prof. Förster, der als einer der ersten diese Zusammenhänge publiziert hat [5].

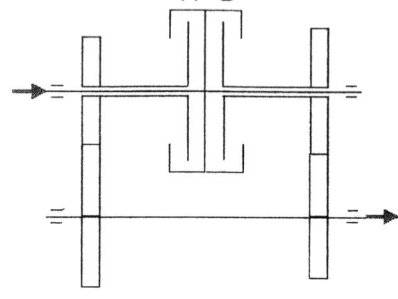

Bild 17   2-Gang Lastschaltgetriebe

Im folgenden Bild ist der Ablauf einer Zug-Hochschaltung vereinfacht (qualitativ) über der Zeit dargestellt.

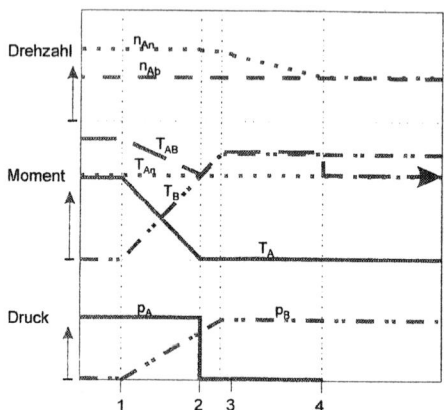

Bild 18   Ablauf einer Zug-Hoch-Schaltung

Es zeigt die Schaltung von einem übersetzten zum Direktgang. Das Antriebsmoment (= Motormoment) ist über den gesamten Schaltverlauf konstant angenommen. Im übersetzten Gang ist zunächst die Kupplung A geschlossen, die Kupplung B ist offen. Das Abtriebsmoment ist entsprechend der Übersetzung des eingelegten Ganges höher als das Antriebsmoment. Nach der Schaltung ist das Abtriebsmoment entsprechend der direkten Übersetzung gleich dem Antriebsmoment.

Zu Beginn der Schaltung (Punkt 1) wird die Kupplung B mit Druck beaufschlagt. Mit zunehmendem Druck B nimmt auch das Kupplungsmoment T_B zu. Das Abtriebsmoment nimmt ab, weil ein Teil des Eingangsmoments ohne Übersetzung durchgeleitet wird.

Im Punkt 2 ist das Abtriebsmoment auf den stationären Wert für den 2. Gang abgefallen. Dies ist der Punkt der sog. „Lastübernahme". In diesem Punkt kann man die Kupplung A abschalten.

Bis zu diesem Punkt bleibt die Kupplung A geschlossen, d.h. zwischen den Scheiben der Kupplung B besteht noch eine Drehzahldifferenz. Um diese zu überbrücken, muß das Moment an der Kupplung B weiter erhöht werden bis zum Punkt 3, um die Motormasse herunterzubremsen.

Bei Drehzahlgleichheit schließt die Kupplung B. Das Massenmoment des Motors geht auf 0. Dieser Sprung im Abtriebsmoment ist als Ruck spürbar (Punkt 4).

Bei der rein gesteuerten Schaltung war es schwierig, den Lastübernahmepunkt zu treffen.

Öffnet man die Kupplung A zu früh, so geht der Motor durch, weil nicht das ganze Moment abgenommen wird. Steht der Druck an der Kupplung A zu lange an, so rutscht sie nach der Lastübernahme und baut ein negatives Moment auf, was Verlust bedeutet.

Bei den alten Automatgetrieben gab es hierfür eine effektive, aber konstruktiv aufwendige Lösung: man baute vor das Schaltelement einen Freilauf, der im Lastübernahmepunkt von selbst öffnete. Heute kann man diesen Punkt elektronisch ermitteln und das jeweilige Schaltelement gezielt abschalten, d.h. eine mechanische Komponente wird durch Software ersetzt.

Auch der Ruck am Ende der Schaltung führte bei der gesteuerten Schaltung zu Zielkonflikten.

Wollte man die Schaltarbeit gering halten, um das Schaltelement zu schonen, so mußte der Schaltvorgang möglichst kurz sein, d.h. der Motor in kürzerer Zeit heruntergebremst werden.

Das führte aber zu einem größeren Momentensprung, also stärkerem Ruck.

Bei modernen Steuerungen wird die Angleichung der Schaltdrehzahlen eingeregelt, was trotz kurzer Schaltzeiten einen höherem Komfort ermöglicht.

Der Zeitpunkt des Gangwechsels wird bei Stufenautomaten durch Schaltprogramme bestimmt. Handelte es sich bei der rein hydraulischen Steuerung noch um *ein* Programm mit lastabhängigen Hoch- und Rückschalt-Linien, erlaubte die elektronische Steuerung die Abspeicherung *mehrerer* Programme. Anfangs standen meist 2 Programme (z.B. *Sport* und *Economy*) zur Verfügung, zwischen denen der Fahrer wählen konnte. Später waren es dann eine Vielzahl von Programmen, aus denen die Getriebesteuerung je nach Belastung und Fahrstil die Schaltlinie adaptiv auswählte.

Bei automatisierten Nutzfahrzeuggetrieben ging man gleich einen Schritt weiter. Man entwickelte eine analytische Fahrstrategie, die nicht auf abgelegte Schaltlinien zurückgreift sondern in jedem Augenblick prüft, ob und wenn ja in welchen Gang zu schalten ist.
In besonderen Situationen hat der Fahrer die Möglichkeit, manuell zu schalten.

Bei stufenlosen Getrieben ist die Eingriffsmöglichkeit des Fahrers noch weiter reduziert. Er hat keinen direkten Zugriff mehr auf das Getriebe (Fahrprogramme, Fahrbereiche).

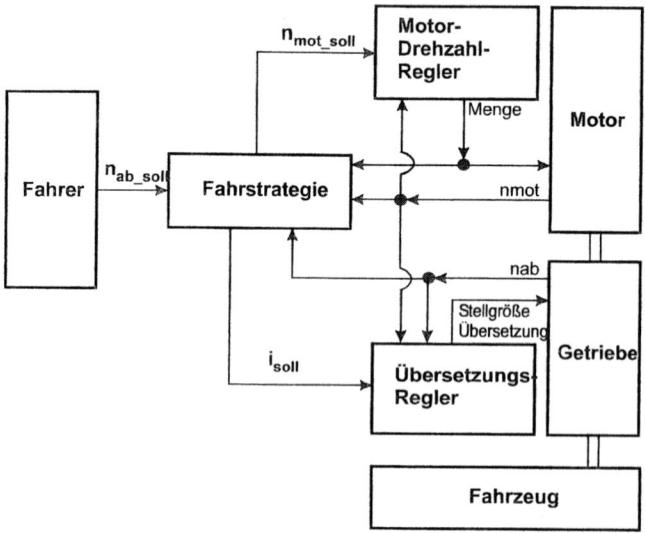

Bild 19   Fahrstrategie für einen Ackerschlepper

Beim gezeigten Beispiel einer Fahrstrategie für einen Ackerschlepper ergab sich bei der Entwicklung der Fahrstrategie das zusätzliche Problem, daß der Verbrennungsmotor mit einer RQV-Regelung ausgerüstet war.
Die Fahrstrategie muß also aus dem Fahrerwunsch (Fahrgeschwindigkeit) sowohl eine Solldrehzahl für den Motorregler als auch eine Sollübersetzung für den Getrieberegler bereitstellen. Insgesamt muß in diesem Fall die Fahrstrategie 3 verschiedene Regler, nämlich Fahrer, Motorregler und Getrieberegler unter einen Hut bringen.

Automatgetriebe, ob gestuft oder stufenlos, bringen eine erhebliche Entlastung des Fahrers mit sich. Darüber hinaus führen sie zu einer Schonung des Antriebsstrangs (durch Verhinderung von Mißbrauch) und beim Durchschnittsfahrer zu geringerem Verbrauch. Was der Fahrer den Automatgetrieben bisher noch voraus hat, ist die vorausschauende Fahrweise.
Doch es wird schon daran gearbeitet, auch dieses Manko zu verringern.
Durch Abspeicherung topografischer Streckendaten und Ortung des momentanen Standorts wird es möglich sein, auf Änderungen der Streckendaten im vorausliegenden Abschnitt rechtzeitig zu reagieren.

Schrifttum:

[1] Thring, R. H.: Engine Transmission Matching, SAE Paper 810446

[2] Ziebart, E., Ott, A.: Vergleich und Bewertung verschiedener Arten der Leistungsübertragung im Kraftfahrzeug, ATZ, 82. Jahrgang, Nr.1/1980

[3] Ott, A.: Zur systematischen Synthese mehrgängiger Umlaufräderschaltgetriebe, ATZ, 70. Jahrgang, Nr. 1,3,4/1968

[4] Köpf, P.: Mechanische Leistungsverzweigung, in „Planetengetriebe", Kontakt + Studium, Band 30, 1978

[5] Förster, H-J.: Das kraftschlüssige Schalten von Übersetzungsstufen in Fahrzeug-Getrieben, VDI-Zeitschrift 99 (1957) Nr.27

1.3 Hydrodynamische Anfahrelemente

Werner Klement

1. Einleitung

Zum Betreiben eines Kraftfahrzeuges mit Verbrennungsmotor ist es erforderlich, dass ein Drehzahlwandler in den Antriebsstrang eingebaut wird. Alle Verbrennungsmotoren haben den Nachteil, dass eine Leistungsabgabe erst bei einer Drehzahl erfolgt, die wesentlich von null abweicht und dadurch ein Anfahren nur mit Schlupf möglich ist. Generell gibt es hierzu zwei prinzipielle Lösungen (Bild 1). Erstens eine mechanische in Form der Reibkupplung und zweitens eine hydrodynamische mittels Turbokupplung oder hydrodynamischem Wandler.

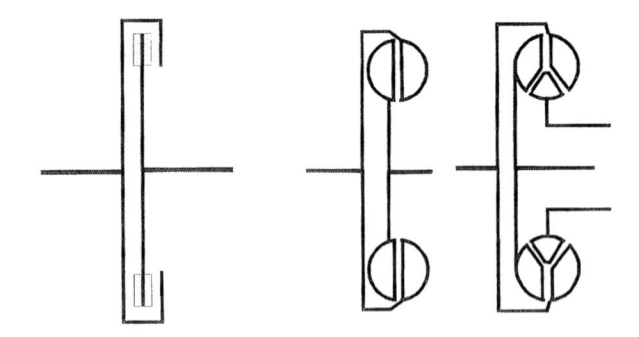

Bild 1: Prinzipdarstellung Anfahrelemente

Während das Funktionsprinzip der Reibkupplung, ob in trockener Ausführung (Standard) oder nasslaufend, sich von selbst erklärt, ist das hydrodynamische Prinzip erklärungsbedürftig. Die Umwandlung von mechanischer Energie in die Energie eines Ölstromes und zurück in mechanischer Energie ist als Funktionsprinzip von dem deutschen Ingenieur Hermann Föttinger im Jahre 1905 entdeckt worden. Sein Anwendungsgebiet war aber nicht das Kraftfahrzeug, sondern der Schiffsantrieb (Bild 2).

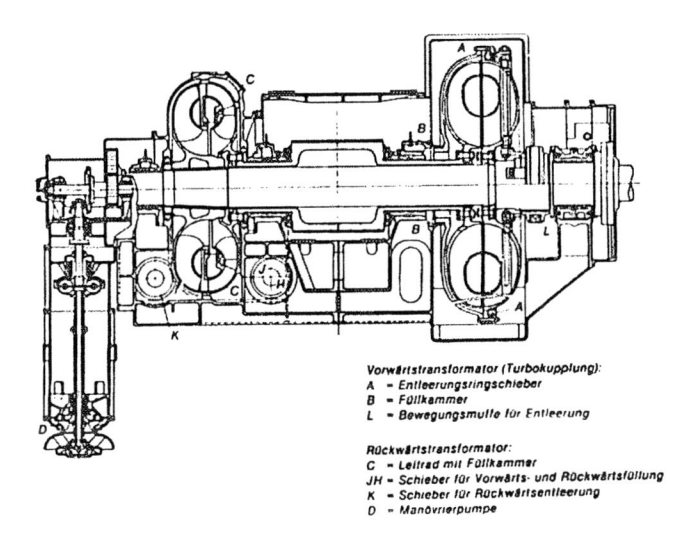

Vorwärtstransformator (Turbokupplung):
A = Entleerungsringschieber
B = Füllkammer
L = Bewegungsmuffe für Entleerung

Rückwärtstransformator:
C = Leitrad mit Füllkammer
JH = Schieber für Vorwärts- und Rückwärtsfüllung
K = Schieber für Rückwärtsentleerung
D = Manövrierpumpe

Bild 2: Vulkangetriebe mit Vorwärtskupplung und Rückwärtswandler

Betrachtet man den Bauaufwand, so muss es einfach eine ganze Reihe von guten Gründen geben, warum bereits damals die verlustreiche Umwandlung in hydrodynamische Energie und wieder zurück in Kauf genommen wurde und zudem dieses Prinzip bis heute nichts von seiner Attraktivität verloren hat.

Die Nachteile wie z.B. Wirkungsgrad, Dichtheitsprobleme und erhöhter Bauaufwand sind schnell erkennbar. Die Vorteile liegen jedoch in der Funktion. Die hydrodynamische Leistungsübertragung ist absolut verschleißfrei! Eine Kühlung und damit die Abgabe der Verlustleistung ist möglich und dadurch ist ein ständiger Schlupfbetrieb ohne Zerstörung realisierbar. Eine weitere positive Eigenschaft ist die Fähigkeit die Torsionsschwingungen der Antriebsmaschine vollständig zu eliminieren und nur das Nennmoment auf den Abtrieb zu leiten. Stöße jeglicher Art werden nicht übertragen. Hydrodynamische Elemente verfügen außerdem über einen eingebauten Überlastschutz. Die selbsttätige Regelung des Abtriebsmomentes beim hydrodynamischen Wandler stellt für den Fahrkomfort eine positive Eigenschaft dar. Alle diese Argumente haben mehr oder weniger mit Komfort und Lebensdauer zu tun, die Nachteile sind jedoch höhere Kosten. Daher ist es nur logisch, wenn beim klassischen Automatgetriebe (Automatgetriebe in Planetenbauweise mit Schaltungen ohne Zugkraftunterbrechung) der hydrodynamische Wandler das „Anfahrelement" ist.

2. Grundlagen hydrodynamische Elemente

Die Motorleistung in Form von Moment und Winkelgeschwindigkeit wird mittels eines Pumpenrades zur Beschleunigung eine Volumenstromes verwendet. Dieser Ölstrom trifft dann auf weitere Schaufelgitter, wie Turbinenrad und Leitrad, und gibt dabei durch den Impulsaustausch die Energie in Form von Moment und Winkelgeschwindigkeit ab. Die Übertragung erfolgt durch den Impulsaustausch. Daher ist es notwendig, dass bei einer Turbokupplung (nur zwei Schaufelräder- Pumpenrad und Turbinenrad) immer eine Differenzdrehzahl vorhanden sein muss. Hier gilt auf Grund der Summe aller Momente gleich null, dass Pumpenmoment und Turbinenmoment gleich sind (Kupplung). Zur Vereinfachung der Berechnung hydrodynamischer Elemente hat man spezielle Abkürzungen eingeführt. Die erste dimensionslose Kenngröße ist das Drehzahlverhältnis v.

$$v = \frac{n_{Turbine}}{n_{Pumpe}} = \frac{\omega_{Turbine}}{\omega_{Pumpe}}$$ da im Falle der Turbokupplung $M_{Turbine} = -M_{Pumpe}$ so gilt

$$\eta = -\frac{M_{Turbine} \cdot \omega_{Turbine}}{M_{Pumpe} \cdot \omega_{Pumpe}} \Rightarrow \eta = v$$

bis ca. $v \approx 0{,}99$, dann ist kein Impulsaustausch mehr möglich

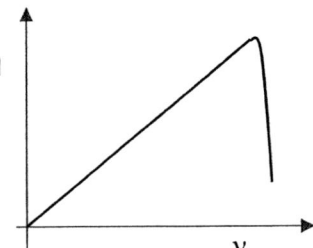

Bild3: Wirkungsgrad einer TK

Für den hydrodynamischen Wandler ergibt sich durch mindestens ein zusätzliches Schaufelgitter die Möglichkeit der Momentenwandlung. Diese wird mit dem Wandlungsverhältnis μ bezeichnet.

$$\mu = \frac{-M_{Turbine}}{M_{Pumpe}}$$ damit wird $$\eta = -\frac{M_{Turbine} \cdot \omega_{Turbine}}{M_{Pumpe} \cdot \omega_{Pumpe}} = \mu \cdot v$$

Diese dimensionslosen Kenngrößen dienen der einfacheren Darstellung der Wandlerwerte. Ein weitere bezeichnende Kenngröße für ein hydrodynamisches Element ist die Leistungsaufnahme λ. Hierbei handelt es sich um einen weiteren dimensionslosen Faktor, der die Leistungsaufnahme des Pumpenrades als Funktion von der Beschaufelungsart und der Bauart bezeichnet. Dieser Faktor ist unabhängig von der Baugröße und dem Füllungszustand, jedoch eine Funktion von v. Die Leistungsaufnahmezahl λ erlaubt den Vergleich und die Berechnung unterschiedlichster Kreislaufvarianten. Die Leistungsaufnahme eines hydrodynamischen Elementes hängt nur von dem Pumpenrad ab und nicht wie bei mechanischen Systemen von den Belastungsgrößen. Sie ist wie folgt definiert:

$$M_{Pumpe} = \rho_{Medium} \cdot D_{Pumpe}^5 \cdot \omega_{Pumpe}^2 \cdot \lambda$$
$$P_{Pumpe} = \rho_{Medium} \cdot D_{Pumpe}^5 \cdot \omega_{Pumpe}^3 \cdot \lambda$$

mit ρ = Dichte des Mediums (in der Regel Öl) [kg / m³]
D = Profildurchmesser (äußerster aktiver Punkt) des Pumpenrades in [m]
ω = Winkelgeschwindigkeit des Pumpenrades [1/s]
λ = Leistungsaufnahmezahl [dimensionslos]

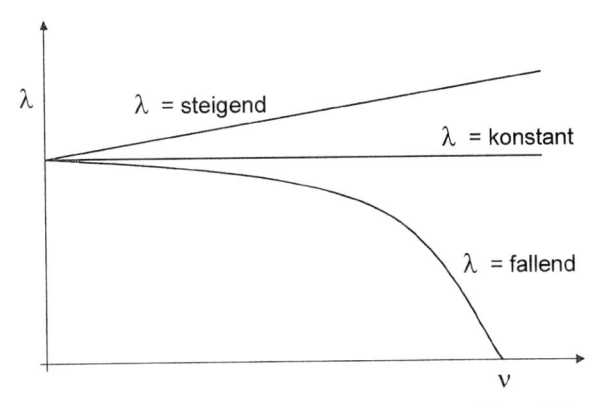

Bild 4: Mögliche Verläufe der Leistungsaufnahmezahl $\lambda = f(\nu)$

3. Zusammenarbeit mit Verbrennungsmotor

Da mit zunehmender Motordrehzahl die Anforderung an das Motormoment mit dem Quadrat der Drehzahl zunimmt, ergibt sich immer ein Schnittpunkt des Pumpenmomentes mit dem Motormoment. Im Falles des stehenden Fahrzeuges ist dies der Festbremspunkt. Hier wird der λ-Wert an der Stelle ν gleich null eingesetzt und bei festgebremstem Fahrzeug die maximal mögliche Motordrehzahl gefahren. Die dabei erreichte Drehzahl ist die Festbremsdrehzahl. Diese Motor-Hydrodynamik Kombination kann keine höhere Drehzahl bei Stillstand des Fahrzeuges erreichen. Beginnt nun das Fahrzeug sich in Bewegung zu setzen, so ändert sich der ν-Wert, da die Turbine zu rotieren beginnt. Dies hat einen Einfluss auf den λ-Wert und bei fallendem λ-Wert wird die Leistungsaufnahme kleiner und der Motor kann höherdrehen, was für die Beschleunigung des Fahrzeuges erforderlich ist (Bild 5).

Diese Arbeitspunkte (Schnittpunkte Motormoment / Pumpenradmoment) werden für den Volllastfall auf den Abtrieb umgerechnet, indem das Motormoment für einen bestimmten ν-Wert mit der Wandlung μ und der dahintergeschalteten Getriebeübersetzung multipliziert werden. Die Drehzahl des Motors wird mit dem ν-Wert multipliziert und man erhält damit die Drehzahl der Turbine. Diese wird durch die Getriebeübersetzung geteilt und ergibt dann die dazugehörige Abtriebsdrehzahl.

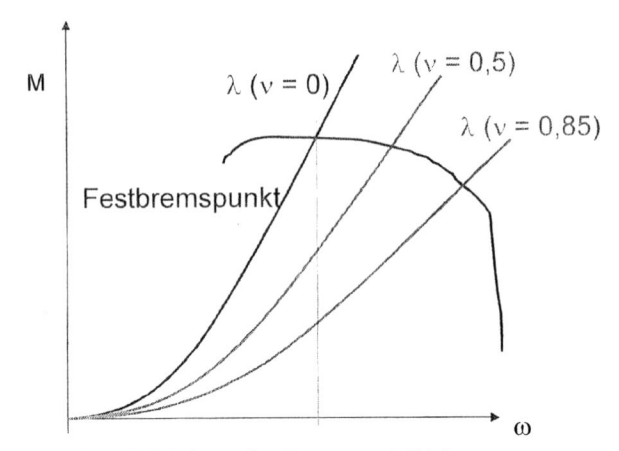

Bild 5: Arbeitspunkte Pumpenrad / Motor

Abhängig von der Festlegung des Festbremspunktes und damit der Wandlerauslegung über Durchmesser oder Beschaufelung (λ-Wert) spricht man bei der Auslegung von einem weichen Wandler bei hohen Festbremsdrehzahlen und einer harten Auslegung bei niedrigen Festbremsdrehzahlen (Bild 6). Diese Begriffe ergeben sich durch die unterschiedlichen Reaktionen auf Drehzahlveränderungen. Beim weichen Wandler dauert es sehr lange bis eine Reaktion auf das Hochlaufen des Motors erfolgt. Man gibt Gas und der Motor dreht auf ohne dass das Fahrzeug entsprechend der Gaspedalstellung folgt. Beim harten Wandler ist die Leistungsaufnahme höher, der Motor wird sehr stark gedrückt und am Hochlaufen gehindert. Hier ergeben sich auch zunehmend bei allen aufgeladenen Motoren Probleme in der Zusammenarbeit. Da der Ladedruck speziell beim Abgasturbolader beim Hochlauf nicht zur Verfügung steht, ist auch das Motormoment nicht vorhanden. Hier kann ein befriedigender Hochlauf nur mit einer „weicheren" Auslegung erreicht werden. Eine solche Auslegung geht aber immer zu Lasten des Verbrauches. Hier ist die harte Auslegung von Vorteil, da erstens die Verlustleistung beim Start geringer ist und die Bereiche der besten Motorbetriebspunkte durchfahren werden. Beim weichen Wandler liegen diese Bereiche in der Regel links von der Kennlinie und werden nicht durchfahren.

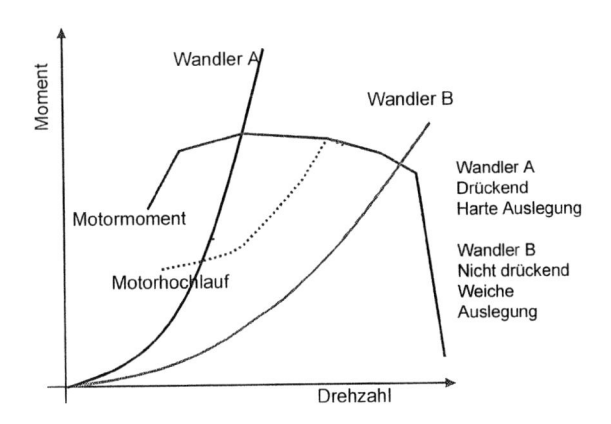

Bild 6: Auslegung hart – weich

4. Bauart Trilok-Wandler

Für den Einsatz in Automatgetrieben hat sich eine Bauart als am Besten geeignet herausgestellt. Dies ist der Trilok-Wandler. Bereits zu Beginn der 30er Jahre wurde er in Deutschland entwickelt und verfügt über entscheidende Funktions- und Kostenvorteile, die die nahezu 100 % Markabdeckung begründen.

4.1 Funktionsweise Trilok-Wandler

Es handelt sich um einen zentripetal durchströmten Wandler mit einem Leitrad, das sich über einen Freilauf auf das Gehäuse abstützt (Bild 7).Beim Anfahren steht das Leitrad und erhöht das Motormoment ca. um den Faktor 2. In dem Augenblick, wenn das Turbinenmoment gleich dem Pumpenmoment ist, wechselt das Moment am Leitrad sein Vorzeichen und der Freilauf (Klemmkörperfreilauf) gibt das Leitrad frei (Bild 8). Dieses kann nun frei rotieren und anstatt eines Wandlers haben wir nun eine hydrodynamische Kupplung. Dies hat entscheidende Vorteile für den Wirkungsgrad. Da bei einem Wandler das Optimum bei einem mittleren Drehzahlverhältnis ν erreicht wird, dies hängt mit den Stoßverlusten und der Schaufelauslegung zusammen, erreicht eine Kupplung Wirkungsgradwerte, die direkt den ν-Werten entsprechen. Somit ist ein reiner Betrieb mit dem hydrodynamischen Element möglich ohne zu große Wirkungsgradverluste bei konstanten Fahrbedingungen. Es handelt sich hierbei um eine zweiphasige, einstufige Wandlerbauart.

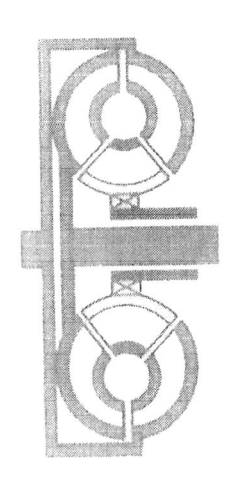

Bild 7: Trilok-Wandler

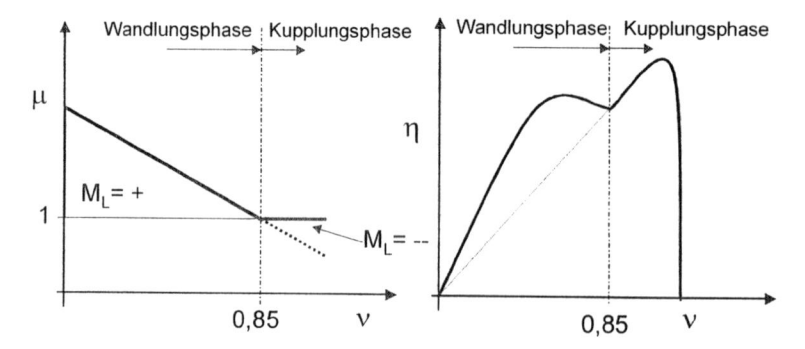

Bild 8: Funktion des Trilok-Wandler

4.2 Herstellung in Blechtechnologie

Der Herstellungsprozess in Blechtechnologie war vor allem in Kostensicht eine entscheidende Entwicklung. Bei dieser Fertigung handelt es sich um gebaute Räder. Aus Blech wird ein Torus geformt, der vorgestanzte Schlitze hat. In diese Schlitze werden nun Blechschaufeln eingesetzt und mechanisch durch Umbördelung fixiert. Im nächsten Arbeitsgang werden nun die eingesetzten Schaufeln eingelötet, damit nach außen abgedichtet und rundherum befestigt. Bild 9 zeigt die Lötung und die Befestigung der inneren Schale an zwei verschiedenen Wandlern. Ein weiterer Vorteil sind dabei auch die sehr scharfen Blechkanten, die einen guten Strömungsabriss bewirken.

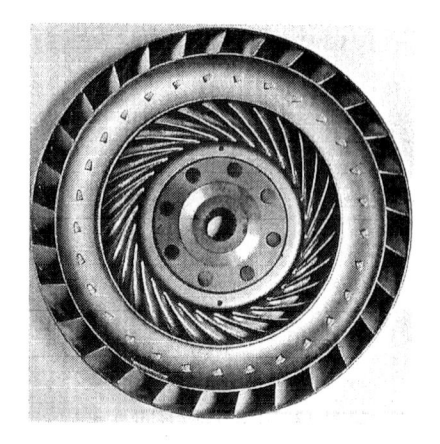

Bild 9: Gebautes Turbinenrad und Pumpenrad eines Trilok-Wandlers

5. Fahrkennfeld mit Trilok-Wandler

Verbaut man nun einen Trilok-Wandler zusammen mit einen Automatgetriebe mit mechanischen Übersetzungsstufen, so kann in jeder Stufe der Wandler mit der jeweiligen mechanischen Übersetzung benutzt werden. Dies wird möglich durch die Momentüberhöhung und die absolute Unempfindlichkeit gegenüber langen Schlupfzeiten. Bild 10 zeigt eine solches typisches Fahrkennfeld für ein 5-Gang Automatgetriebe.

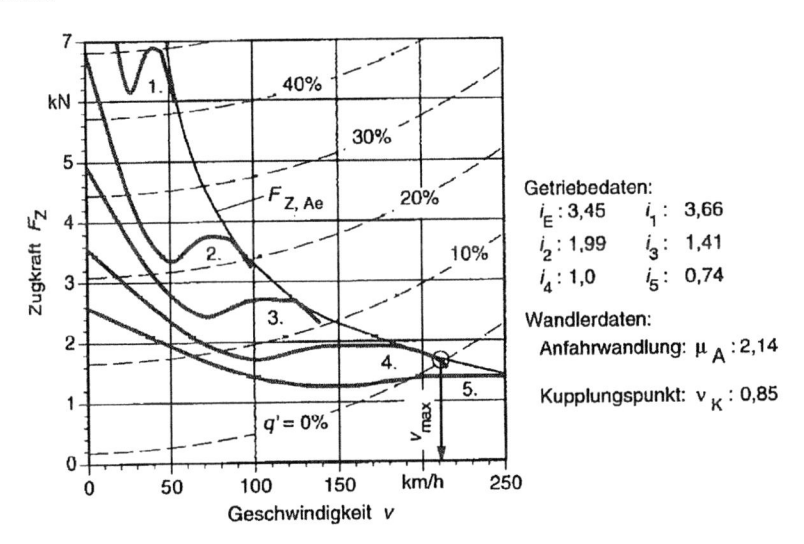

Getriebedaten:
$i_E : 3{,}45 \quad i_1 : 3{,}66$
$i_2 : 1{,}99 \quad i_3 : 1{,}41$
$i_4 : 1{,}0 \quad i_5 : 0{,}74$

Wandlerdaten:
Anfahrwandlung: $\mu_A : 2{,}14$
Kupplungspunkt: $v_K : 0{,}85$

Bild 10: Fahrkennfeld mit Trilok-Wandler nach [3]

Erkennbar ist, dass in Abhängigkeit von der mechanischen Übersetzung die Wandlerphase länger oder kürzer bezogen auf die Fahrgeschwindigkeit ausfällt. Dies hat einen nicht unerheblichen Einfluss auf den Kraftstoffverbrauch, so dass mehrgängige Automatgetriebe bessere Verbrauchswerte bei sonst identischen Bedingungen aufweisen.

Erkennen kann man auch den Zugkraftverlauf bei Abnahme der Fahrgeschwindigkeit ohne Regeleingriff. Ein Fahrzeug mit einem hydrodynamischen Wandler kann nicht abgewürgt werden. Es bleibt einfach stehen ohne Zurückzurollen, solange der Gang eingelegt bleibt.

Sobald ein Gang eingelegt wird, haben wir eine Verbindung zwischen Motor und Abtrieb. Entsprechend den Gesetzen der Leistungsaufnahme nimmt die Pumpe auch bei Fahrzeugstillstand Leistung auf, die dann zu dem so genannten Kriechen führt und Verbrauchsnachteile gegenüber Schaltgetriebe hat. Vermeiden kann man dies nur durch eine „automatische Neutralschaltung" oder durch „Entleeren" des Wandlers. Beide Maßnahmen bedeuten einen zusätzlichen Regelaufwand und bringen Probleme beim schnellen Anfahren mit sich.

6. Geregelte Wandler-Überbrückungskupplung (GWK)

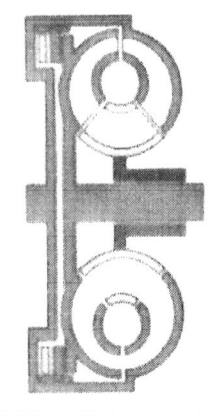

Zur Vermeidung aller Übertragungsverluste im hydrodynamischen Bauteil ist es erforderlich Pumpen- und Turbinenrad starr miteinander zu verbinden und so den Zustand Schlupf gleich null zu erhalten. Dies erfolgt mit Hilfe einer Wandlerüberbrückungskupplung. Hierbei handelt es sich um eine Lamellenkupplung, die zwischen Pumpenradschale und Turbinenrad angeordnet ist (Bild 11). Im durchgekuppelten Zustand sind nun die schwingungstrennenden Eigenschaften und damit der Komfort nicht mehr vorhanden. Eine Möglichkeit besteht darin einen zusätzlichen Torsionsschwingungsdämpfer, wie er von normalen Reibkupplungen bekannt ist, einzubauen. Da bedingt durch den Einbauraum und die Komfortansprüche dies aber nicht unter allen Bedingungen zufrieden stellende Werte lieferte, wurde die geregelte Wandlerkupplung entwickelt.

Bild 11: Hydrodynamischer Wandler mit Überbrückungskupplung

Neben der Ölzu- und -abführung zur Kühlung, ist nun die Überbrückungskupplung zusätzlich anzusteuern. Die einfachste Lösung ist die mittels eines getrennten Kolbenraumes und einer zusätzlichen Leitungsverbindung zu realisieren.

Kühlung
Ölversorgung
Ein – Aus

Ölzulauf Wandler

Ölrücklauf Wandler

Ansteuerung GWK über Propventil

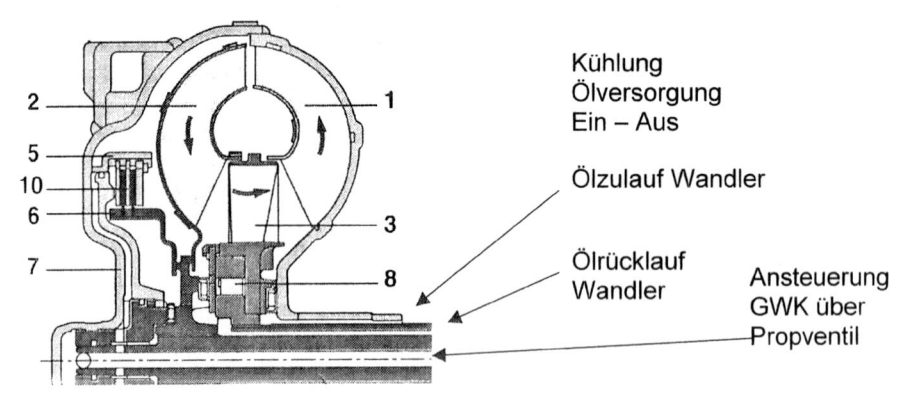

Bild 12: Wandleransteuerung nach [4]

Eine andere sehr interessante Lösung in Bezug auf die Ansteuerung ist heute bei vielen Getrieben die Serienlösung. Bei dieser einfacheren Lösung wird ein Raum innerhalb der Wandlerschale als „offener" Kolbenraum verwendet. Da es bei einem gefüllten Wandler keinen Einfluss auf die Funktion hat, ob der überlagerte Kühlölstrom an besonders geeigneten Zonen mit Unter- bzw. Überdruck erfolgt oder einfach durch Drucküberlagerung an beliebiger Stelle, wird einfach der Ölstrom in seiner Flussrichtung umgedreht.

Bild 13: Ansteuerung Überbrückungskupplung durch zwei Leitungen nach [2]

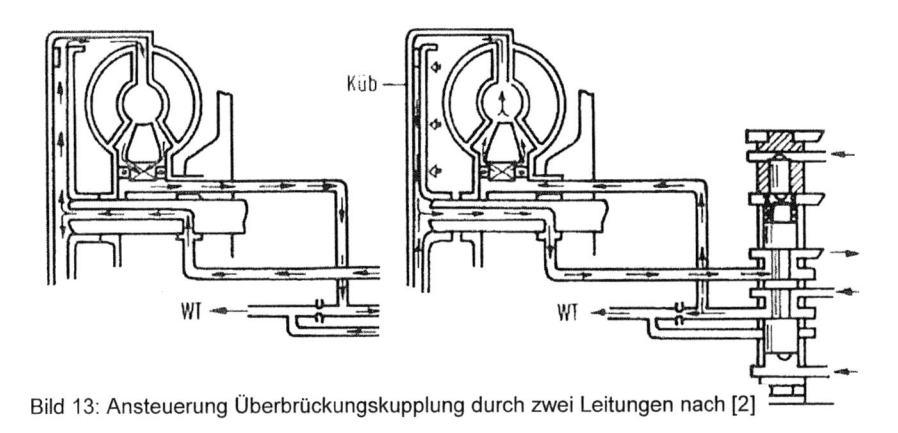

Bild 13 zeigt schematisch eine solche Ansteuerung. Im Wandlerbetrieb wird das Öl durch den Spalt, der sich zwischen Pumpenradschale und Mitnahmescheibe bildet, geführt und öffnet so die GWK. Soll nun die GWK geschlossen werden und den Wandler „quasi" ausschalten, so wird der Ölstrom umgedreht. Das Öl baut nun an der axial beweglichen Scheibe einen Druck auf, der die Fläche zur Anlage bringt und dadurch die Pumpenradschale mit der am Turbinenrad drehfest verbundenen Scheibe über eine einflächige Reibkupplung verbindet. Da der Durchfluss durch diese Reibscheibe gegen null geht, ist auch der Öldurchfluss durch den Wandler praktisch abgeschaltet. Über den Druck an dieser Leitung ist eine Steuerung des übertragbaren Momentes möglich. Das besondere an dieser Kupplung besteht nun darin, dass ein gezielter Schlupf eingestellt werden kann. Bei beiden Lösungen ist es möglich den Kupplungsdruck so zu steuern, dass gerade das momentane Motormoment übertragen wird und Momentenüberhöhungen und damit Schwingungsanregungen auf den Antriebsstrang vermieden werden. Dies erfolgt in der Regel durch eine Steuerung des Schlupfes. Vorgabe ist eine Differenzdrehzahl zwischen 20 ÷ 40 Umdrehungen pro Minute und das Regelsystem versucht diese Drehzahl konstant zu halten. Abhängig von Motordrehzahl und Drosselklappenstellung (Motormoment) werden Bereiche definiert, bei denen ein Schlupfzustand eingeregelt wird und bei denen eine starre Verbindung realisiert wird. Eine starre Verbindung wird in der Regel nur ab mittleren Motordrehzahlen und bei geringen Drosselklappenstellungen eingestellt. Dies hängt von verschiedenen Parametern ab. Die Verbrauchsersparnis liegt mit dieser Lösung ohne Komfortverschlechterung bei ca. 2 %. Bei Automatgetrieben für Nutzfahrzeuge ist bedingt durch die wesentlich höhere mittlere Leistung eine vollständig geschlossene Überbrückungskupplung seit Einführung solcher Getriebe Standard. Allerdings ist die Systemempfindlichkeit wegen der größeren trägeren Massen und der geringeren Systemdynamik geringer.

7. Ausblick / Weitere Entwicklung

Der Komfort- und Lebensdaueranspruch, den Fahrer von Oberklassefahrzeuge heute stellen, kann nur mit einem verschleißfreien und schwingungstrennendem Anfahrelement erfüllt werden. Dies wird sich auch zukünftig in diesen Fahrzeugsegmenten nicht ändern. Dies bedeutet, dass ein hydrodynamisches Anfahrelement unverzichtbar ist. Selbstverständlich gibt es auch Konkurrenzlösungen, wie z.B. eine nasslaufende Kupplung. Die Betriebsbewährung wie sie bisher nur die Hydrodynamik bietet, haben diese Systeme aber noch nicht. Vor allem den Punkten Kühlung und Fehlbedienung muss sehr viel Aufmerksamkeit gewidmet werden. Mechanische – auf Reibung basierende – Lösungen werden immer prinzipbedingte Nachteile haben. Elektrische Lösungen in Verbindung mit dem Starter/Generator befinden sich noch am Beginn ihrer Entwicklung. Hier wird vor allem das Problem der Energiebevorratung, sowie die Kostenfrage entscheidend für einen Erfolg sein. Betrachten wir nun den hydrodynamischen Wandler selbst, so hat sich im Lauf der Jahre seine Bedeutung wesentlich gewandelt. Nicht zuletzt durch die Anforderungen nach besseren Fahrleistungen bei geringerem Verbrauch haben zu mehrstufigen Automatgetrieben geführt. Während in den 40er Jahren zu Beginn der Entwicklung Getriebe mit 2 mechanischen Übersetzungen und entsprechenden Wandlern gebaut wurden, so wird mit steigender Gangzahl die Momentenwandlung des hydrodynamischen Elementes immer unbedeutender. Während bei einem 2-Gang Automat der Wandler einen nicht unerheblichen Fahrbereich abdecken muss und dazu auch eine entsprechende Anfahrwandlung benötigt, so ist er bei einem 5-Gang Automat nur noch ein Anfahrelement und ein Dämpferelement zwischen Motor und Getriebe. Die Bedeutung des Wandlers zum Fahren nimmt ab und damit auch die Anfahrwandlung. Die Anteile der Geschwindigkeitsbereiche, die mit dem Wandler gefahren werden, reduzieren sich. Ein 6-Gang Automat benötigt keinen Wandler mehr zum Anfahren, aber ein verschleißfreies und dämpfendes Kupplungselement.

Nachdem die Auslegungspunkte wie Wandlung und damit Wirkungsgrad nicht mehr so bedeutend sind, wird die Entwicklung sich in Reduktion der Kosten und Baugröße abspielen. Zur Zeit ist bei den gängigen Automatgetrieben kein Element in Sicht, welches den Trilok-Wandler verdrängen könnte. Da der Anteil an Automatgetrieben langsam auch in Europa steigt, werden auch die Produktionszahlen der hydrodynamischen Wandler steigen.

8. Literatur

[1] Sonderdruck der Voith Turbo GmbH Crailsheim Hydrodynamik 1990

[2] Förster, Hans-Joachim: Automatische Fahrzeuggetriebe Springer-Verlag

[3] Lechner, G; Naunheimer, H: Fahrzeuggetriebe Springer-Verlag

[4] Funktionsbeschreibung Automatischer Getriebe 722.6 DC AG

1.4 Das 5-Gang-Automatikgetriebe W5A180 für die A-Klasse von Mercedes

Hans Hillenbrand

1. Zusammenfassung

Für die A-Klasse von Mercedes mußte ein neues Automatikgetriebe konzipiert werden, das der besonderen Vorbaustruktur des Fahrzeugs und den stark eingeschränkten Platzverhältnissen Rechnung trägt. Die Lösung wurde in einem 5-Gang-Stirnradstufenautomatikgetriebe mit schlupfender Wandler-Überbrückungskupplung gefunden, das in Reihe zum Motor angeordnet ist und eine extrem kurze Baulänge von nur 315 mm sowie ein sehr niedriges Gesamtgewicht von 69 kg aufweist. Somit wurde das weltweit erste 5-Gang-Automatikgetriebe für Front-Quereinbau geschaffen, das sowohl im Längen- und Gewichtsvergleich, als auch beim Wirkungsgrad das Wettbewerberfeld in seiner Leistungsklasse anführt.

Erstmals bei Automatikgetrieben wird eine vollintegrierte elektronische Getriebesteuerung eingesetzt, d.h. die Elektronik ist integraler Baustein der elektro-hydraulischen Steuerungseinheit und liegt direkt im Ölsumpf. Dadurch stellt das Getriebe eine abgeschlossene Funktionseinheit dar, was eine Vereinfachung des Fahrzeugkabelsatzes und einen Entfall des Getriebesteuergerätes im Fahrzeug ermöglicht.

2. Rahmenbedingungen, Ziele, Konzept

Im Zeitalter weiter zunehmender Mobilität erwarten die Kunden von der Automobilindustrie umfassende Fahrzeugangebote, die fast allen nur denkbaren individuellen Wünschen und Anforderungen genügen. Über die Zeit haben sich daher eine ganze Anzahl verschiedener Fahrzeugklassen herausgebildet, die diesen Anforderungen Rechnung tragen. Mercedes hat hierbei im Rahmen seiner Produktoffensive ein neues Feld besetzt und eine eigenständige Fahrzeugklasse definiert: die A-Klasse.

Bild 1: Die Mercedes-Benz A-Klasse

Hierfür wurden neben vielen anderen insbesondere folgende Ziele für die Entwicklung eines derartigen Fahrzeuges festgeschrieben:

- Höchste Raumökonomie und variable Nutzbarkeit bei vergleichsweise kompakten Fahrzeugabmessungen und insbesondere geringer Fahrzeuglänge.
- Passive Sicherheit auf dem Mercedes-Benz-Niveau der C- und E- Klasse.

In der Summe versteckte sich hier eine sehr anspruchsvolle Herausforderung für die Entwicklungsingenieure.

Wie Unfallstatistiken belegen, müssen die Insassen von leichten Automobilen bei Kollisionen mit einem höheren Verletzungsrisiko rechnen als die Insassen von schwereren Mittelklasse- und Oberklassefahrzeugen. Mit einem Leergewicht nach Richlinie 95/48/EG von ca. 1100 kg zählen die A-Klasse-Fahrzeuge zu den leichteren Automobilen im Straßenverkehr. Wie in verschiedenen Tests, z.B. einem Crash-Test nach Bild 2, nachgewiesen wurde, ist es hier dennoch gelungen, die Folgen dieser ungünstigen physikalischen Gegebenheiten zu minimieren und ein Sicherheits-Niveau zu erreichen, das dem Niveau der Mercedes C - und E - Klasse entspricht.

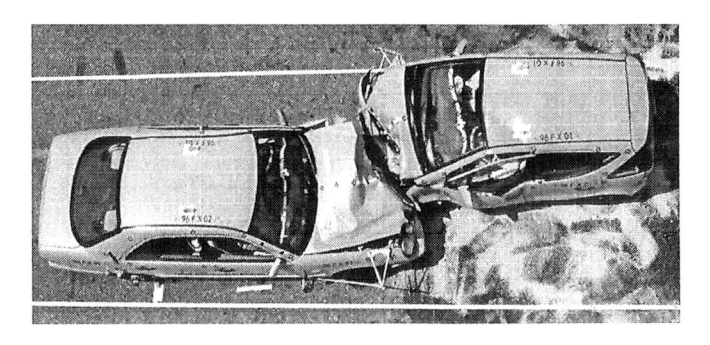

Bild 2: Crashversuch mit E-Klasse und A-Klasse

Die Idee dazu wird als Sandwich-Konzept bezeichnet, d.h. Anheben des Innenraumbodens und Verlagerung der Antriebstechnik teilweise unter den Fahrzeugunterboden (Bild 3).

Bild 3: Vorbauanordnung

Die kompromißlos auf Kompaktheit und Sicherheit ausgerichtete A-Klasse bestimmte daher auch nachhaltig die Konzeption von Motoren und Getrieben. Die für die Motor/Getriebeeinheit zur Verfügung stehende Länge betrug lediglich 775 mm, wobei für das Getriebe ein Restlänge von nur 315 mm zur Verfügung stand. So kamen etwa Motoren und Getriebe aus der Produktpalette von Mercedes-Benz oder die Modifikation weiterer Antriebskomponenten nicht in Frage, so daß exklusiv für die A-Klasse neue Motoren sowie neue Schalt- und Automatikgetriebe entwickelt werden mußten.

Anders als bei den Frontantriebskonzepten von Wettbewerbern ist der quer eingebaute Motor/Getriebeblock unmittelbar unter dem Pedalboden angeordnet und unter einem Winkel von 59 ° nach vorne geneigt. Das Differenzial und der Abtrieb zu den vorderen Antriebsrädern liegen damit vor dem Motor/Getriebeblock. Außerdem ist die dem Pedalboden zugewandte Seite des Antriebsblocks als Gleitfläche ausgebildet, so daß im Fall schwerer Frontalkollisionen, wie in Bild 4 zu sehen ist, der Antriebsblock am Pedalboden nach hinten unten abgleiten kann, ohne diesen nennenswert zu verformen. Die maximal mögliche Verformungslänge des Vorbaus wird genutzt, indem der quer eingebaute Antriebsblock nach vorne geneigt angeordnet ist und sich im Kollisionsfall, am Pedalboden entlang, teilweise unter den Wagenboden schieben kann, der im Vergleich zu konventionellen PKW um ca. 200 mm angehobenen ist. Die Fahrgastzelle erfährt dabei nur unkritische Intrusionen.

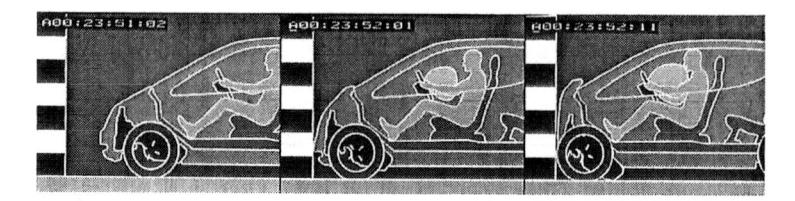

Bild 4: Das Crash-Konzept der A-Klasse

Unter Berücksichtigung dieser Vorgaben wurde nach Lastenheft sowohl ein 5-Gang-Schaltgetriebe als auch ein 5-Gang-Automatikgetriebe neu entwickelt. Als Sonderausstattung wird beim 5-Gang-Schaltgetriebe anstelle der konventionellen Kupplung mit Pedal eine automatisierte Kupplung angeboten. Für die erforderliche Trennung der Kraftübertragung während des Schaltens sorgt hier ein elektronisch gesteuerter elektrohydraulischer Antrieb.

Bei der Entwicklung des neuen Automatikgetriebes mußte ebenso wie beim Schaltgetriebe der besonderen Vorbaustruktur des Fahrzeugs Rechnung getragen werden. Bedingt durch die stark eingeengten Platzverhältnisse war ein Planetengetriebe in 5-Gang-Ausführung nicht realisierbar.

Die Lösung wurde in einem 5-Gang-Stirnradstufenautomatikgetriebe mit schlupfgeregelter Wandler-Überbrückungskupplung gefunden, das wie das Schaltgetriebe in Reihe mit dem Motor angeordnet ist und sich durch eine extrem kurze Baulänge sowie ein sehr niedriges Gesamtgewicht auszeichnet.

Erstmals bei Automatikgetrieben wird hier eine vollintegrierte elektronische Getriebesteuerung eingesetzt, d.h. die Elektronik ist integraler Baustein der elektrohydraulischen Steuerungseinheit (EHS) und liegt direkt im Ölsumpf. Dadurch stellt das Getriebe eine abgeschlossene Funktionseinheit dar, was eine Vereinfachung des Fahrzeugkabelsatzes und einen Entfall des Getriebesteuergerätes im Fahrzeug ermöglicht. Dies bedeutet für das Steuergerät bisher nicht gekannte Anforderungen bezüglich Dichtheit, Temperaturbeständigkeit und Schwingungsfestigkeit.

3. Getriebeaufbau

3.1 Technische Daten

Das Getriebe W5A180 ist für Motordrehmomente bis 180 Nm und Maximalleistungen von 90 kW ausgelegt. Die Übersetzungen, die Gangsprünge und die Spreizung sind in Bild 5 ersichtlich.

Bei der Abstufung der fünf Gänge wurde auf eine harmonische Auslegung Wert gelegt, so daß beim Gangwechsel möglichst geringe Drehzahlsprünge auftreten. Der fünfte Gang weist im Interesse eines niedrigen Kraftstoffverbrauchs eine lange Gesamtübersetzung auf.

Die kompakte Bauweise ergab eine extrem kurze Baulänge von nur 305mm (partiell im Bereich der Ritzelwelle 315 mm) und ein Gewicht von nur 69 kg, einschließlich Drehmomentwandler, Achsantrieb und ATF-Öl.

Mit diesem Konzept wurde ein 5-Gang-Automatikgetriebe für Front-Quereinbau geschaffen, das sowohl im Längen- und Gewichtsvergleich, als auch beim Wirkungsgrad das Wettbewerberfeld in seiner Leistungsklasse anführt.

3.2 Getriebesystem, Wirkungsweise, Gangbildung

Das Getriebe- und Schaltschema des neuen Stirnradstufenautomatikgetriebes W5A180 für Frontantrieb mit integriertem Achsantrieb zeigt Bild 5.

Es wurde ein Drei-Wellen-System mit sechs Lastschaltkupplungen realisiert, um fünf Vorwärtsgänge und den Rückwärtsgang darzustellen. Zwischen Getriebe und Motor ist ein Drehmomentwandler mit Überbrückungskupplung (KÜB) angeordnet.

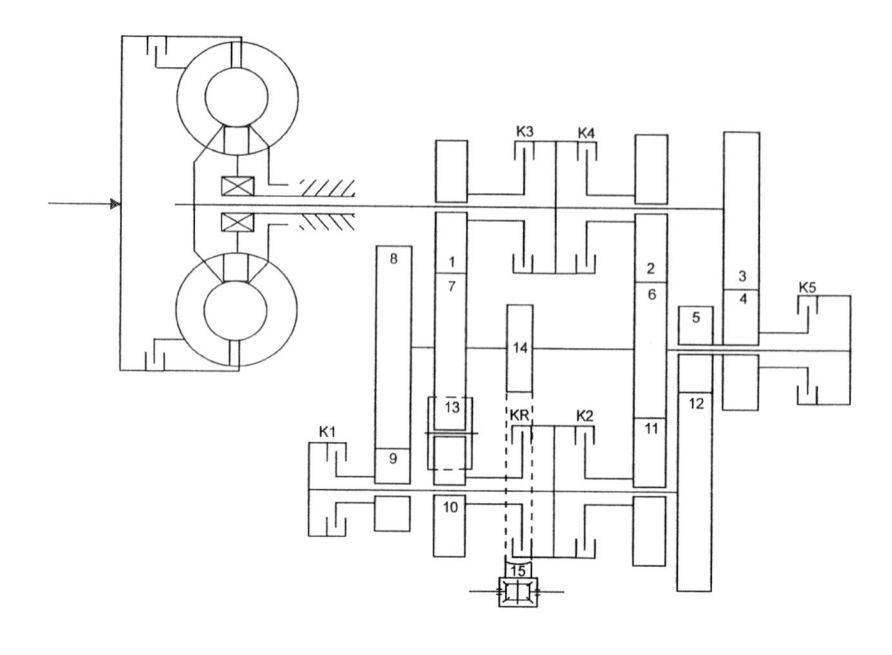

Gang	K1	K2	K3	K4	K5	KR	i	φ i	φ ges
1	X						3,625	1,734	5,028
2		X					2,090	1,591	
3			X				1,314	1,457	
4				X			0,902	1,251	
5					X		0,721		
R						X	-3,673		

Bild 5: Aufbauschema des Getriebes W5A180

3.2.1 Gangbildung 1., 2. und Rw-Gang:

Für den 1. Gang wird das Eingangsmoment von der Antriebswelle über die Konstante (Zahnräder 3, 4, 5 und 12) zur Vorgelegewelle übertragen und erhöht. Die Kupplung K1 verbindet die Vorgelegewelle mit dem Zahnrad 9. Dieses überträgt wiederum das Drehmoment auf das mit der Ritzelwelle fest verbundene Zahnrad 8 und bewirkt dort eine weitere Momenterhöhung. Die Ritzelwelle überträgt in allen Gängen über das Ritzel 14 das abtriebsseitige Moment auf das Achsantriebsrad 15.

Der 2. Gang wird ähnlich dem ersten gebildet, wobei dann die Kupplung K2 die Vorgelegewelle mit dem Zahnrad 11 verbindet und die Momentenerhöhung über Zahnrad 6 an die Ritzelwelle weitergegeben wird.

Der Rw-Gang wird ähnlich dem ersten und zweiten gebildet, wobei dann die Kupplung KR die Vorgelegewelle mit dem Zahnrad 10 verbindet.
Drehrichtungsumkehr erfolgt über das Rücklaufrad 13 auf das mit der Ritzelwelle fest verbundene Zahnrad 7.

3.2.2 Gangbildung 3. und 4. Gang:

Für den 3. Gand verbindet die Kupplung K3 die eingangsmomentführende Antriebswelle mit dem Zahnrad 1. Dieses überträgt das Drehmoment auf das mit der Ritzelwelle fest verbundene Zahnrad 7 und bewirkt dort eine Drehmomenterhöhung.

Der 4. Gang wird ähnlich dem dritten gebildet, wobei dann Kupplung K4 die Antriebswelle mit dem Zahnrad 2 verbindet und die Momentenreduktion über Zahnrad 6 an die Ritzelwelle erfolgt.

3.2.3 Gangbildung 5. Gang:

Das Eingangsmoment wird über das fest mit der Antriebswelle verbundene Zahnrad 3 auf das Zahnrad 4 übertragen und bewirkt dort eine Drehmomentreduktion. Das Zahnrad 4 ist durch die Kupplung K5 mit der Ritzelwelle verbunden.

3.3 Mechanischer Aufbau/Baugruppen

Den Mittelschnitt des W5A180 durch alle vier Wellen zeigt Bild 6. Es wird ein hydrodynamischer Drehmomentwandler mit schlupfgeregelter Wandlerüberbrückung eingesetzt. Mit der Überbrückung des Wandlers durch die parallelgeschaltete Kupplung wird ein durch Schlupf zwischen Pumpen- und Turbinenrad verursachter Leistungsverlust reduziert.
Um bei kritischen Drehzahlen die Übertragung von Triebstrangschwingungen zu vermeiden, besitzt die Überbrückungskupplung einen breiten Schlupfbereich und kann in allen Gangstufen mit einer je nach Bedarf gesteuerten höheren oder niedrigeren Schlupfdrehzahl aktiviert werden. Damit bietet das neue System ein Optimum zwischen Kraftstoffersparnis, Dynamik und Komfort.

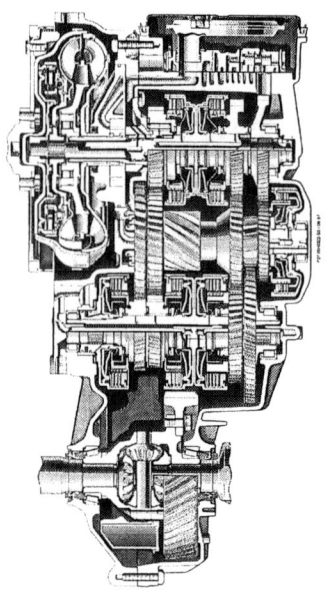

Bild 6: Getriebemittelschnitt des W5A180

Die bewährte innenverzahnte Mondsichel-Ölpumpe erhielt ein Alu-Kokillengußgehäuse. Die Ansaug- und Umsteuergeometrie der Pumpe wurde grundlegend überarbeitet. Das Ergebnis dieser Maßnahmen ist eine hinsichtlich Gewicht, Betriebsgeräusch und Wirkungsgrad optimierte Pumpe, welche die schon sehr guten Werte der bisherigen Serienpumpen übertrifft.

Die einzelnen Gangräder sind mit den Innenlamellenträgern der Kupplungen fest durch Kondensatorentladungsschweißen (KES) verbunden. Dieses kostengünstige Schweißverfahren erfüllt die Festigkeitsanforderungen bei minimalem Wärmeanfall. Durch den äußerst geringen Verzug können die Radiallagerbohrungen vor dem Schweißen fertigbearbeitet werden.

Das Getriebe beinhaltet sechs Lastschaltkupplungen, deren Lamellen aus Bauraumgründen single-sided, d.h. jeweils nur auf einer Seite mit einem Reibbelag beklebt sind. Die Kupplungen K3, K4 und K5 sind jeweils mit Fliehölausgleichsräumen ausgestattet, um bei hochtourigen Schaltungen Fliehöldruckeinflüsse in den rotierenden Kolbendruckräumen auszugleichen.

Bei sämtlichen Lamellenträgern, Druckkolben und Fliehölausgleichsteilen kommt die kostengünstige Dünnblechtechnologie zum Einsatz, die unter Verwendung von modernsten FE-Rechenmethoden eine optimale Materialausnutzung gewährleistet.

Die hydraulischen Betätigungskolben der Schaltelemente sind mit dachförmig angefasten Rechteckringen abgedichtet. Sie werden von einem Gummirohr "abgestochen" und können somit kostengünstig hergestellt werden. Alle Dichtungen zwischen relativ zueinander rotierenden Teilen sind als Polytetrafluoretylenringe ausgeführt.

Beide Gehäusehälften bestehen aus Druckgußaluminium. Um kostspielige Tieflochbohrungen und/oder separate Ölleitungen im Getriebeinneren zu vermeiden, wurden die Druckölversorgungsleitungen der Kupplungen als Einlegeteile eingegossen. Bei vergleichbaren Kosten konnte das Leckagerisiko auf ein Minimum reduziert werden.

3.4 Ölhaushalt

Das bei der Montage eingefüllte Getriebeöl braucht während der Lebensdauer nicht mehr gewechselt zu werden. Ein Getriebeölmeßstab ist nicht vorhanden. Jedoch wird das Öleinfüllrohr beibehalten, um im Service-Fall bei Bedarf den Ölstand in den Werkstätten prüfen und gegebenenfalls korrigieren zu können.

Der Ölhaushalt des Getriebes wurde bereits in der Konzept- und Entwurfsphase sehr sorgfältig abgestimmt. Die geforderte Bodenfreiheit und der beengte Bauraum ließen keine nennenswerten Speicher im Ölsumpfbereich zu, um das Getriebeöl bei Wärmeausdehnung aufzunehmen. Ein Pegelanstieg bis weit in die drehenden Teile hinein wäre die Folge gewesen. Es wurden daher zwei Kunststoffölbehälter eingebaut, welche temperaturgesteuert dem Kreislauf Öl entziehen.

4. Schaltungsbetätigung

Für die A-Klasse mußte eine völlig neue Schaltbetätigung mit optimiertem Bedienkomfort entwickelt werden. Der Bauraum und die Anschlußstellen zur Karosserie und Mitteltunnelverkleidung sollten mit der mechanischen Schaltung weitgehend vereinheitlicht werden. Die Entwicklung erfolgte in Zusammenarbeit mit einem externen Systemlieferanten, der die Schaltung als Komplettmodul einbaufertig liefert.

Bei der neuartigen Schaltkulisse, Bild 7, entsprechen die Wählhebelpositionen "P", "R", "N", und "D" in ihren Funktionen denen der von anderen Mercedes

PKW's bekannten Kulisse. Die Schaltbereiche "4", "3", "2" und "1", die jeweils den höchsten Gang anzeigen, bis zu dem das Getriebe hochschaltet, werden durch Tippen des Wählhebels in Querrichtung gewählt (nach links zurück "-", nach rechts hoch "+"). Durch Halten des Wählhebels in der Position "-" bzw. "+" können mehrere Schaltpositionen übersprungen werden. Der von der Getriebesteuerung aktuell ausgeführte Schaltbereich wird im Display des Kombiinstrumentes angezeigt.

Bild 7: Die Schaltbetätigung des W5A180

Der Fahrprogrammschalter zur Wahl der Schaltprogramme "S" (Standard) und "W" (Winter) ist als Wippschalter ausgeführt und neben der Schaltkulisse angeordnet.

Alle Wählhebelpositionen werden von einem optoelektronischen Gangerkennungsschalter im elektronischen Wählhebelmodul erkannt, kodiert und über CAN-Bus an die elektronische Getriebesteuerung und das Kombiinstrument übertragen. Die Wählhebelpositionen "P", "R" "N" und "D" werden parallel zur Übermittlung über CAN mittels eines Zug-Druck-Kabels mechanisch an den getriebeseitigen Bereichswahlhebel weitergeleitet. Durch diese Auslegung der Signalübertragung ist auch bei einer Störung in der Elektronik eine Notlauffunktion vorhanden.

Ein R-P-Sperrmagnet, der vom elektronischen Wählhebelmodul angesteuert wird, verhindert bei einer Geschwindigkeit größer 8 km/h ein unbeabsichtigtes Einlegen der Positionen "R" und "P".

Das Wählgehäuse, Gangerkennungsschalter-Gehäuse sowie die Abdeckung sind aus Kunststoff hergestellt. Zur Gewichtseinsparung bei optimaler

Steifigkeit und aus Geräuschgründen wurde für das Wählgehäuse eine Fachwerkkonstruktion gewählt. Die Kunststoffteile werden über speziell entwickelte Klips-Verbindungen paßgenau und kostengünstig miteinander verbunden. Auch eine spätere Demontage zum Recycling der Bauteile nach ihrer Nutzungsdauer ist einfach möglich.

Das Getriebe erhält eine zündschlüssel- und bremspedalabhängige Parksperrenverriegelung, wobei die Wählhebelstellung "P" nur bei getretenem Bremspedal verlassen werden kann. Der Zündschlüssel kann nur in der Stellung "P" abgezogen werden, jedoch unabhängig davon, ob die Betriebsbremse betätigt ist oder nicht. Das Gesamtsystem der konusbetätigten Parksperre zeigt Bild 8.

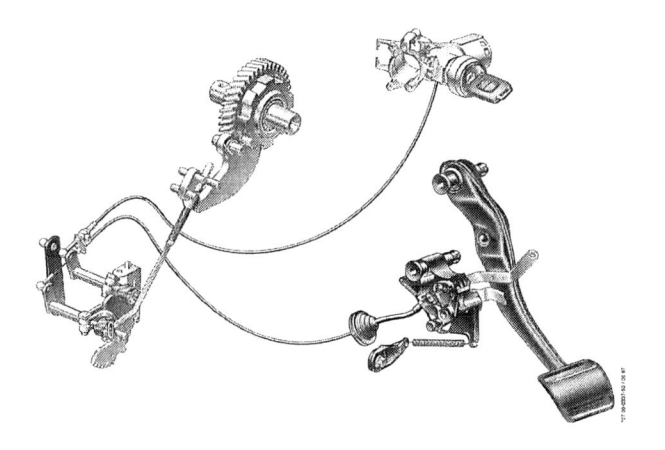

Bild 8: Gesamtsystem Parksperre mit Shift-Lock

5. Elektrohydraulische Steuerung

Das vollständig neue Konzept des W5A180 erforderte auch die Entwicklung einer neuen Getriebesteuerung. Die Anforderungen resultieren aus dem Getriebeschema, dem zur Verfügung stehenden geringen Bauraum und der Forderung nach geringen Herstellkosten. Dabei konnte weitgehend auf prinzipielle Lösungen und Grundlagen der Steuerung für die Mercedes-Benz Automatikgetriebe W5A330/ 580 für Heckantrieb aufgebaut werden [1,2].

Grundsätzlich neu ist jedoch die Integration der zusammen mit der Fa. Siemens entwickelten elektronischen Getriebesteuerung mit der Hydraulik. Damit sind alle Komponenten der Getriebesteuerung in der sogenannten elektrohydraulischen Steuerungseinheit zusammengefaßt und innerhalb des Getriebes untergebracht. Weiterhin neu ist die hydraulische Direktansteuerung der Schaltelemente und die ausschließliche Verwendung von pulsweitenmodulierten Ventilen (PWM-Ventilen).

5.1 Aufbau der elektrohydraulischen Steuerungseinheit

Bild 9 zeigt die Gesamtansicht der elektrohydraulischen Steuerungseinheit (EHS). Die hydraulischen Steuerungselemente, im wesentlichen 10 Schieberventile und der Wählschieber, der als Drehschieber gestaltet ist, sind in einem Schiebergehäuse angeordnet, das als Aluminium-Druckgußteil ausgeführt ist. Die Kanalseite des Schiebergehäuses ist mit einem Zwischenblech abgedeckt, über dessen Öffnungen die auf der Unterseite des Getriebegehäuses befindlichen Kanäle mit zur Ölführung herangezogen werden. Auf der Rückseite des Schiebergehäuses, das zur Erhöhung der Steifigkeit verrippt ist, befinden sich die Öffnungen von selbstschließenden Meßanschlüssen für die Funktionsüberprüfung. Ebenfalls auf der Rückseite des Schiebergehäuses, nach Einbau ins Getriebe nach unten weisend, sind die Aktoren und der die elektronische Getriebesteuerung enthaltende Elektriksatz angeordnet.

Damit bildet die EHS eine eigenständige Baueinheit, die außerhalb des Getriebes vollständig montiert und geprüft werden kann, wobei eine Abstimmung der hydraulischen Komponenten erfolgt. Damit stellt auch das mit der EHS komplettierte Getriebe eine in sich autarke Montageeinheit dar.

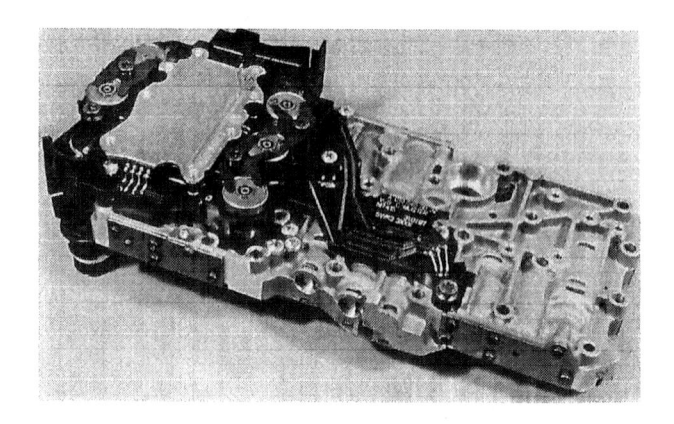

Bild 9: Elektrohydraulische Steuerungseinheit (EHS) des W5A180

5.2 Elektriksatz mit vollintegrierter elektronischer Getriebesteuerung

Der Elektriksatz besteht aus den folgenden Bauteilen, die von einem als Kunststoffspritzteil ausgeführten Tragkörper aufgenommen sind:

- Metallstanzgitter als getriebeinterne elektrische Leitungsverbindung
- Fünfpoliger Zentralstecker, der durch das Getriebegehäuse nach außen geführt wird
- Sensor zur Erfassung der Getriebeeingangsdrehzahl
- Anlaß-Sperrschalter zur Sensierung der Wählhebelstellungen "P" und "N"
- Vollintegrierte elektronische Getriebesteuerung (VGS)

5.3 Sensoren

Der Drehzahlsensor zur Erfassung der Getriebeeingangsdrehzahl ist ein Hall-Element, das in einem aus dem Tragkörper herausragenden "Finger" angeordnet ist. Der Drehzahlsensor wird durch das Schiebergehäuse und eine entsprechende Öffnung im Getriebegehäuse geführt und tastet die Impulsfrequenz eines Zahnrads auf der Antriebswelle ab. Zur Erfassung der Öltemperatur ist auf dem Substrat der elektronischen Getriebesteuerung ein Temperatursensor angeordnet.

5.4 Aktoren

Im W5A180 kommen fünf pulsweitenmodulierte 3/2-Wege-Ventile in baugleicher Ausführung zur Anwendung. Die für die Betätigung der Schaltelemente und der Überbrückungskupplung verwendeten vier Ventile haben steigende Kennlinien. Ein Ventil mit Umschaltfunktion weist eine fallende Kennlinie auf. Die Ventile werden bei der Montage in das Schiebergehäuse über Messerkontakte mit dem Stanzgitter des Elektriksatzes kontaktiert.

5.5 Vollintegrierte elektronische Getriebesteuerung

Für die Integration der elektronischen Getriebesteuerung in den Elektriksatz wurde das eigentliche Elektronikmodul -verglichen mit funktional gleichwertigen Steuergeräten in Leiterplattentechnik- wesentlich verkleinert. Zur Erfüllung der hohen Anforderungen an Temperatur- und Vibrationsfestigkeit wurde als Basismaterial für die Platine der Werkstoff LTCC (Low Temperature Confired Ceramics) eingesetzt, ein mehrschichtiges Keramiksubstrat, dessen Oberfläche die aktiven elektronischen Bauteile aufnimmt.

6. Steuerungsfunktionen

6.1 Hydraulische Funktionen

Die im Schiebergehäuse angeordneten Ventile und Aktoren erfüllen im wesentlichen die folgenden Funktionen:

- Druckfreischaltung des Getriebes bei den Wählhebelstellungen "P" und "N"
- Regelung des für den jeweiligen Betriebszustand erforderlichen Systemdrucks
- Zumessung und Druckbegrenzung der für Schmierung und Kühlung benötigten Ölmenge
- Regelung des konstanten Versorgungsdrucks für die Aktoren
- Direktsteuerung der Schaltelemente über Druckminderventile, die von den PWM-Ventilen angesteuert werden
- Sicherstellung eines Notbetriebs bei Unterbrechung der elektrischen Ventilansteuerung

6.2 Signale und Kommunikation

Die Datenübertragung und die Kommunikation mit anderen Steuergeräten im Fahrzeug erfolgt über einen Datenbus (CAN). Eine zentrale Vereinbarung bildet die Momentenschnittstelle mit dem Motorsteuergerät. Dabei sendet einerseits das Motorsteuergerät das indizierte Motormoment und das Schleppmoment des Motors und fordert z.B. bei Motorstart eine Verschiebung der Getriebeschaltpunkte zur schnellen Aufheizung des Katalysators an.
Andererseits veranlaßt die Getriebesteuerung bei bestimmten Betriebszuständen eine Reduzierung des Motormomentes.

Signale, die über den CAN-Datenbus übertragen werden, sind:

- Indiziertes Motormoment
- Motorschleppmoment
- Motordrehzahl
- Höhenfaktor
- Raddrehzahlen
- Fahrpedalstellung
- Bremslichtschalter
- Kickdownschalter
- Wählhebelstellung und Betätigung der Tippfunktionen
- Fahrprogrammschalter

6.3 Schaltvorgänge

Bedingt durch den Getriebeaufbau sind bei den Schaltvorgängen jeweils nur das zu- und abschaltende Schaltelement beteiligt. Die Druckroutine hierfür steuern über einen für alle Schaltungen identischen Grundalgorithmus die entsprechenden PWM-Ventile und bestimmen damit direkt den an den Schaltelementen erforderlichen Druck. Zur Erhöhung der Schaltqualität wird während bestimmter Schaltphasen das Motormoment abgesenkt. Die Adaption von Parametern bei der Füllung der Schaltelemente führt die angesteuerten Drücke zu optimalen Werten und gewährt darüber hinaus deren Anpassung an längerfristige Veränderungen des Getriebe- oder Motorverhaltens.

6.4 Wandler-Überbrückungskupplung

Die Wandler-Überbrückungskupplung wird in allen Gangstufen betätigt. Der Kupplungsschlupf wird dabei je nach Betriebszustand so eingestellt, daß ein Optimum zwischen Verbesserung von Kraftstoffverbrauch und Abgasemission einerseits und Erhaltung des Triebstrangkomforts andererseits erreicht wird.

6.5 Einschaltvorgänge

Mit dem Umlegen des Wählhebels in eine Fahrstellung wird der entsprechende Einschaltvorgang druckmoduliert ausgeführt. Bei Einschaltvorgängen mit gleichzeitigem Gasgeben wird das Motormoment reduziert, um einen ausreichenden Komfort aufrecht zu erhalten.
Das Getriebe wird beim Anhalten in den Fahrtstellungen "D" und "R" kraftfrei geschaltet, um den Kraftstoffverbrauch zu senken und den Triebstrangkomfort im Stillstand zu erhöhen.

6.6 Schaltprogramm und Schaltstrategien

Die Schaltlinien des Grundschaltprogramms sind hinsichtlich Kraftstoffverbrauch und Fahrbarkeit des unbeladenen Fahrzeugs im warmen Betriebszustand in der Ebene optimiert. Bei Änderungen von Einflußgrößen, die sowohl von der Verhaltensweise des Fahrers als auch von den das Fahrzeug umgebenden Einflüssen geprägt werden, wird das Grundschaltprogramm über entsprechende Schaltstrategien situativ angepaßt. Auch Anforderungen von anderen fahrzeuginternen Systemen werden berücksichtigt. Damit wird erreicht, daß das Fahrverhalten in allen Betriebszuständen den momentanen Erwartungen des Fahrers entspricht. Bei Umschalten des Fahrprogrammschalters von "S" (Standard) nach "W" (Winter) werden das Grundschaltprogramm und Schaltstrategien in geeigneter Weise an die Erfordernisse des Fahrens unter winterlichen Bedingungen angepaßt.

7.0 Schlußbetrachtung

Stark eingeschränkte Platzverhältnisse, ein neuartiges Antriebskonzept sowie die aus Crashgründen besondere Vorbaustruktur der A-Klasse von Mercedes erforderte die Entwicklung eines völlig neuen Automatikgetriebes. Mit einer extrem kurzen Baulänge und einem sehr niedrigen Gewicht wurde hier das erste 5-Gang-Automatikgetriebe für Front-Quereinbau geschaffen, das sowohl im Längen- und Gewichtsvergleich, als auch beim Wirkungsgrad das Wettbewerberfeld in seiner Leistungsklasse anführt. Zusammen mit der neuartigen vollintegrierten Getriebesteuerung sind hier neue Entwicklungsrichtungen aufgezeigt worden.

8.0 Literatur

[1] Rösch,R.; Wagner, G.:
Elektrohydraulische Steuerung und äußere Schaltung des automatischen Getriebes W5A330/580 von Mercedes-Benz
ATZ 97 (1995)10, S. 698-706

[2] Rösch,R.; Wagner, G.:
Die elektronische Steuerung des automatischen Getriebes W5A330/580 von Mercedes-Benz
ATZ 97 /1995)11, S. 736-748

1.5 Technik des CVT-Getriebes

Ralf Vorndran

1. Zusammenfassung

Stufenlose Automatikgetriebe mit Umschlingungsvariator gewinnen insbesondere im Front-Quer-Einbau immer größere Bedeutung. Durch Verbrauchsvorteile, Komfortsteigerung, geringeren Bauraumbedarf und höhere Spreizung gegenüber Stufenautomatikgetrieben sind sie die ideale Komponente für den modernen Antriebsstrang.

Ihr wesentlicher Vorteil besteht in der stufenlosen Übersetzungsverstellung. Aus entwicklungstechnischer Sicht stellt jedoch die Anhebung des prinzipbedingt schlechteren mechanischen Wirkungsgrades und die Optimierung der Zusammenarbeit mit dem Motor die größte Herausforderung und ein großes Potential zur Weiterentwicklung dar.

2. Einleitung

CVT-Getriebe sind in der Lage, den Anforderungen eines modernen Verbrennungsmotor in idealer Weise Rechnung zu tragen. Immer mehr Fahrzeughersteller setzen deshalb die CVT- Technik für ihre Fahrzeuge ein bzw. planen deren Einsatz für die nächsten Fahrzeuggenerationen. Stetig steigende Drehmomente, insbesondere der direkt einspritzenden Dieselmotoren und der zunehmende Einsatz dieser drehmomentstarken Motoren auch für die untere Fahrzeugklasse, stellen eine große Herausforderung für die Getriebeentwickler dar.

Die immer enger werdenden Platzverhältnisse im Motorraum, steigende Crash-Anforderungen zur Erhöhung des Insassenschutzes, die Bestrebungen hinsichtlich konsequentem Leichtbau und die Forderung nach einem automatischen Getriebe mit den Zielverbrauchswerten eines Handschaltgetriebes, definieren die Rahmenbedingungen für die Konstruktion eines CVT.

3. Konstruktive Anforderung

Die Konstruktion eines CVT wird im wesentlichen von folgenden Faktoren bestimmt:

- Wahl des Anfahrelementes
- Drehmomentbereich
- zu berücksichtigende Plattform- und Motorvarianten
- erforderliche freie Crashlänge in Fahrtrichtung
- Lage der Bodenfreiheitslinie
- Lage des Motorstarters
- verfügbarer axialer Bauraum zwischen Motorflansch und Längsträger / Rad
- Abstand Kurbelwelle / Differential
- Leerlaufdrehzahl, minimale Betriebsdrehzahl
- geforderte Rückschalt- und Hochschaltgradienten
- Spreizung des Variators
- kürzeste Gesamtübersetzung in LOW

All diese Forderungen konnten in der ausgeführten Konstruktion des CFT18 für den Front-Quer-Einsatz bis 180 Nm Motordrehmoment berücksichtigt werden und sollen hier beispielhaft für die Beschreibung der CVT-Getriebe-Technik verwendet werden.

Am Kraftflussschema wie in Bild 1 dargestellt, dem Querschnitt den Bild 2 zeigt und der Seitenansicht in Bild 3 sind die konstruktiven Auswirkungen oben genannter Anforderungen auf das Getriebelayout zu erkennen

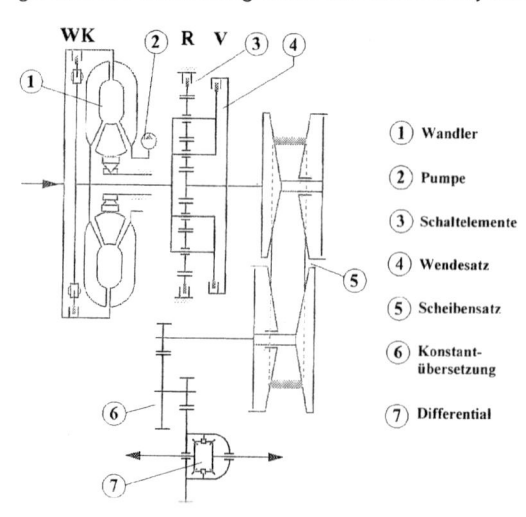

① Wandler
② Pumpe
③ Schaltelemente
④ Wendesatz
⑤ Scheibensatz
⑥ Konstant- übersetzung
⑦ Differential

Bild 1: Kraftflussschema CFT18

Der Kraftfluss läuft über den Wandler mit Überbrückungskupplung und den schaltbaren Wendesatz für die Vorwärts- und Rückwärtsfahrt in die Primärwelle des Variators. Das Schubgliederband von VDT überträgt das Moment auf die Sekundärwelle. Die Sekundärwelle ist per Zahnradstufen mit der Zwischenwelle und dem Differenzial verbunden. Von dort erfolgt der Antrieb über das Kegelradausgleichsgetriebe an die Räder. Die Pumpe wird direkt vom Pumpenrad des Wandlers angetrieben und läuft mit Motordrehzahl.

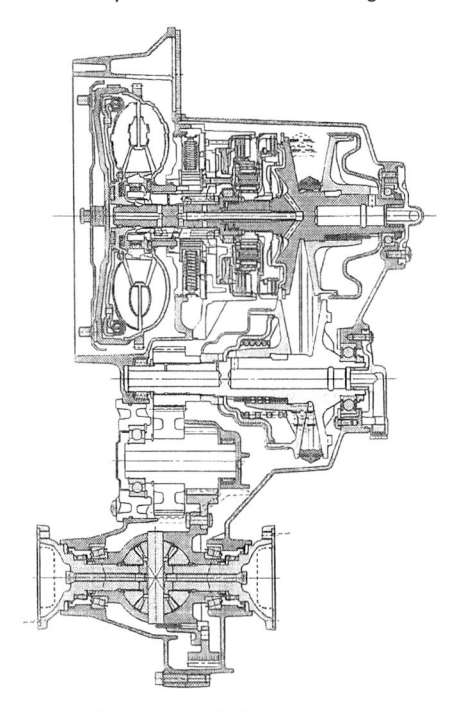

Bild 2: Querschnitt CFT18

Im Realschnitt des Getriebes erkennt man die, den Zwängen des Einbauraumes folgende Notwendigkeit, alle Bauelemente auf der Primärwelle möglichst platzsparend anzuordnen. Der Abstand von Sekundärwellenstirnrad und Wandler bestimmt die axiale Lage der Sekundärwelle. Entsprechend muss die Lage des Differenziales ebenfalls die Hüllkontur des Wandlers berücksichtigen.

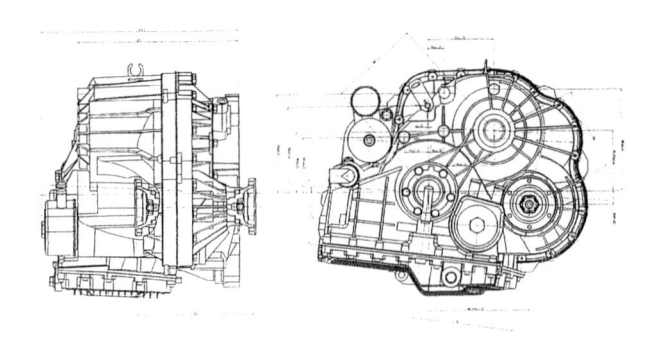

Bild 3: Seitenansicht CFT18

In der Seitenansicht wird die Lage des Starters und sein Einfluß auf die Lage der Hydraulischen Steuerung deutlich. Im vorliegenden Fall musste die Hydraulische Steuerung unter dem Getriebe im Ölsumpf angeordnet werden. Dort bestimmt wiederum die Bodenfreiheitslinie des Fahrzeuges die Bauhöhe und die Form der Steuerung.

Die eingesetzte Mechatronik als Elektronisch-Hydraulisches Modul, inklusive aller erforderlichen Aktuatoren und Sensoren für die Kommunikation mit dem Fahrzeug / Motor und der Steuerung und Regelung der Getriebefunktionen, muss sich in ihrem Aufbau ebenfalls den räumlichen Gegebenheiten anpassen. Besondere Beachtung ist der Lage und der Zugänglichkeit des Mechatronik-Steckers zu schenken. Dieser muss für die Montage frei zugänglich jedoch weitgehend geschützt vor Spritzwasser und Schmutz angeordnet sein. Die Konsequenzen auf die Mechatronik lassen sich in der 3D-Ansicht in Bild 4 deutlich machen.

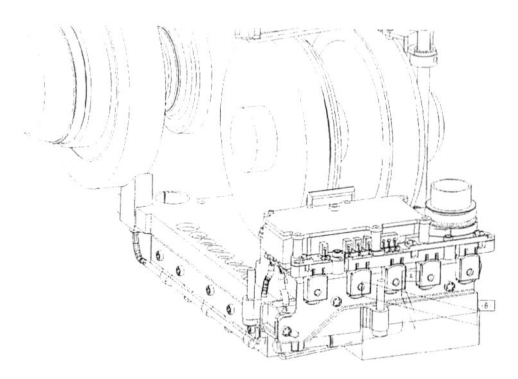

Bild 4. Mechatronikmodul des CFT18

Zur Reduzierung der Bauhöhe wurden alle Schalt- und Regelventile in einem Ventilgehäuse untergebracht. Das Montagemodul, die Elektronik mit dem Steckermodul sowie die Druckregler mit ihren Dämpfern sind in einem zweiten Ventilgehäuse untergebracht.

4. Ölversorgung

Der Ölversorgung eines CVT muss besondere Aufmerksamkeit geschenkt werden. Wie bei keinem anderen Getriebesystem werden Fahrdynamik und Kundenakzeptanz maßgeblich durch die Auslegung der Ölversorgung beeinflusst.

Im Gegensatz zum Stufenautomatikgetriebe (AT) sind beim CVT zur Führung des Betriebspunktes in Abhängigkeit der geforderten „Änderungsgeschwindigkeit" der Übersetzung große Ölmengen erforderlich. Zum besseren Verständnis dieser Zusammenhänge ist in Bild 5 schematisch das Verstellprinzip des Variators dargestellt.

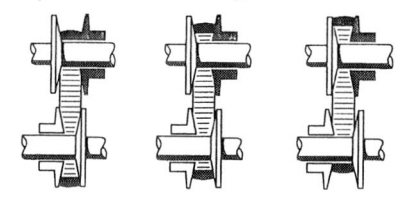

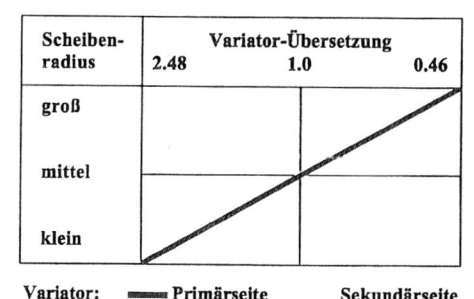

Scheiben-radius	Variator-Übersetzung		
	2.48	1.0	0.46
groß			
mittel			
klein			

Variator: ▬▬ Primärseite   Sekundärseite

Bild 5: Variatorverstellung

Aus der Koppelung von Primär- und Sekundärscheibe durch das Band ergibt sich aus der Geometrie der wirksamen Scheibenflächen errechnet, ein bestimmter Ölbedarf in Abhängigkeit der Übersetzung. Dadurch wird unter Berücksichtigung einer gewünschten Verstellgeschwindigkeit der absolute Ölbedarf des Variators definiert.

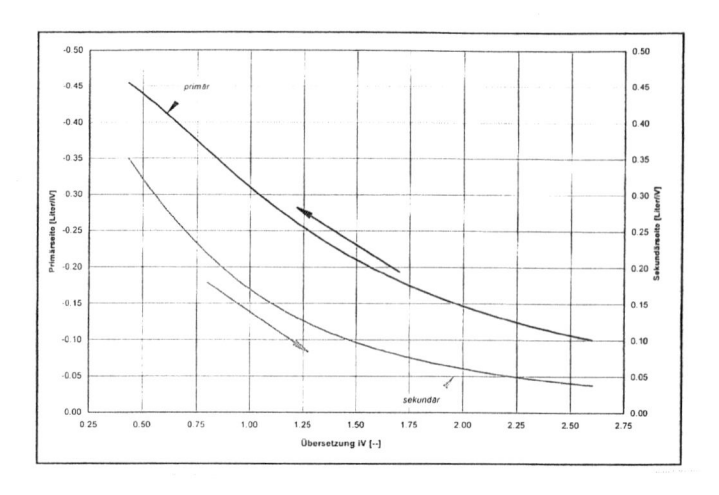

Bild 6: Ölbedarf in Abhängigkeit der Verstellgeschwindigkeit und der Übersetzung

Berücksichtigt man, dass im gesamten Drehzahl-, Fahrgeschwindigkeits- und Temperaturbereich eine bestimmte Verstelldynamik gefordert ist, so wird erkennbar, dass der Dimensionierung der Pumpe hinsichtlich ihrer Förderkennlinie besondere Beachtung geschenkt werden muss.

Zusätzlich zu diesen Anforderungen muss der Eigenbedarf („Ölverbrauch") der Hydraulischen Steuerung in diesen Betriebsbedingungen inklusive der Leckage der Druckzuführungen zu den Variatorscheiben, Kupplung, Bremse und Wandler mit berücksichtigt werden.

Eine Vorstellung davon, welchen Einfluss diese Systemleckage auf die Verstelldynamik hat wird aus Bild 7 deutlich. Hier ist die Reduzierung des Nutz-Volumenstromes, infolge der Zunahme der Leckage des Getriebes über der Temperatur dargestellt. In diesem realen Messschrieb ist mit „Oberer" und „Unterer" Grenze die im aktuellen Betriebspunkt mögliche Verstelldynamik definiert. Daraus errechnet sich der Nutzvolumenstrom. An diesen Grenzen orientiert sich dann die Übersetzungsregelung des Getriebes zur Sicherstellung der Volumenstrombilanz.

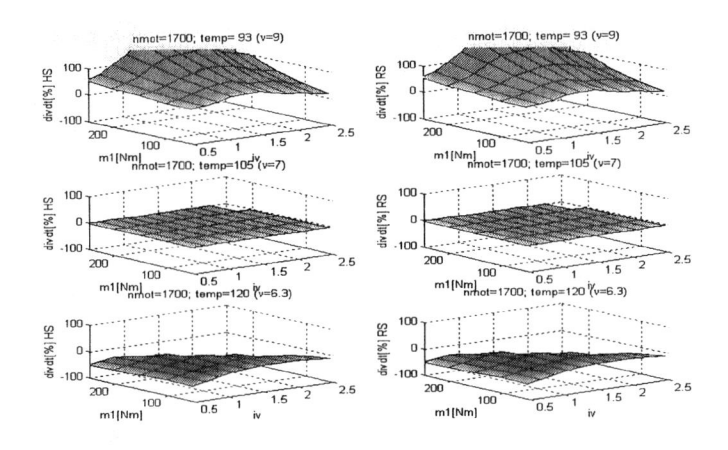

Bild 7: Einfluss der Leckage auf die Verstelldynamik

Für die Pumpenauslegung der ECOTRONIC-Getriebe wurde aus umfangreichen Fahrversuchen und der Verifikation verschiedener Berechnungsverfahren eine Pumpenkennung mit 17 Ltr bei 1000 1/min im Linearstrom und 26 Ltr abgeregeltem, maximalem Volumenstrom definiert. Der Druckbereich reicht von 8 bis 60 bar.

Bei der Auswahl einer Pumpe ist ihr Gesamtwirkungsgrad von großer Bedeutung. Bedingt durch die hohen Systemdrücke bestimmt die Leistungsaufnahme der Pumpe im Drehzahlbereich bis ca. 2000 1/min maßgeblich den Gesamtwirkungsgrad des Getriebes und damit direkt den Verbrauch. Die in allen ECOTRONIC Getrieben derzeit eingesetzte Radialkolbenpumpe (RKP) ermöglicht durch ihre Saugdrosselung (Begrenzung der angesaugten Ölmenge) eine deutliche Reduzierung der Aufnahmeleistung oberhalb der Abregeldrehzahl von ca. 1700 1/min zum Vorteil für Höchstgeschwindigkeit und Kühlerauslegung.

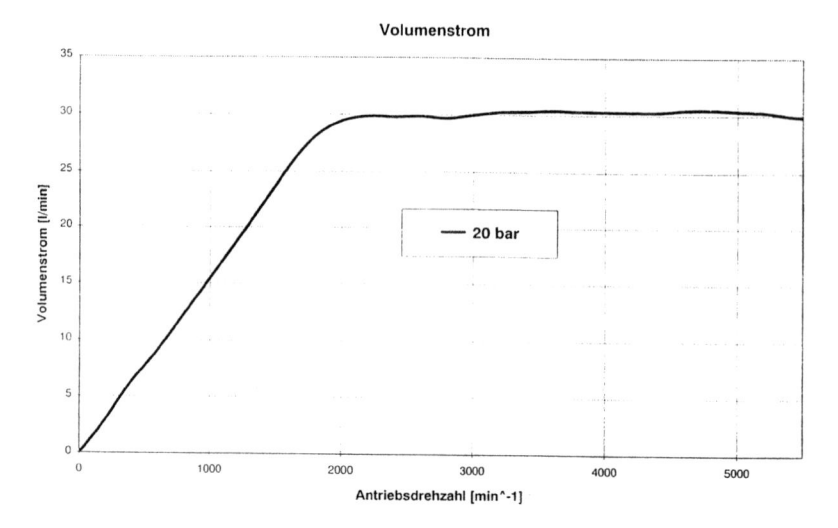

Bild 8: Kennlinie der RKP

Andere Pumpenkonzepte so z. B. spaltkompensierte Innenzahnradpumpen (IZP) zeigen ihre Vorteile im unteren Drehzahlbereich. Eine vergleichende Simulationrechnung, wie sie Bild 9 zeigt, verdeutlicht den unterschiedlichen Einfluss von RKP und IZP bezogen auf die Leistungsaufnahme des Gesamtgetriebes in Abhängigkeit der Fahrgeschwindigkeit und ermöglichen damit eine Bewertung des Pumpenkonzeptes.

―――― Innenzahnradpumpe
- - - - Radialkolbenpumpe

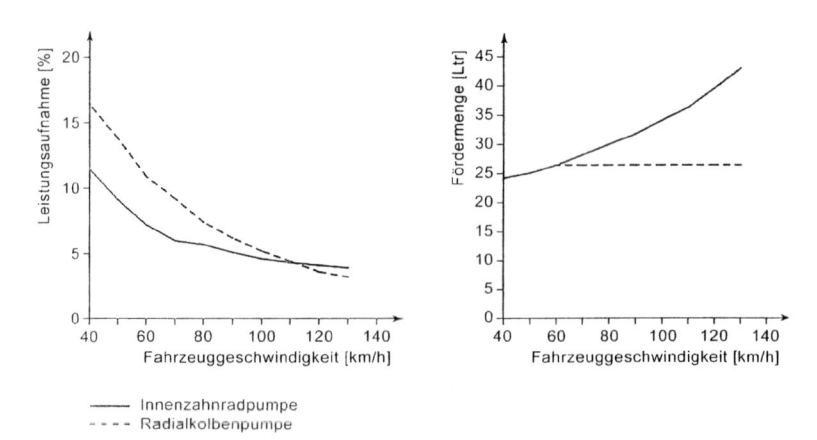

Bild 9: Kennlinien von CVT -Pumpen

5. Der Umschlingungsvariator

Der zentrale Teil des CVTs ist der Variator. Dieser ermöglicht eine stufenlose Anpassung der Motordrehzahl und der Motorleistung an die jeweilige Fahrsituation bzw. an die Leistungswünsche des Fahrers.

Mit dieser Stufenlosigkeit erschließt man sich einen zusätzlichen Freiheitsgrad, aus dem sich, gemessen an den Möglichkeiten des Stufenautomatikgetriebes per Elektronischer Steuerung ein Universalgetriebe darstellen lässt. Von stufenlosem Fahren bis beliebig gestuftem Fahren sind dem Fahrzeughersteller damit alle Möglichkeiten offen.

Grundsätzlich gibt es zwei Arten von Umschlingungsvariatoren, die durch die Art ihrer Momentenübertragung, im Schub- oder Zug-Trum des Umschlingungsmittels, klassiert werden. Typische Vertreter sind die PIV-Kette oder das Van Doorne Schubgliederband. Die am weitesten verbreitete Anwendung ist das Schubgliederband von Van Doorne. Es soll deshalb stellvertretend für alle Systeme näher betrachtet werden. In Bild 10 ist der prinzipielle Aufbau Bandes dargestellt.

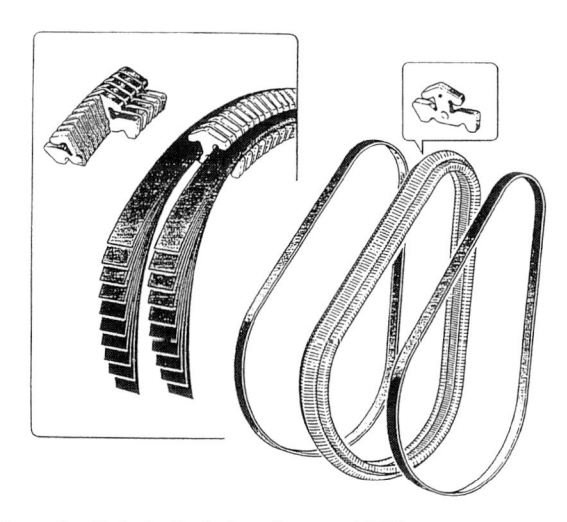

Bild 10: Aufbau des Schubgliederbandes von VDT

Das Schubgliederband ist ein klassisches Beispiel dafür, wie jedes Element einer Baugruppe hinsichtlich seiner spezifischen Belastungsart ausgewählt und optimiert wurde. Die beidseitig eingelegten Stahlringe übernehmen ausschließlich die, aus den Anpressdrücken der beiden Scheiben entstehenden

Zugkräfte und übertragen diese über die Elementschulter auf die Elemente, wo im Reibschluss mit den Scheibenoberflächen die Drehmomentübertragung zwischen Band und Variatorscheiben (Pulleys) erfolgt.

Dieser Mischreibungskontakt ist hinsichtlich seiner Tribologie und der wirksamen Einflussfaktoren in Abhängigkeit der verschiedenen Betriebszustände noch schwer zu berechnen. Diese Unsicherheit wird in der Festlegung, der erforderlichen theoretischen Anpressdrücke berücksichtigt. Die zuverlässige Funktion des Variators bedingt deshalb eine um den Faktor 1,3 höhere Anpressung als theoretisch erforderlich.

Die Übertragungssicherheit an der Primär- und Sekundärscheibe muss durch entsprechende Drücke in beiden Verstellscheiben in jedem Betriebspunkt, im Schub wie in Zug sowohl im Stationärbetrieb wie auch bei einem hochdynamischen Verstellvorgang gewährleistet sein. Zum Verstellen des Variators in Richtung Overdrive (Hochschaltung) muss in der Primärscheibe Volumen unter einem bestimmten Druck zugeführt werden. Die Druckhöhe beeinflusst dabei die Verstellgeschwindigkeit des Variators und wird damit direkt durch die Betriebspunktvorgabe der Fahrstrategie bestimmt.

Für einen Verstellvorgang in Richtung LOW (Rückschaltung) kann sowohl der Druck in der Sekundärscheibe erhöht als auch der Druck in der Primärscheibe reduziert werden. Die Regelstrategien für Übersetzung- und Anpressdruckregelung bestimmen an welcher Scheibe - primär oder sekundär - eine Veränderung sinnvoll ist. In beide Richtungen der Verstellung muss entsprechend der geforderten Dynamik ausreichend Öl bereitgestellt werden.

Die Eigenheit des Variators mit Zunahme der Überanpressung seinen Wirkungsgrad zu verschlechtern, verdeutlicht, dass der Grat zwischen zuverlässiger Drehmomentübertragung und optimalem Wirkungsgrad sehr schmal ist. Berücksichtigt man zudem den Einfluss der Überanpressung auf den Systemwirkungsgrad des gesamten Getriebes wie er in Bild 11 am Beispiel des CFT25 Getriebes dargestellt ist, wird deutlich, dass die Verbesserung des Getriebewirkungsgrades unter Berücksichtigung der Zuverlässigkeit des Variatorsystemes eine große Herausforderung darstellt.

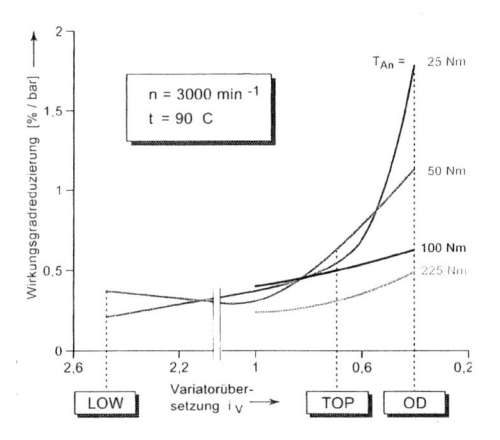

Bild 11: CFT25 - Einfluss der Überanpressung auf den Wirkungsgrad

Aufgabe der Steuerung und Regelung des Variators ist es, bedarfsgerecht eine ausreichende Anpressdrucksicherheit zu gewährleisten und trotz nichtlinearen, instabilen Streckenverhalten der Übersetzungsvorgabe der Fahrstrategie stabil und hochdynamisch folgen zu können.

Umfangreiche Parameterstudien und die Entwicklung geeigneter, leistungsfähiger Simulationsprogramme ermöglichen den Einsatz modellbasierter Regelkonzepte. Diese sind die unabdingbare Voraussetzung dafür, die Übersetzung im gesamten Spreizungsbereich des Variators sicher regeln zu können.

6. Betriebspunktführung im Motorkennfeld

Die stufenlose Wahl der Übersetzung erfordert eine geeignete Strategie der Betriebspunktführung, um die Vorteile eines CVT in allen Fahrsituationen nutzen zu können. Dabei sollte die Korrelation von Motordrehzahl und Fahrgeschwindigkeit bei Beschleunigungs- und Abbremsvorgängen in Anlehnung zu dem bekannten Verhalten bei Stufengetrieben berücksichtigt werden.

Die Anforderung an die Fahrstrategie hinsichtlich ihrem Einfluss auf den Verbrauch lässt sich derart beschreiben, dass die vom Fahrer erwartete Fahrleistung bei größtmöglicher Last und niedrigster Drehzahl unter Berücksichtigung der Brummgrenze des Triebstranges bereitzustellen ist.

Dem entgegen steht der Wunsch des Fahrers nach spontaner Reaktion und dynamischem Leistungseinsatz abhängig von der Fahrsituation und dem Fahrerverhalten. Diese, bei näherer Betrachtung durchaus konträren Anforderungen, lassen sich gut mit Hilfe der Fuzzy Logic vereinen.

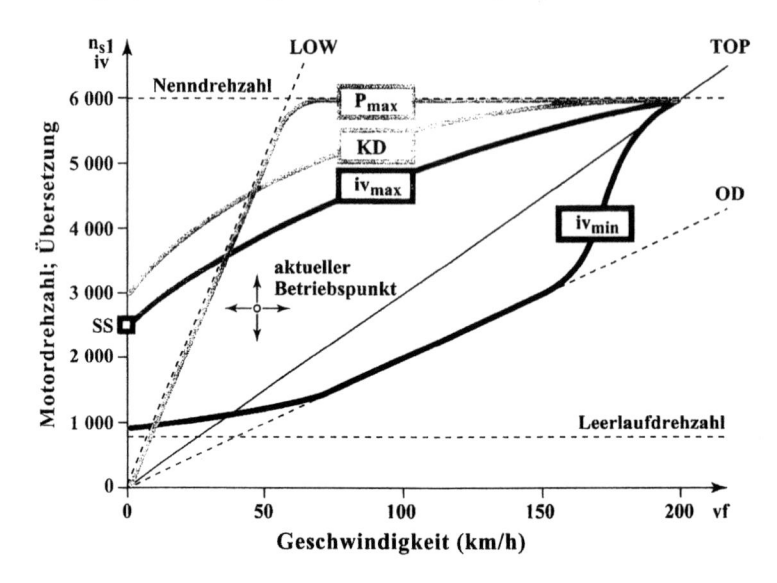

Bild 12: Fahrstrategie

Der grundsätzliche Aufbau einer derartigen Fahrstrategie ist in Bild 12 dargestellt. Innerhalb eines begrenzten Fahrbereiches, der durch eine oberer und unterer Grenze beschrieben wird, wird ein singulärer Betriebspunkt per Fuzzy-Regeln in allen 4-Quadranten geführt. Möchte der Fahrer eine Fahrleistungsmessung durchführen, stellt eine Sonderfunktion sicher, dass kontinuierlich auf die Kennlinie maximaler Leistung (P_max) geregelt wird. Damit ist sichergestellt, daß im Normalfahrbetrieb Bereiche unnötig hoher Drehzahl und störendem Motorgeräusch vermieden werden. Ebenso kann mit der gleichen Fahrstrategieabstimmung verbrauchsoptimal gefahren werden.

Das Ergebnis dieser intelligenten Betriebspunktführung wird in Bild 13 deutlich, das die Aufenthaltsdauer in bestimmten Drosselklappenstellungen während eines real gemessenen EG96-Zyklus zeigt.

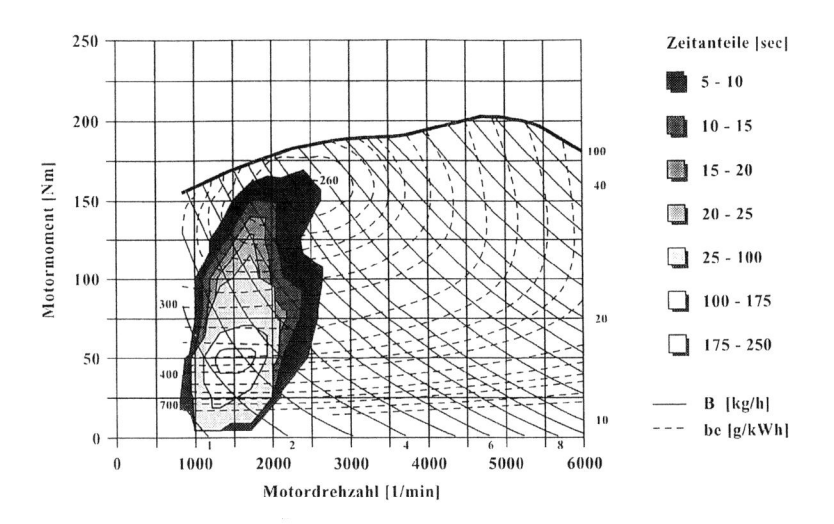

Bild 13: EG96-Zyklus, Aufenthaltsdauer im Motorkennfeld (B, be)

Die Lage des geringsten spezifischen Verbrauches be (g/KWh) im Motorkennfeld (Muscheldiagramm) ist weniger bedeutsam als die Forderung, daß die Leistung P (KW) über der Drosselklappenstellung (DKI) deutlich schneller steigt als der absolute Verbrauch B (kg/h). In dieser Darstellung wird auch deutlich, dass mit einem CVT-Getriebe in Verbindung mit intelligenten Fahrstrategien auch Beschleunigungsvorgänge annähernd verbrauchsoptimal entlang der Kennlinie des geringsten Verbrauches gefahren werden können.

7. Zusammenfassung

Unter dem Einsatz modernster Elektronik und innovativer Regelstrategien ist das CVT in der Lage, neben dem Aspekt der Komfortverbesserung und der kostengünstigeren Herstellung, insbesondere zur Verbrauchs- und Emissionsreduzierung einen wesentlichen Beitrag zu leisten. Ein Blick auf gemessene Zyklen- und Konstantfahrtverbräuche, wie sie in Bild 14 dargestellt sind, zeigt das Potenzial des CVT.

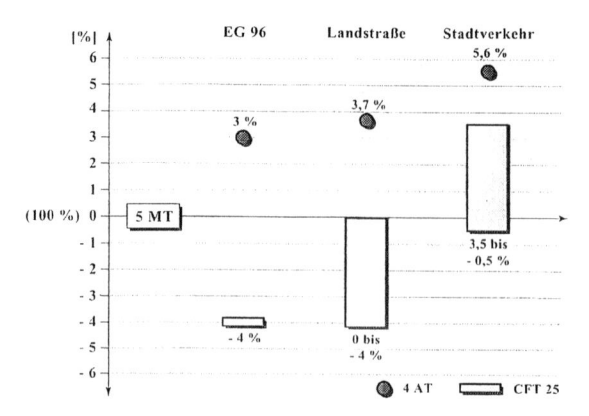

Bild 14: Verbrauchsvergleich CFT25 mit 4 AT und 5 MT

8. Ausblick

Der Druck auf die Automobilhersteller und damit auch auf die Zulieferindustrie durch den Gesetzgeber zum einen und die Endkunden angesichts des gestiegenen Umweltbewusstseins und der nicht verstummenden Diskussionen um die Anhebung der Mineralölsteuer zum anderen, erzwingt die konsequente Umsetzung aller wirtschaftlich vertretbaren Möglichkeiten zur Verbrauchsreduzierung. Über die dargestellten, ausschließlich am Getriebe durchgeführten Optimierungen hinaus, bietet ein konsequentes Antriebsstrangmanagement unter Einbeziehung aller Elemente des Fahrzeuges ein noch weitgehend ungenutztes Potenzial für die Zukunft.

Das Ziel, mit dem CVT-Getriebe ein komfortables, universell einsetzbares vollautomatisches Getriebe mit einem Verbrauchsvorteil gegenüber dem Handschaltgetriebe anbieten zu können, ist technisch machbar.

1.6 Die mechatronische Getriebesteuerung im AUDI-CVT

Ralf Kischkat

1 Einleitung

Mit dem Audi-CVT (Continous Variable Transmission) wurde hinsichtlich Verbrauch, Fahrleistungen und Komfort gegenüber konventionellen Stufenautomaten ein deutlicher Fortschritt erzielt. Für dieses Getriebe wurde ein mechatronisches Steuerungskonzept realisiert.
Im folgenden Beitrag werden das Getriebekonzept und die alternativen Steuerungskonzepte vorgestellt. Über eine Bewertung der Konzepte wird die Entscheidung für das mechatronische Steuerungskonzept hergeleitet. Den Schwerpunkt bildet ein Erfahrungsbericht, der die Vor- und Nachteile des Konzeptes aus Sicht eines Automobilherstellers schildert.

2 Vorstellung des Audi-CVT-Getriebes

Das Audi CVT-Getriebe ([1]) ist unter der Bezeichnung „multitronic©" seit Oktober 99 im Audi A6 in Verbindung mit einem 2,8l 5 V-Ottomotor (142kW, 280Nm) im Serieneinsatz. Wesentliche Kennzeichen der Konstruktion sind:
- Laschenkette als Übertragungsmedium,
- Drehmomentfühler und Doppelkolben für optimalen Wirkungsgrad und hohe Verstelldynamik,
- Integrierte Vorortelektronik (Mechatronik),
- Lamellenkupplung als Anfahrelement,
- Magnesium als Gehäusewerkstoff.

Ziel der Entwicklung war es, in der multitronic© den Komfort eines Automatikgetriebes mit der Wirtschaftlichkeit und der Fahrdynamik von Schaltgetrieben zu vereinen:
- Das Beschleunigungsvermögen und der Kraftstoffverbrauch sollte auf dem Niveau eines 5-Gang-Handschaltgetriebes und deutlich über dem eines 5-Gang-Stufenautomaten liegen.
- Die Verstellvorgänge sollten mindestens so schnell wie die Schaltungen bei Stufenautomaten ablaufen, diese aber ruckfrei.
- Das Gewicht sollte unter dem eines vergleichbaren Stufenautomaten liegen.

Diese Ziele wurden mit dem vorgestellten Getriebekonzept erreicht. Entwicklungspartner von Audi waren die Firma LUK für den Variator und die

hydraulische Steuerung, sowie die Firma TEMIC für die elektronische Steuerung.
Die technischen Daten der Audi multitronic© sind in Tabelle 1 aufgeführt:

Maximales Eingangsdrehmoment	310	Nm
Maximale Eingangsleistung	162	kW
Drehzahlbereich	700 bis 7000	1/min
Anfahrübersetzung	12,7	
Spreizung	6,05	
Gewicht mit Ölbefüllung	87,5	kg
Anfahrelement	Nasse Lamellenkupplung	
Achsabstand Variator	171	mm
Breite der Laschenkette	37	mm
Reversiereinrichtung	Planetensatz	

Tabelle 1: Technische Daten der multitronic©.

3 Festlegung des Steuerungskonzeptes „Mechatronik"

Die multitronic© wurde völlig neu konstruiert. Da es keine vorhergehende Generation des Getriebes gab, war man nicht zur Rücksicht auf bereits bestehende fahrzeugseitige Gegebenheiten und Schnittstellen gezwungen. Zudem konnte man auf einschlägige Erfahrungen auch bei Lieferanten nicht zurückgreifen. So konnte das Steuerungskonzept weitgehend frei gestaltet werden. Mehrere alternative Steuerungskonzepte wurden betrachtet (Bild 1).

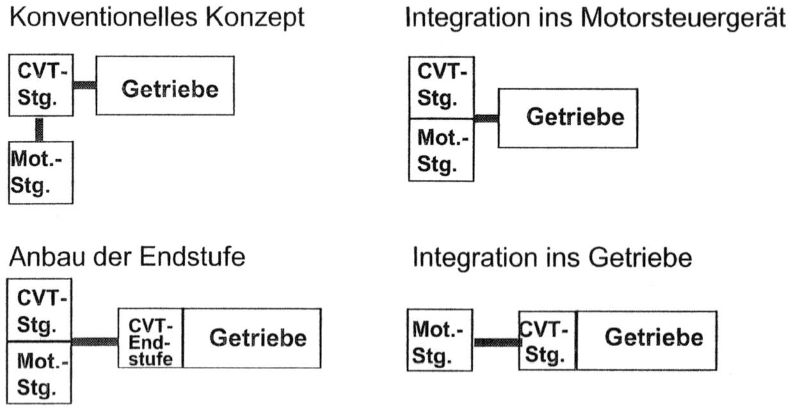

Konventionelles Konzept   Integration ins Motorsteuergerät

Anbau der Endstufe   Integration ins Getriebe

Bild 1:   Alternative Steuerungskonzepte für die multitronic©.

Konventionelles Konzept

Das konventionelle Konzept besteht aus einem separaten Steuergerät für Motor und Getriebe. Um die Anforderungen an die Elektronik und damit deren Kosten gering zu halten, werden das Getriebe- und das Motorsteuergerät vor Nässe, Erschütterungen und hohen Temperaturen weitgehend geschützt im Fahrzeug untergebracht.
Die im Fahrzeug zur Verfügung stehenden Bauräume nehmen durch die stark steigende Zahl an Steuergeräten jedoch ständig weiter ab. Auf ein schützendes Metall- oder Kunststoffgehäuse zum Schutz der Elektronik kann nicht verzichtet werden, so daß eine bestimmte Mindestgröße nicht unterschritten werden kann. Wenn überhaupt, steht Bauraum am ehesten an Plätzen zur Verfügung, die weiter vom Getriebe entfernt sind. Durch die langen Zuleitungen steigen jedoch Gewicht und Kosten stark an. Zudem sind diese anfällig für elektromagnetische Einstrahlungen.
Nicht nur die langen Zuleitungen, sondern auch die vergleichsweise vielen Einzelteile treiben die Fertigungskosten (Disposition, Lagerhaltung, Montageaufwand, ...) in die Höhe. Durch die vielen Schnittstellen erhöht sich zudem die Anzahl potentieller Fehlerquellen.

Integration ins Motorsteuergerät

Größter Vorteil bei der Integration der Getriebesteuerung ins Motorsteuergerät ist die Einsparung von Verbindungsleitungen und die gemeinsame Nutzung von Gehäuse und Spannungsversorgung. Dies reduziert nicht nur die Stückkosten, sondern auch die Fertigungskosten und senkt die Anzahl potentieller Fehlerquellen durch weniger Teile und Verbindungen. Da bei einem Totalausfall der Motor- oder Getriebesteuerung das Fahrzeug in beiden Fällen nicht mehr bewegt werden kann, ergibt sich keine Erhöhung der Ausfallwahrscheinlichkeit gegenüber getrennten Steuerungen für Motor und Getriebe.
Als Nachteil schlägt zu Buche, daß aufgrund der Sonderkonstruktion nicht auf Gleichteile der Motorsteuergerätelieferanten zurückgegriffen werden kann. Hierdurch erhöht sich zwangsläufig der Preis, der jedoch gegen die Einsparung beim Wegfall des Getriebesteuergeräts gegengerechnet werden muß. Viel schwerer wiegt jedoch die Bindung an den Lieferanten, mit dem diese Konstruktion entwickelt wurde.
Ein weiterer Nachteil: In den Baureihen und Motorisierungen, die in den größten Stückzahlen gefertigt werden, ist der Anteil an Automatikgetrieben weniger als 50%. Somit würde für die kleinere Automat-Stückzahl eine kostenintensive automat-spezifische Lösung verbaut werden müssen.

Integration ins Motorsteuergerät bei ausgelagerten Endstufen

Diese Lösung ist vergleichbar mit der vorher geschilderten, nur sind die Leistungsendstufen ausgelagert und am Getriebe selbst angebracht. So können im Steuergerät fließenden Ströme deutlich reduziert werden, was sich positiv auf dessen Kosten auswirkt. Zusätzlich zu den bei der vorherigen

Lösung genannten Vorteilen führen die Verbindungsleitungen zwischen Steuerung und Getriebe weniger Strom und können dadurch dünner gestaltet werden können. Dies spart Gewicht und Kosten.
Mit der Anordnung der Endstufen am Getriebe sieht man sich jedoch mit allen Problemen einer Vorortelektronik konfrontiert: Diese ist den dort herrschenden Temperaturen ausgesetzt und muß den höheren Anforderungen gegenüber Vibrationen und Steinschlag gewachsen sein. Darüber hinaus muß sie hohen Dichtigkeitsanforderungen genügen. Eine Integration der Sensoren ins Steuergerät ist jedoch in dieser Variante nicht möglich. Durch die Sonderkonstruktion entstehen zudem dieselben Nachteile wie in der zuvor beschriebenen Variante.

Integration ins Getriebe

Erst mit der Integration der kompletten Getriebesteuerung ins Getriebe können alle Vorteile der Vorortelektronik voll genützt werden: Es gibt weniger Leitungen und Verbindungen. Neben Kosten- und Gewichtseinsparungen entfallen hierdurch potentielle Fehlerquellen. Die Aussendung und die Empfindlichkeit gegenüber elektromagnetischer Einstrahlung verringert sich. Motor- und Getriebeleitungssatz können zusammengefaßt werden. Weiterer Vorteil: Die Sensorik kann in die Steuerung integriert werden, wodurch weitere Leitungen entfallen. Diese Lösung kann modular mit den restlichen Elektronik-Systemen von Schaltgetriebe-Fahrzeugen kombiniert werden.
Problematisch an dieser Lösung ist der große Temperaturbereich (>150°C), dem bei dieser Lösung die gesamte Elektronik ausgesetzt ist. Es werden hohe Anforderungen an Vibrationsfestigkeit und Dichtigkeit der Steuerung gestellt. Diese Anforderungen verteuern das Steuergerät im Vergleich zu einer konventionellen Elektronik.
Zu bedenken ist weiterhin, daß ein Wechsel des Steuergeräts bei dieser Variante sehr aufwendig ist. Die Reparaturkosten und -dauer erhöhen sich. Der hohe Aufwand beim Wechsel des Steuergeräts macht sich nicht nur beim Kunden, sondern auch in der Entwicklung und der Produktion bei der Fehlersuche negativ bemerkbar.

Bewertung der Varianten

Alle vorgestellten Varianten wurden eine Kostenbewertung im Verhältnis zur konventionellen Variante unterzogen. Das Ergebnis ist in Tabelle 2 zusammengefaßt. Hieraus ergibt sich trotz des höheren Steuergerätepreises ein deutlicher Kostenvorteil für die integrierte Lösung, die in der Audi multitronic© realisiert wurde.

Konzept	Konv. Konzept	Integr. Motorst.	Ausgel. Endstufen	Integr. in Getriebe
Kosten	100%	90%	100%	70-75%

Tabelle 2: Kostenbewertung der Varianten relativ zur konventionellen Lösung.

4 Konstruktion und Aufbau der Steuerung

Die Steuerung ist im Getriebe an der dem Motor abgewandten Seite verbaut (Bild 2). Sie besteht aus einem Kunststoffgehäuse, das druckdicht auf einer Metallgrundplatte verschraubt ist. Diese bildet gleichzeitig die Gehäusewand zum Getriebe. Auf die Metallgrundplatte ist das Keramiksubstrat geklebt, auf das die Steuerelektronik montiert ist. Zum Schutz vor Undichtigkeiten im Gehäuse und zur Vibrationsentlastung wird die Elektronik mit einem zähen Gel vergossen.

Die meisten Sensoren sind in die Metallgrundplatte oder das Kunststoffgehäuse integriert (Bild 3):
- Die Abtriebsdrehzahlsensoren, die redundant ausgelegt sind und gleichzeitig die Drehrichtung erkennen,
- der Antriebsdrehzahlsensor,
- der Temperatursensor für Steuerung und Getriebe, der mit den anderen Elektronikbauteilen auf dem Keramiksubstrat angebracht ist und
- die Hydraulikdrucksensoren für Kupplungs- und Momentenfühler- bzw. Anpreßdruck.

Die Aktuatoren sind nicht ins Steuergerät integriert, um bei einem Wechsel des Steuergeräts nicht den Hydraulikkreislauf öffnen zu müssen. Sie befinden sich aber unmittelbar angrenzend an die Steuerung im Getriebe, so daß mit der Montage der Steuerung gleichzeitig die Magnetventile über integrierte Steckkontakte angeschlossen werden. Die Magnetventile steuern
- den Kupplungsdruck,
- die Übersetzung und
- den Anpreßdruck für die Scheibensätze.

Im Kunststoffgehäuse werden die Leitungen zu Sensoren und Aktuatoren über ein Stanzgitter realisiert und über Bonddrähte an das Substrat geführt. Hierdurch können kurze und damit störsichere und gewichtsoptimale Zuleitungen realisiert werden und es entfällt die Verlegung von Leitungssätzen im Fahrzeug.
Nicht alle Sensoren können in das Steuergerät integriert werden. Die Signale der extern angebrachten Sensoren und für die Ausgangssignale werden über den Stecker der Steuerung mit den Fahrzeugleitungssätzen übertragen. Eine Übersicht über die externen Schnittstellen zeigt Bild 4. Die technischen Daten der Steuerung sind in Tabelle 3 aufgeführt.

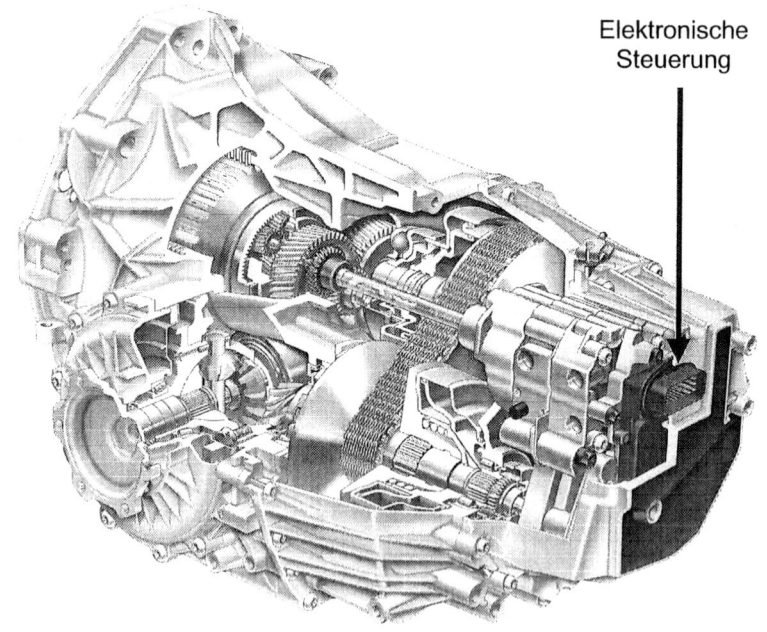

Bild 2:   Darstellung des Getriebes im Aufriß: Die elektronische Steuerung befindet sich an der motorabgewandten Seite.

Prozessor		Externe Speicherkapazität		
Typ:	C167CS	Speicherkapazität Flash:	512	kByte
Taktfrequenz:	28 MHz	Speicherkapazität EEPROM:	8	kByte
Arbeitsspeicher:	11 kByte			

Tabelle 3: Technische Daten der multitronic©-Steuerung.

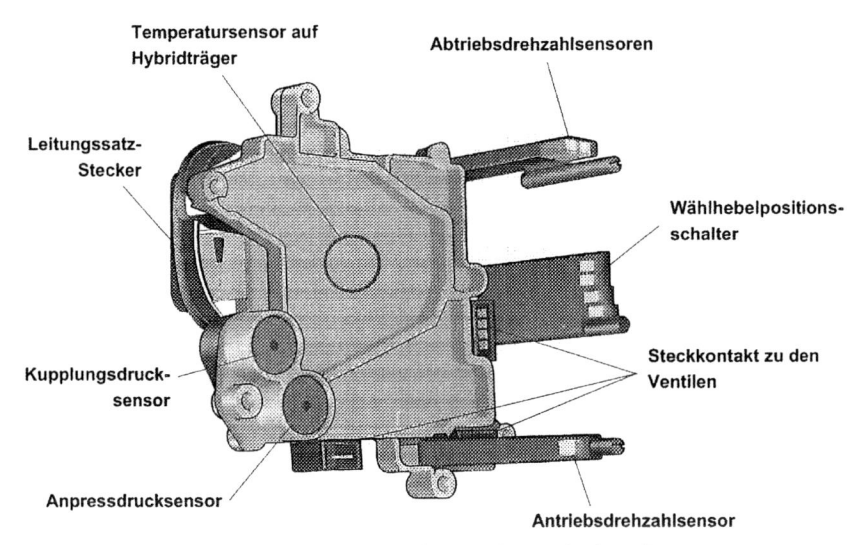

Bild 3: Schematische Darstellung der mechatronischen Steuerung.

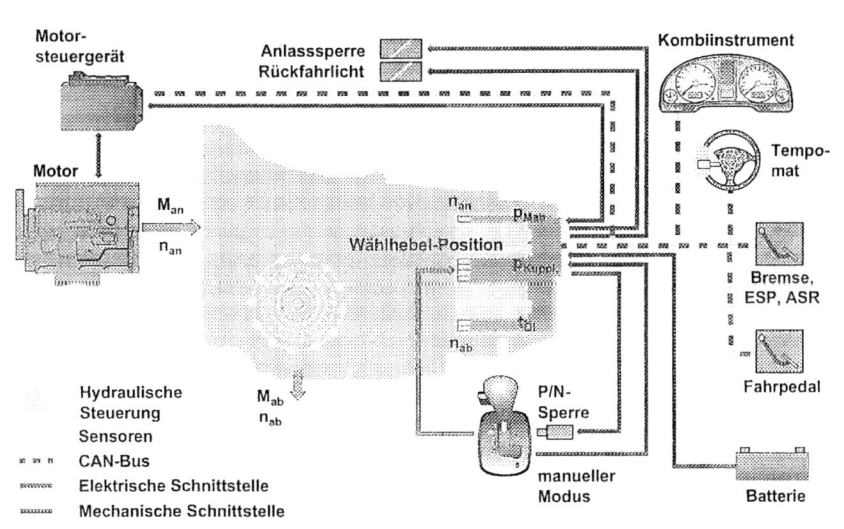

Bild 4: Darstellung der externen Schnittstellen der Steuerung.

5 Ergebnisse und Erfahrungen mit der Mechatronik

5.1 Temperaturbereich

Der Temperaturbereich, in der die Mechatronik betrieben wird, ist deutlich größer als bei konventionellen Steuergeräten (Bild 5).

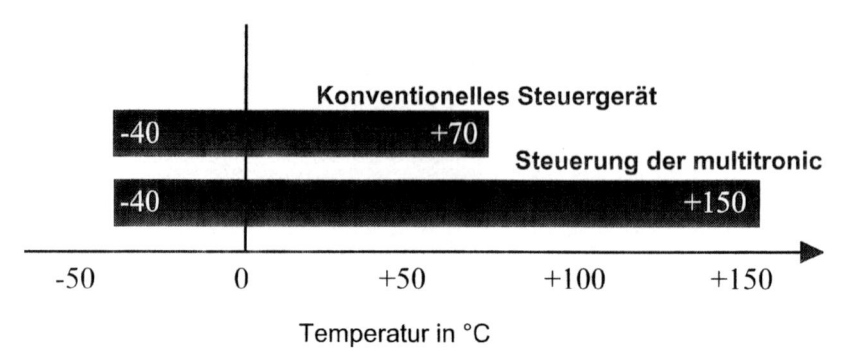

Bild 5: Vergleich des Temperaturbereichs eines konventionellen Steuergeräts für Stufenautomaten und der Mechatronik der multitronic©.

Dies ist die dominante Herausforderung beim Einsatz eines mechatronischen Steuergeräts im Getriebe. Hieraus ergeben sich Konsequenzen für die (Weiter-)Entwicklung des Steuergeräts, die erst rückblickend gesehen in Ihrer Tragweite erkennbar sind. Neben den offensichtlichen Auswirkungen, die Wahl temperaturfester Werkstoffe für die Bauelemente und das Substrat und den damit verbundenen Mehrkosten, sind aus heutiger Sicht weitere Aspekte zu berücksichtigen:

Einsatz spezieller Temperaturschutzfunktionen

Die in der multitronic©-Steuerung verwendeten Bauteile sind von den Herstellern für den angegebenen Temperaturbereich freigegeben. Um diesen sicher einzuhalten, müssen Schutzfunktionen entwickelt werden, die in Grenzbereichen zu einer Verringerung der Temperaturbelastung führen. Werden die Temperaturgrenzen trotz dieser Schutzfunktionen überschritten, muß die Steuerung ganz abgeschaltet werden. Dies kann in Extremsituationen zu Einschränkungen im Fahrbetrieb führen. Aus Sicht eines Automobilherstellers ist daher eine Spezifikation der Bauelemente für höhere Temperaturen wünschenswert.

Einsatz spezieller Bauelemente

Nicht selten arbeiten mehrere Automobilhersteller gemeinsam mit Bauteileherstellern an der Entwicklung integrierter elektronischer Bauelemente. In diesen Bauelementen werden Funktionen und Schnittstellen integriert, die in allen Steuergeräten vorhanden sein müssen und über diese platzsparend, kostengünstig und normkonform realisiert werden können. Diese Spezialbausteine sind jedoch teilweise gar nicht oder erst sehr spät ungehäust, d.h. in einer Hochtemperaturversion erhältlich, so daß diese Vorteile entsprechend spät oder überhaupt nicht genützt werden können.

Eingeschränkte Funktionalität analoger Bauelemente

Das Verhalten analoger Bauelemente ist fast immer stark temperaturabhängig. Bestimmte technische Lösungen, wie die Realisierung einer Zeitverzögerung über ein RC-Glied, müssen daher in der Mechatronik digital realisiert werden. In vielen Fällen wird die Lösung dadurch zusätzlich verteuert.

Verfügbarkeit von Bauelementen

Für Einsatzgebiete bis 70°C können konventionelle Bauelemente verwendet werden. Für diese gibt es viele Anbieter und Kunden. Überzählige Bauelemente, die beispielsweise nach einer Umstellung wieder veräußert werden sollen, lassen sich in gehäuster Form leichter absetzen. Für ungehäuste Elemente ist dies deutlich schwieriger. Ähnliches gilt, wenn fehlende Bauelemente nachgeordert werden müssen.

Die Beschränkung des Angebots macht sich jedoch nicht nur quantitativ, sondern auch qualitativ bemerkbar: Viele Bauelemente sind nur in gehäuster Form erhältlich. Die Steuerung muß aus wenigen Standardelementen zusammengestellt werden, was zu höherem Raumbedarf und höheren Kosten führt.

Längere Umsetzungsdauer von Hardwareänderungen

Aufgrund der besonderen Bauweise der damit verbundenen Herstellungsprozesse, sind längere Vorlaufzeiten bei Änderungen erforderlich. Ursache ist sowohl die eingeschränkte Verfügbarkeit von Bauteilen, aber auch die geringe Auswahl an Unterlieferanten, die diese Herstellungsprozesse beherrschen.

Eingeschränkte Testbarkeit von Mustersteuergeräten

Sobald Mustersteuergeräte im Fahrzeug eingesetzt werden, müssen sie auch bei eingeschränkter Fahrweise über einen vergleichsweise großen Temperaturbereich einsetzbar sein. Dies hat jedoch zur Folge, daß die Muster in einem frühen Stadium seriennah aufgebaut und damit sehr aufwendig gefertigt werden müssen. Kurzfristige Änderungen lassen sich nur sehr eingeschränkt umsetzen. Hierdurch entsteht der Zwang, die Prüfungen vor Aufbau der ersten Muster noch sorgfältiger und umfassender durchzuführen.

5.2 Einsparungen

Kosten

Trotz der höheren Kosten des Steuergeräts selbst fällt die Gesamtbilanz der Stückkosten des Systems im Vergleich zu konventionellen Steuergeräten zugunsten der Mechatronik aus (Bild 6). Besonders deutlich machen sich hier der Wegfall vieler Leitungssätze bemerkbar.

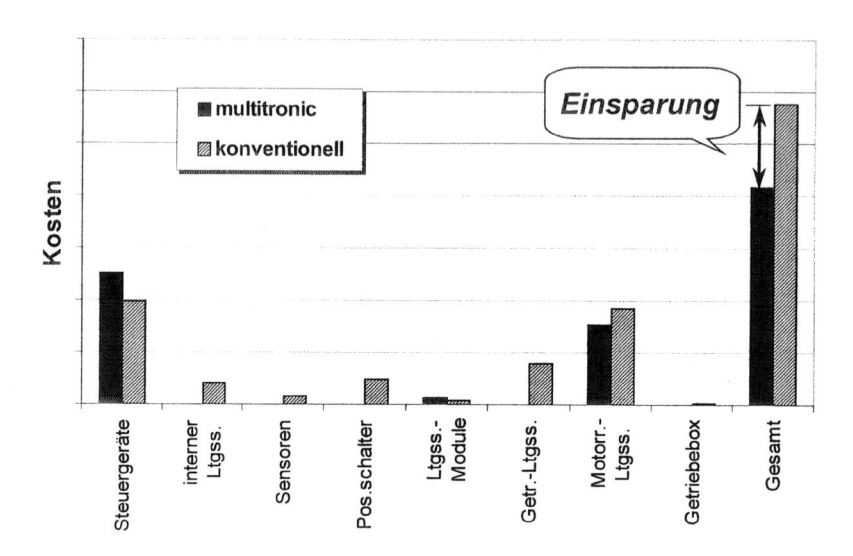

Bild 6: Kostenvergleich eines vergleichbaren Steuergeräts in konventioneller Bauweise und mit dem der multitronic©.

Gewicht

Noch deutlicher fällt die Gewichtsbilanz zugunsten der Mechatronik aus (Bild 7). Auch hier machen sich die Einsparungen in den Leitungssträngen deutlich bemerkbar.

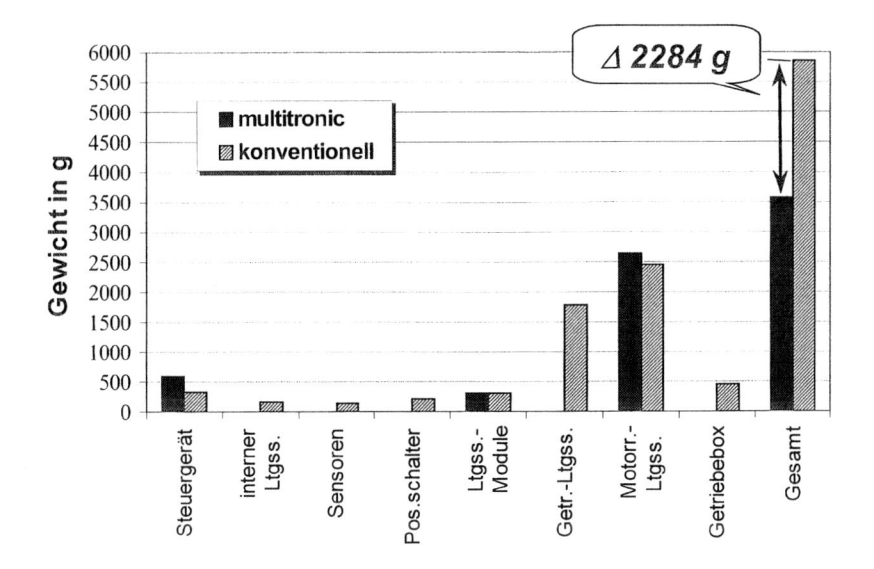

Bild 7: Gewichtsvergleich eines vergleichbaren konventionellen Steuergeräts mit der multitronic©.

5.3 Sonstiges

Verringerung des Steuerungsaufwands bei getriebeinternen Verkabelungsänderungen

Ändert sich beispielsweise die Anzahl oder die Bauform der im Getriebe eingesetzten Sensoren oder Aktuatoren, so vereinfacht sich die Steuerung der Produktion, da diese Änderungen nicht mehr die Fahrzeugleitungssätze tangiert. Die hierfür notwendigen Abstimmungen zwischen Elektronikentwicklung, Verkabelung, Produktion und Logistik entfallen. Die sich dadurch ergebenden Einsparungen sind nicht zu unterschätzen.

Kennzeichnung der Steuergeräte bei Bandprogrammierung

Zunehmend mehr Automobilhersteller programmieren die Steuergeräte in der Produktion direkt am Band. Da sich die Steuergeräte für verschiedene Modelle häufig nur durch unterschiedliche Software unterscheiden, entstehen durch die Einführung der Bandprogrammierung folgende Vorteile:
- Es wird nur noch eine Steuergerätehardware angeliefert, gelagert und verbaut. Hierdurch vereinfachen sich Disposition und Logistik.
- Es können prinzipbedingt keine falschen Steuergeräte verbaut werden.

- In vielen Fällen reduziert sich der Teilepreis durch die verringerte Komplexität beim Lieferanten.
- Verbesserungen in der Software können schneller in die Serie einfließen.

Die Softwareversion ist bislang auch am Steuergerät über ein Typenschild sichtbar. Dies wird bei der Bandprogrammierung durch einen Drucker an der Montagelinie realisiert. Mechatronische Getriebesteuerungen sind jedoch beim Einbau ins Fahrzeug fest im Getriebe verbaut und zudem schwierigen Umweltbedingungen ausgesetzt. Beschriftungen können daher – falls überhaupt möglich – nur per Laser aufgebracht werden. Langfristig wird hier der Weg weg von einer äußeren Kennzeichnung des Steuergeräts führen. Durch die Integration des Steuergeräts ins Getriebe ist die Beschriftung ohnehin nur in zerlegtem Zustand erkennbar. Mit zunehmender Verbreitung mechatronischer Steuergeräte und der Möglichkeiten, in den Werkstätten Update-Programmierungen durchzuführen, wird sie daher weiter an Bedeutung verlieren. An ihre Stelle tritt die Identifikation über die gängigen Fahrzeug-Diagnosetester.

6 Zusammenfassung und Ausblick

In dem Beitrag wurde das seit November in Serie befindliche Audi CVT, die multitronic$^{©}$, und das mechatronische Steuergerät vorgestellt. Im Rahmen dieser Entwicklung wurden verschiedene Konzepte für die Steuerung der multitronic$^{©}$ untersucht und bewertet. Anhand dieser Bewertung wurde die Entscheidung für das Mechatronikkonzept hergeleitet. Das realisierte Konzept wurde vorgestellt: Die Position im Getriebe, der Aufbau, bis hin zu den internen und externen Sensoren und Aktuatoren. Die Erfahrungen werden geschildert, die aus heutiger Sicht eines Automobilherstellers mit der realisierten Steuerung bestehen. Den Schwerpunkt bilden die Temperaturanforderungen und die erzielten Einsparungen.

Zusammenfassend läßt sich feststellen, daß die Vorteile insbesondere hinsichtlich Kosten, Gewicht und Bauraum die Entscheidung für die mechatronische Steuerungskonstruktion auch rückblickend bestätigen. Auch die zunehmende Verbreitung dieser Konzepte bei Getrieben anderer Hersteller ([2]) scheint der Entscheidung Recht zu geben. Da der Druck, die Kosten, das Gewicht und den Bauraum zu reduzieren, bei allen Steuergeräten im Fahrzeug zunehmend stärker wird, ist abzusehen, daß sich mechatronische Konzepte auch bei anderen Steuergeräten (z.B. bei Motorsteuergeräten [3]) durchsetzen werden.

7 Literatur

[1] Nowatschin, K.; Hommes, G.; Fleischmann, H.-P.; Faust, H.; Gleich, Th.; Friedmann, O.; Franzen, P.; Wild, H., multitronic$^{©}$ – Das neue Automatikgetriebe von Audi, Automobiltechnische Zeitschrift, 2000, Heft 7-8.

[2] Graf, F.; Rauner, H., Integration der Steuerung ins Getriebe – Getriebeelektronik als Produktionsmodul: Chancen und Risiken, Getriebe in Fahrzeugen: `95: Tagung Friedrichshafen, 26./27. April 1995.

[3] Denner, V., Elektronikarchitektur für Motorsteuerungssysteme, Fortschritt und Zukunft der Automobilelektronik, Stuttgart, 23./24.11.1999.

1.7 Development of Half-Toroidal CVT

Toshifumi Hibi, Tohru Takeuchi, Yasuo Sumi,
Takeshi Yamamoto, Masamichi Kijima

Abstract

This paper describes the first production half-toroidal type Continuously Variable Transmission (CVT) developed for application into passenger cars fitted with a 3.0-liter turbo-charged engine. The continuously variable mechanism of this CVT uses traction drive as its power transmitter. The major features of this mechanism include a large torque capacity, quick ratio changes, high transmission efficiency during usual driving conditions, and ease of application to rear-wheel-drive vehicles. The first part of this paper describes structure of the unit and function of each component. Then following part focuses on mechanism of synchronizing variator ratio with each of four power rollers. One of the important features in the synchronization of the power rollers is linkage that connects trunnions. Finally the latter part describes fuel economy and transmission efficiency, in analyzing a loss of each component and in examining status, and future improvement potential. The fuel economy calculation for Japanese, US, and EC mode for the toroidal CVT is reported and compared to step Automatic Transmission (step AT) fuel economy.

1. Introduction

Traction drive toroidal CVT is one of the long-term dreams of transmission engineers because of the smooth ratio changes and good fuel economy a toroidal CVT offers. One of the pioneers is General Motors. Figure 1 is GM's Toric traction transmission [1].

Nissan Motor has started research on the toroidal CVT in 1973 [2]. Nissan came in to contact with Mr. Charles Craus [1] who had invented many important patents and showed potential of the half-toroidal CVT. Figure 2 is one of the monuments in the early days at Nissan Research Center.

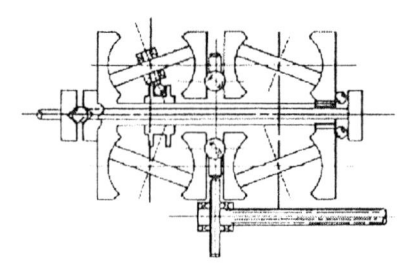

Fig.1 Toric traction transmission

[2] Graf, F.; Rauner, H., Integration der Steuerung ins Getriebe – Getriebeelektronik als Produktionsmodul: Chancen und Risiken, Getriebe in Fahrzeugen: `95: Tagung Friedrichshafen, 26./27. April 1995.

[3] Denner, V., Elektronikarchitektur für Motorsteuerungssysteme, Fortschritt und Zukunft der Automobilelektronik, Stuttgart, 23./24.11.1999.

1.7 Development of Half-Toroidal CVT

Toshifumi Hibi, Tohru Takeuchi, Yasuo Sumi,
Takeshi Yamamoto, Masamichi Kijima

Abstract

This paper describes the first production half-toroidal type Continuously Variable Transmission (CVT) developed for application into passenger cars fitted with a 3.0-liter turbo-charged engine. The continuously variable mechanism of this CVT uses traction drive as its power transmitter. The major features of this mechanism include a large torque capacity, quick ratio changes, high transmission efficiency during usual driving conditions, and ease of application to rear-wheel-drive vehicles. The first part of this paper describes structure of the unit and function of each component. Then following part focuses on mechanism of synchronizing variator ratio with each of four power rollers. One of the important features in the synchronization of the power rollers is linkage that connects trunnions. Finally the latter part describes fuel economy and transmission efficiency, in analyzing a loss of each component and in examining status, and future improvement potential. The fuel economy calculation for Japanese, US, and EC mode for the toroidal CVT is reported and compared to step Automatic Transmission (step AT) fuel economy.

1. Introduction

Traction drive toroidal CVT is one of the long-term dreams of transmission engineers because of the smooth ratio changes and good fuel economy a toroidal CVT offers. One of the pioneers is General Motors. Figure 1 is GM's Toric traction transmission [1].

Nissan Motor has started research on the toroidal CVT in 1973 [2]. Nissan came in to contact with Mr. Charles Craus [1] who had invented many important patents and showed potential of the half-toroidal CVT. Figure 2 is one of the monuments in the early days at Nissan Research Center.

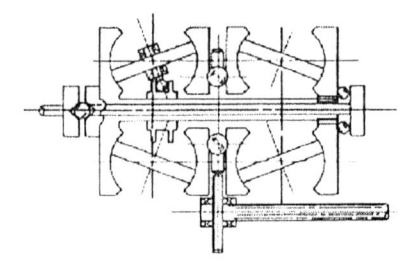

Fig.1 Toric traction transmission

JATCO TransTechnology Ltd. was established in 1999 by merger between TransTechnology Co., which spun off from Nissan Motor, and JATCO Co.. Development, production and the other activities on automatic transmissions & CVT's in Nissan was transferred to JATCO TransTechnology.

On the other hand, JATCO started research on a full toroidal CVT early in the 1990's. But it was found that spin losses at traction contact points of the full toroidal CVT were large and heat generation at the traction drive points was a fatal disadvantage.[3] Figure 3 is the test rig of the full toroidal CVT with mechanical and hydraulic pressure loading mechanism to try to minimize the loss of loading function which is also disadvantage of full toroidal.

Nissan & JATCO worked together on the half-toroidal CVT development after these findings.

To bring out good features of the half-toroidal, further innovations in materials and complete analysis of the CVT structure, and control procedure based on computer simulations were conducted. And finally the half-toroidal CVT for passenger vehicles was marketed in Japan in 1999.

(In 2002 the company name was changed to "JATCO Ltd".)

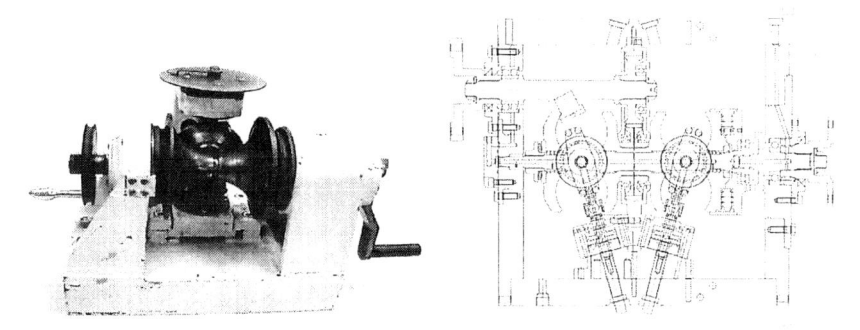

Fig.2 The first prototype principle model   Fig.3 The test rig of full toroidal CVT

2. Configuration of Transmission

2.1 Specifications

The major specifications of the transmission are given in Table 1. The vehicle with this unit is marketed only in Japan at this moment in 2002.

Figure 4 is a cross-sectional view showing a structure of the transmission. The torque converter is used as start-off element in this transmission. The large-capacity twin-face lockup clutch has been newly developed and adopted to expand region of lockup operation to improve fuel economy. Newly developed high-strength material is used for clutch facing to comply with new traction oil. Torque capacity of the torque converter is increased approximately 10% compared to step ATs with the same size converter because of the high density traction oil. An internal gear pump which is almost similar to step ATs is used for oil supply. The forward/reverse changeover element consists of a planetary gear set, a wet multi-plate clutch, and a brake. The high-strength materials providing ample reliability have been used for the gears. To achieve compactness, the unit adopts the single planetary gear set system.

Power is transmitted from the forward /reverse changeover element to the variator. The output of this unit is transferred the intermediate gear set to the countershaft, from which it is transmitted by means of the idler gear to the output shaft.

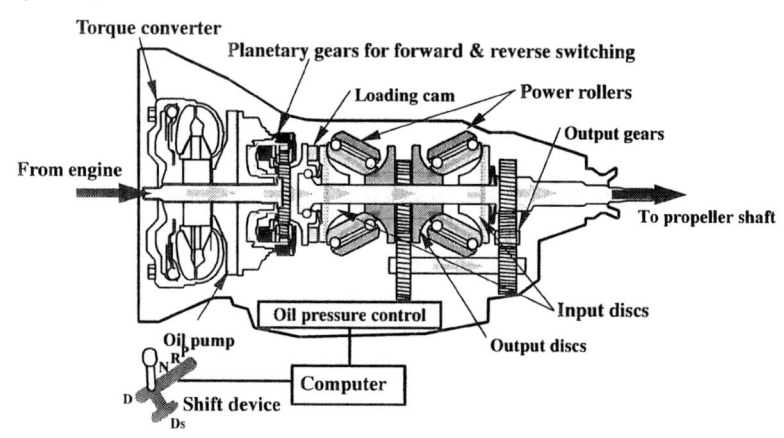

Fig.4 Overview of the toroidal CVT

Engine	3.0 liter turbocharged
Maximum input engine torque	370 N-m
Maximum engine speed	7000 rpm
Ratio coverage	4.36
Forward low ratio	2.86
Overdrive ratio	0.66
Reverse ratio	1.96
Torque converter diameter	250 mm
Oil pump displacement	17 cc/rev

Table 1 Major specifications

2.2 Variator

Figure 5 shows the structure of the variator. On the left hand of the picture, there is a disc of loading cam. There are six teeth to be driven by sun gear of the planetary gear set. The loading cum is surround by rotation pick up of input disc to calculate variator ratio. Two trunnions with oil pressure servo piston are seen in near side. Far left servo piston has a ratio control cam to feed back vertical position and rotation position of the power roller i.e. variator ratio.

At upper & lower position of the trunnions there are links to hold four trunnions in proper position. Above the upper link, there is a base to pin the link with oil-channel supplying oil to the variator.

The main specifications of the variator in toroidal CVT marketed are given in Table 2. Latter chapter describes alternative to these numbers.

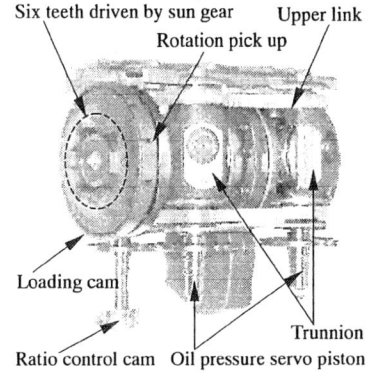

Fig.5 Dual cavity half-toroidal variator

Cavity formation	Dual
Ratio range	1.938-4.45
Torus diameter	132 mm
Cavty radius	40 mm
Distance between front/rear cavities	144 mm
Input disk diameter	155 mm
Output disk diameter	158 mm

Table 2 Specifications of continuously variable unit

3. Ratio Change Principle

A ratio change is accomplished when the power rollers tilt around an axis of rotation of the trunnions, thereby changing the ratio of a torque radius of the input disc to that of the output disc (Figure 6).

Force to tilt the power rollers is generated by using "steering" effect that is produced by offsetting their axis of rotation from that of the discs by means of hydraulic pressure (Figure 7). This "steering" effect is similar to change in a vehicle's orientation when a steering angle is generated between longitudinal directions of vehicle and tire. The toroidal CVT is thus able to provide exceptionally fast variator ratio changes from maximum overdrive to minimum gear ratio, which can be accomplished during several rotations of the discs. This characteristic makes it possible to achieve quick and nimble drive-ability.

In Figure 8 the control system of the toroidal CVT is shown. The components of the system are a stepping motor, ratio control valves, forward/reverse changeover valve, reverse sensor, servo pistons, ratio control cam, linkage, and the others.

The ratio change control valve on the forward side is coupled to the stepping motor by means of the linkage and is controlled so as to achieve the variator ratio corresponding to the position of the motor.

On the reverse side, the system is controlled so as to achieve fixed maximum variator ratio. The separate ratio control cam must be provided for switching to reverse because polarity of the ratio change control system in reverse is opposite of that in a forward gear. It is also conceivable that the hydraulic system can be switched to select forward or reverse based on a judgment of whether a selector lever is in the forward or reverse gear position. However, with that approach, when starting off on a steep uphill incline, the vehicle can roll backward slightly when the brake is released even though the selector lever is in a forward gear position. To avoid that potential problem, the mechanism is provided for mechanically detecting the actual rotational direction of the output shaft. The control system is then switched according to an output of a sensor. To signal the control system, the system is given the reverse sensor that detects the direction where the tires are rotating. Then the control system switches the oil flow accordingly.

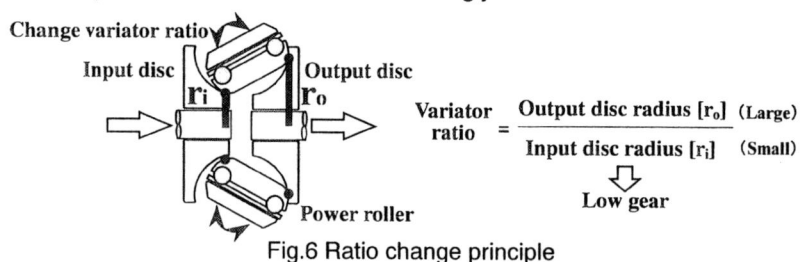

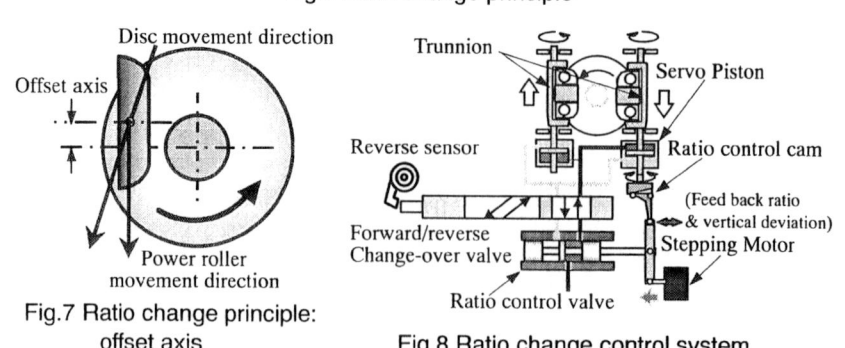

$$\text{Variator ratio} = \frac{\text{Output disc radius } [r_o] \text{ (Large)}}{\text{Input disc radius } [r_i] \text{ (Small)}}$$

⇩ Low gear

Fig.6 Ratio change principle

Fig.7 Ratio change principle: offset axis

Fig.8 Ratio change control system

4. Traction Drive Technology

Traction force consists of loading force and traction coefficient, which has a positive relationship to the loading force. To maximize the torque capacity of the unit, a high loading force and traction oil with the high traction coefficient are necessary.

On the other hand, the high loading force may cause durability problems at the power rollers, discs, bearings, and other load supporting parts. It also generates large friction losses at contact points. Generating sufficient loading force but not excessive loading force at the contact points is one of the key technologies of the traction drive.

Three key technologies can be summarized for the traction drive. These are the "loading system", "traction parts durability", and "traction oil". These are shown in Figure 9.

Fig.9 Three essential technologies for traction drive

4.1 Loading Mechanism

To generate sufficient but not excessive loading force, the system uses the loading cam, front dish spring, and rear dish spring as illustrated in Figure 10.
By these three components the system can get the loading force shown in Figure 11. The loading cam shows proportional loading force to the input torque. Theoretically it may be sufficient, but there are many losses. Therefore system needs the two springs.

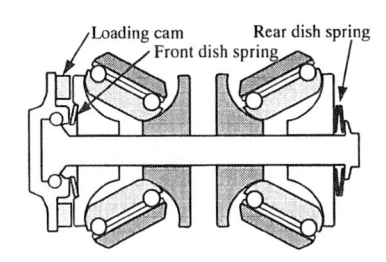

Fig.10 Loading mechanism

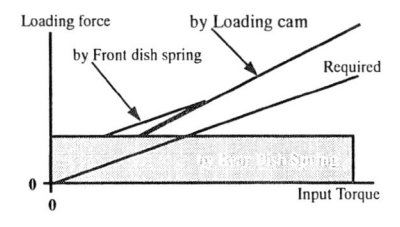

Fig.11 Loading force generated

4.2 Traction Oil

Power transmitter is accomplished by means of special traction oil that develops extremely high shear resistance under high contact pressure. Oil molecules enter a glass transition phase only under high contact pressure, which results in increased shear resistance. The oil is also used as a lubricant for gears and bearings and used for torque converter oil. To comply with these requirements, completely new traction oil has been developed for use in this toroidal CVT. [4]

The traction coefficient is determined by the base oil. And the coefficient must be very stable how change of the oil properties is very small even after 150,000 km durability driving test under a mode simulated as real-world driving conditions.

And oil oxidization is also significant issue for automatic transmission fluid oil. Figure 12 shows the change in the total acid number (TAN) of the new oil, which shows state of oil oxidization. TAN did not change to an extent that caused a problem even after 100,000 km driving. It is attributed to the stability of the oil components in including additives.

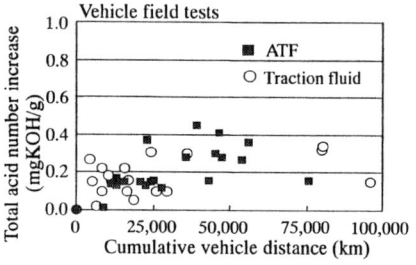

Fig.12 Change in total acid number after durability test

4.3 High Durable Material Parts

Highly purified steel is adopted for the discs and power rollers in order to secure sufficient durability and reliability for the continuously variable unit. This steel was newly developed in a joint project with a bearing manufacturer NSK.Ltd.. Because this material contains very few inclusions and is deeply carbonized and nitrated [5], it displays excellent higher rolling fatigue life and providing sufficient reliability.

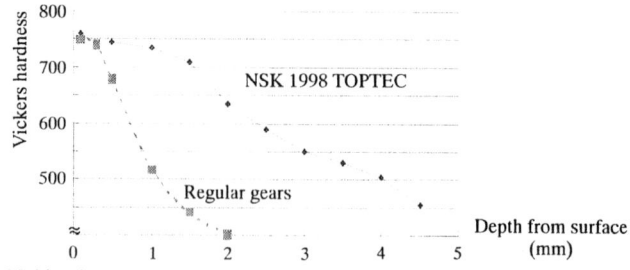

Fig.13 Hardness near the surface of the discs and power rollers

5. Synchronization of Four Power Rollers

The latest toroidal CVT has four power rollers where the power is transmitted through in parallel. The parallel layout is very important for the synchronization of the power roller's angles i.e. variator ratio.

The synchronization of the power roller angles is obtained with two essential phenomena. The first one is variator ratio dependency on input torque when the oil pressure supporting the power roller does not change. When the input torque is increased, the variator ratio is changed to a lower position like shown in Figure 14.

The second one is the traction coefficient positive relationship to slip rate as shown in Figure 15. If one of the power roller's variator ratios is different from the others and is at a lower position, the slip rate is different from the others. When the slip rate is low, the traction coefficient is getting low as shown in Figure 15. With the low traction coefficient this power roller can support a smaller force to correct the difference. Because the servo piston has the same common oil pressure, this power roller's force balance in the vertical direction is different from the others and moves to the position to turn the power roller to higher gear position. Finally all the power roller's variator ratios are synchronized.

Therefore the force balance in the vertical direction at each power roller is very important. Movement of the power roller should not be influenced or minimized by any friction.

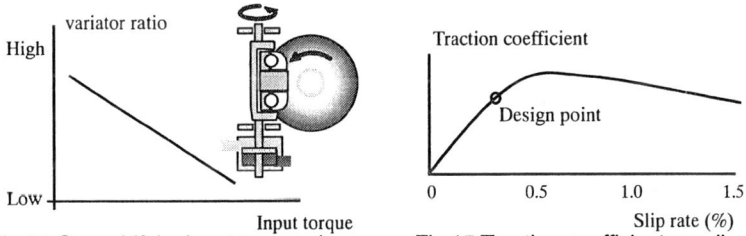

Fig.14 Gear shift by input torque change   Fig.15 Traction coefficient vs. slip rate

The prototype unit has experienced some problems in traction drive power transmit when the torque level changed very quickly at high temperature. An analysis of the problems showed that almost all of them were due to unbalanced synchronization of the four power rollers. This is one important determinant of reliability

The prototype toroidal CVT had only one longitudinally coupled lower linkage, whereas the upper linkage was the split type. The upper and lower linkages of the new toroidal CVT described here are both coupled longitudinally to secure sufficient stiffness and strength for greater reliability.

To ensure the synchronization of all four power rollers, the upper and lower linkages have pin connections with a casing. This achieves fully symmetrical power rollers actuated by the hydraulic system as shown in Figure 16. It makes all power rollers offset displacements equal and also all side slips at the traction drive contact points equal. In such movements, the four power roller's variator ratio is always synchronized. If there is a small difference in variator ratio, a very small movement is generated to synchronize these.

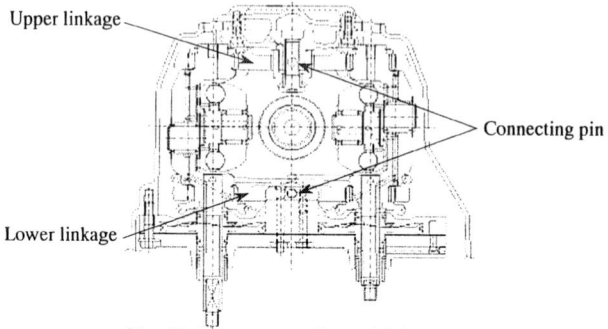

Fig.16 Pin connection of linkage

As shown in Figure 17, all the trunnions have a flexible joint to prevent interference of the piston and piston body that is caused by large normal forces for traction drive. This improvement resolved the problem occurred in the prototype unit.

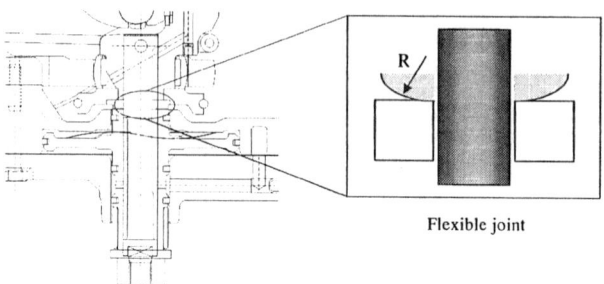

Fig.17 Trunnion flexible joint

To ensure the tilting angle limit and to improve linkage strength so as to reduce number of parts, tilting stoppers are integrated with the upper linkage made of a hot-pressed alloy steel as shown in Figure 18.
Such tilting stoppers do not work at normal driving conditions. But at abnormal conditions, like being towed by another car without control, power rollers may

turn too much and interference of the discs and trunnions must be prevented. To use available space efficiently, the stepping motor and control valve system have to be changed from a concentric system to a linkage connection type servo system as shown in Figure 19.

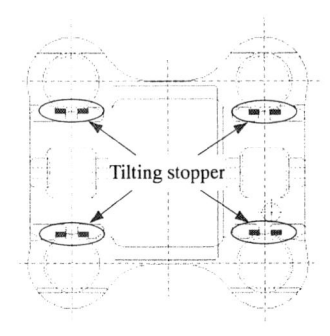

Fig.18 Tilting angle stoppers

Fig.19 Servo actuators

6. Specification Analysis of Variator Unit

Former chapters described the current marketed CVT unit. This chapter and the next show future possibilities, describe specification, analyze the variator unit, and consider improving fuel economy.

Obviously fuel economy is improved if the variator's efficiency is increased. The better fuel economy can be expected with wide ratio coverage because of low engine rotation speed. Unfortunately the wide ratio coverage and high efficiency are incompatible if the variator is designed only with the limited cross section size that is decided by vehicle design.

This chapter shows one result of parameter study to indicate the relationship between the ratio coverage and the variator's efficiency with the limited cross section size.

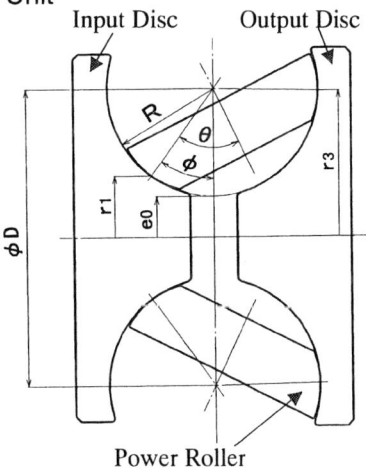

D : Torus Diameter
R : Cavity Radius
θ : Half Cone Angle
$k = e0/R$: Cavity Aspect Ratio

Fig.20 Half-toroidal type variator

6.1 Condition of the Study

-1) Design traction coefficient value is 5% higher than the current marketed unit coefficient value.
-2) Design maximum contact pressure is 5% higher than the current model coefficient value.
-3) Concept of the unit is the same dual cavity as the current model.
-4) Torus diameter is the same 132mm as the current model.
-5) Input disc diameter is the same 155 mm same as the current model.
-6) Output disc diameter is the same 158mm same as the current model.
-7) Transmission maximum input torque is 450 N-m.

The 5% improvement is visible number with latest technology. As the dual cavity toroidal CVT is suitable for rear wheel drive vehicles, the size limit is considered mainly in the cross section direction. If the longitudinal direction must be considered, the cavity radius should be also one of the conditions.

6.2 Process of Specification Analysis

The three key numbers to decide the variator specifications are torus diameter, cavity radius, and half cone angle. At first, the torus diameter is fixed at 132mm in this study.
The cavity radius is changed from R40mm to R48mm. The cavity aspect ratio k is automatically decided. Then the half cone angle is changed as parameter for each cavity radius. The aforementioned conditions can get a maximum ratio coverage. Table 3 indicates calculation results for each cavity radius and half cone angle.
Then spin magnitude is calculated at the contact point between the power roller and disc. It is well known that the variator losses mainly consist of a spin losses at the contact points and a loss of a thrust bearing of the power roller. As the latter one does not change dramatically, the spin losses are focused on. The variator's efficiency can be evaluated with the spin magnitude. The spin magnitude can be calculated with cavity aspect ratio, half cone angle, and attitude angle. As the maximum spin is generated at 1:1 variator ratio, it can be regarded as representation of the variator's overall efficiency. Table 4 shows the maximum spin magnitude at 1:1 variator ratio.

		Half Cone Angle(deg.):θ										
Cavity Radius: R(mm)	Cavity Aspect Ratio:k	57	57.5	58	58.5	59	59.5	60	60.5	61	61.5	62	62.5
40	0.65	4.848	4.867	4.873	4.891	4.899	4.905	4.802	4.703	4.606	4.499	4.396	4.293
41	0.6098	5.155	5.176	5.182	5.201	5.206	5.214	5.102	4.978	4.871	4.755	4.639	4.528
42	0.5714	5.335	5.457	5.462	5.485	5.490	5.484	5.362	5.229	5.110	4.983	4.857	4.736
43	0.5349	5.213	5.331	5.463	5.587	5.713	5.778	5.698	5.566	5.421	5.281	5.143	5.010
44	0.5	5.166	5.282	5.414	5.549	5.687	5.814	5.869	5.862	5.763	5.607	5.454	5.306
45	0.4667	5.072	5.198	5.327	5.461	5.597	5.735	5.880	5.947	5.918	5.904	5.874	5.695
46	0.4348	5.091	5.230	5.361	5.508	5.646	5.787	5.931	5.995	5.975	5.954	5.933	5.898
47	0.4043	4.870	5.004	5.141	5.283	5.429	5.564	5.718	5.862	6.010	5.983	5.955	5.929
48	0.375	4.542	4.667	4.807	4.940	5.077	5.219	5.363	5.512	5.667	5.810	5.971	5.938

Table 3 Ratio coverage at each specifcation

		Half Cone Angle(deg.):θ										
Cavity Radius: R(mm)	Cavity Aspect Ratio:k	57	57.5	58	58.5	59	59.5	60	60.5	61	61.5	62	62.5
40	0.65	0.1208	0.1345	0.1481	0.1617	0.1752	0.1887	0.2021	0.2154	0.2287	0.2420	0.2552	0.2684
41	0.6098	0.1469	0.1601	0.1733	0.1863	0.1994	0.2123	0.2253	0.2382	0.2510	0.2638	0.2766	0.2894
42	0.5714	0.1719	0.1846	0.1973	0.2099	0.2224	0.2350	0.2475	0.2599	0.2723	0.2847	0.2970	0.3094
43	0.5349	0.1956	0.2078	0.2201	0.2322	0.2444	0.2565	0.2685	0.2806	0.2925	0.3045	0.3164	0.3284
44	0.5	0.2183	0.2301	0.2419	0.2536	0.2653	0.2770	0.2887	0.3003	0.3119	0.3235	0.3350	0.3465
45	0.4667	0.2399	0.2513	0.2627	0.2740	0.2854	0.2966	0.3079	0.3191	0.3303	0.3415	0.3527	0.3639
46	0.4348	0.2606	0.2716	0.2826	0.2936	0.3045	0.3154	0.3263	0.3372	0.3480	0.3589	0.3697	0.3805
47	0.4043	0.2804	0.2911	0.3017	0.3123	0.3228	0.3334	0.3439	0.3544	0.3649	0.3754	0.3859	0.3963
48	0.375	0.2994	0.3097	0.3200	0.3302	0.3405	0.3507	0.3608	0.3710	0.3812	0.3913	0.4015	0.4116

Table 4 Maximum spin at each specifcation

6.3 Results of the Study

Figure 21 shows calculation results. The maximum spin magnitude at each ratio coverage is indicated with the parameter cavity radius. With a fixed torus diameter, a large cavity radius can provide wide ratio coverage. On the other hand, spin losses are increased by the large cavity radius.

In the condition, if wider ratio coverage more than 5.8 is required, the spin losses increase exponentially. Even if the high spin losses are accepted, there is a barrier at ratio 6.0.

It is observed that the best half cone angle obtains the widest ratio spread for each cavity radius with fixed torus diameter. The reason why the shapes of the curves are different to each other is because of the conditions that limit the ratio spread. The conditions are contact pressure in some cases and limitation of the radius of the contact point in other cases. Then the specifications achieving the widest ratio spread can be picked up. Table 5 is the summary of the calculations to pick up the best specifications at each cavity radius.

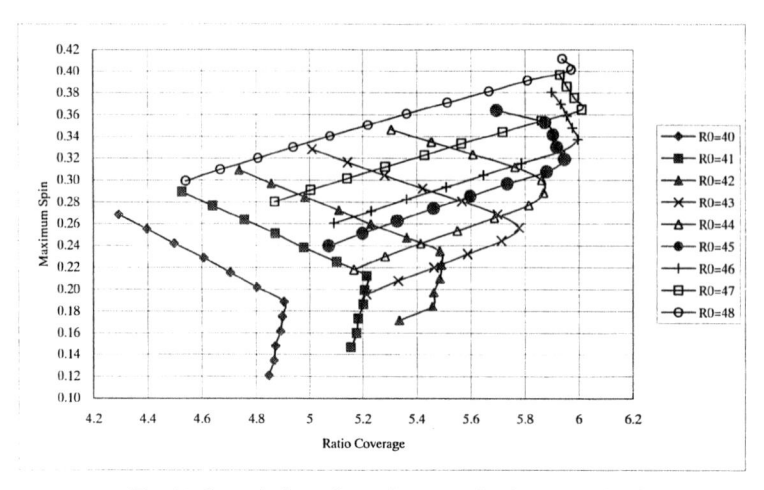

Fig.21 Correlation of maximum spinning magnitude and ratio coverage at each cavity radius

NO.	Torus Diameter(mm)	Cavity Radius R0(mm)	Cavity Aspect Ratio k	Half Cone Angle(deg.)	Ratio Coverage
1	φ132	40	0.65	59.5	4.905
2	φ132	41	0.6098	59.5	5.214
3	φ132	42	0.5714	59	5.490
4	φ132	43	0.5349	59.5	5.778
5	φ132	44	0.5	60	5.869
6	φ132	45	0.4667	60.5	5.947
7	φ132	46	0.4348	60.5	5.995
8	φ132	47	0.4043	61	6.010
9	φ132	48	0.375	62	5.971

Table 5 Best specification at each cavity radius

6.4 Variator's Efficiency Calculation Result

Here the variator's efficiency including the losses of thrust bearings of the power roller is calculated. The efficiency calculations are made from the following: low ratio, 1:1 ratio, high ratio, and input torque (20Nm thru 450Nm). Figure 22 shows a typical result using a cavity radius of 43mm. As indicated by figure 22, high efficiency at a relatively low load, which is often used in normal driving, is one of the features of this transmission.

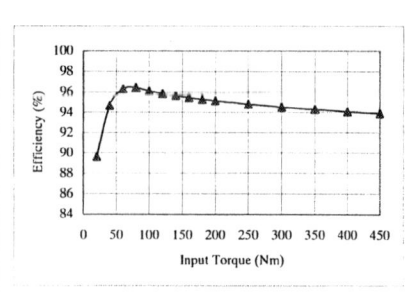

Fig.22 Transmission efficiency of R=43mm (2000rpm, high ratio)

In these calculations, the specification of the power roller is fixed even when thrust forces are increased with the loss torque. Technically the specification of the power roller design should be optimized. But the same specification can be used for this calculation because the difference of the loss is very small,

Table 6 shows the variator's efficiency for nine cases at 2000, 4000 and 6000rpm with a 450 Nm input. Figure 23 shows efficiency curve at 2000rpm. When wider ratio spread is required, the variator's efficiency gets worse. This is prominent at the high ratio position. Only with narrow ratio spread at the high ratio position can zero spin be achieved. It may be wondered why there is no zero spin point at the low ratio position. To prevent excessive contact pressure at the low ratio position, the power roller must not be rotated to a geometrically low zero spin position.

The next chapter describes vehicle fuel economy using the above mentioned result.

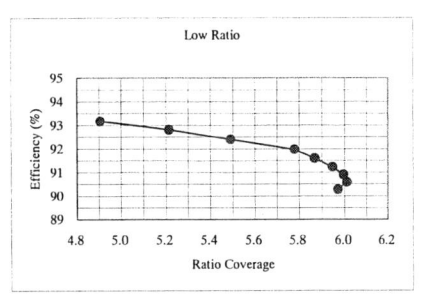

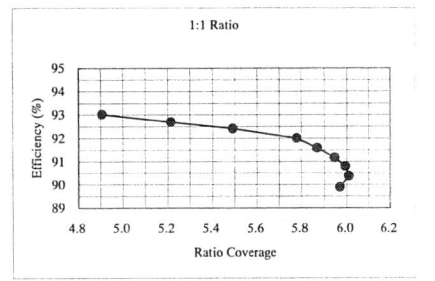

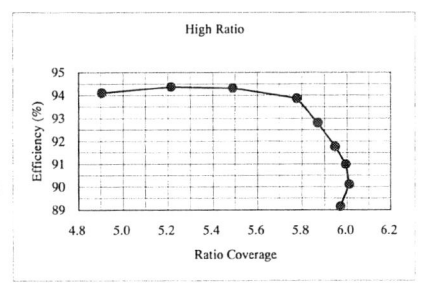

Fig.23 Correlation of transmission efficiency and Ratio Coverage(2000rpm,450Nm)

		Variator's Efficiency (450Nm)							
		Nin=2000rpm			Nin=4000rpm			Nin=6000rpm		
NO.	Ratio Coverage	LOW	1:1	HIGH	LOW	1:1	HIGH	LOW	1:1	HIGH
1	4.905	93.17	93.03	94.10	93.46	93.30	94.39	93.66	93.51	94.60
2	5.214	92.82	92.70	94.37	93.00	93.00	94.65	93.21	93.23	94.86
3	5.490	92.41	92.42	94.32	92.70	92.74	94.60	92.91	92.99	94.81
4	5.778	91.98	92.00	93.88	92.28	92.36	94.16	92.51	92.64	94.35
5	5.869	91.60	91.59	92.80	91.92	92.00	93.12	92.17	92.31	93.35
6	5.947	91.24	91.17	91.77	91.60	91.63	92.17	91.87	91.98	92.48
7	5.995	90.91	90.79	90.98	91.30	91.29	91.47	91.59	91.67	91.83
8	6.010	90.58	90.37	90.11	91.02	90.92	90.70	91.34	91.34	91.14
9	5.971	90.28	89.89	89.16	90.77	90.51	89.88	91.13	90.97	90.42

Table 6 Calculation result of transmission efficiency

7. Fuel Economy Step AT & Toroidal CVT

It is well known that gear ratio spread is more important than number of gear steps for fuel economy. On the other hand, the increase in the gear ratio spread widens the difference of each next gear ratio. And it makes drive-ability deteriorate. Therefore step ATs need to increase the number of gear steps to get good fuel economy and drive-ability. CVT can change the ratio continuously and it takes away the above dilemma. The variator ratio spread can be widened up to the mechanical limitation. As explained in the last chapter, there is a possibility to get 6:1 ratio coverage with the toroidal CVT. But the variator's efficiency gets worse when the ratio spread is more than a certain number. In describ about fuel economy, both the ratio spread and the variator's efficiency must be considered. In the case of a step AT, the efficiency is not influenced by ratio coverage. The limitation to the ratio coverage is rather decided by planetary gear set selection.

This chapter explains simulation results to evaluate fuel economy for the main vehicle market, namely in North American, Japanese and European market. The simulations of the troidal CVT and step ATs are calculated in a constant condition at each speed. The simulation results indicate the need for a suitable ratio coverage for each market.

7.1 The Friction Magnitude Assumption

This simulation considers following friction items for the troidal CVT.
1) Loss at the torque converter
2) Loss at the oil pump
3) Loss at the clutches and the seals as a function of input disc rotation number and input disc input torque
4) Loss at the variator
5) Loss at the gears and the bearings as a function of output disc rotation number and torque

The loss at the variator is calculated from the efficiency data that was taken from the last chapter which used a function of variator ratio, input disc rotation, and input torque. The simulation uses the 3-dimensional map for the calculation. The speed of changing variator ratio is given as a primary delay function and a time constant is given as a function of variator ratio.

The step AT simulation uses the following friction items.
1) Loss at the torque converter
2) Loss at the oil pump
3) Loss at the clutches, the bearings and the seals as a function of rotation

number and torque
4) Loss at the planetary gear sets for each gear step
5-speed and 6-speed step AT are assumed to use three planetary gear sets. Package of the planetary gear sets is recent typical design.
The magnitude of transmission friction loss is referred to other available transmission technologies.

7.2 Condition of Calculation

1) The lowest variator ratio or gear ratio used for any transmission in this simulation is the same, which keeps almost the same acceleration performance.
2) The torque converter lock up schedule is listed in Table 7.
3) The driving modes are "USA combined", "Japanese 10/15 mode", and "Europe EC mode".
4) A vehicle model is selected that would be suitable for the toroidal CVT for the each market. Sport Utility Vehicle (SUV) is selected for North America, and passenger vehicle is selected for the Japanese and Europe market. The passenger vehicle GVW is 4185 lb. (1900kg) and the SUV is 6388 lb. (2900kg).
5) The compared step AT are a 6-speed for Europe and a 5-speed for Japan & North America.

		5speed AT	6speed AT	Toroidal CVT
Slip Lockup	3rd	23km/h	23km/h	
	4th	40km/h	40km/h	
Lockup	5th	50km/h	50km/h	
	6th		50km/h	
Lockup				15km/h

Table 7 Lock up schedule for each transmission

7.3 Calculation Result for USA Market

Figure 24 shows the calculation results for the step AT in US combined mode. When changing ratio coverage from 5.0 to 6.0, the best fuel economy is achieved at 5.5 ratio coverage.
Figure 25 is the result of the calculations for the toroidal CVT conducted on the nine cases in chapter 6.
As the ratio spread increased, the engine operation point moved to a better efficiency point. But the variator's efficiency gets worse rapidly when the ratio spread is more than 5.8. The best fuel economy ratio spread is near the 5.8 ratio. In figure 25, the 5-speed with 5.5 ratio spread is also shown. The toroidal CVT has a 6% fuel economy gain versus the 5-speed with the 5.5 ratio spread in US combined mode.
Figure 26 shows fuel economy data at a constant speed condition for the CVT & step AT. The reason why the CVT shows better fuel economy below 40 mph is because of the difference of each torque converter lock up schedule.

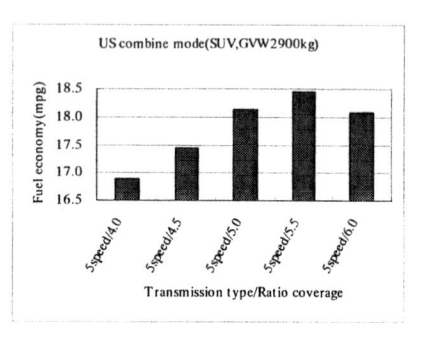

Fig.24 Fuel economy of the step AT (in US market)

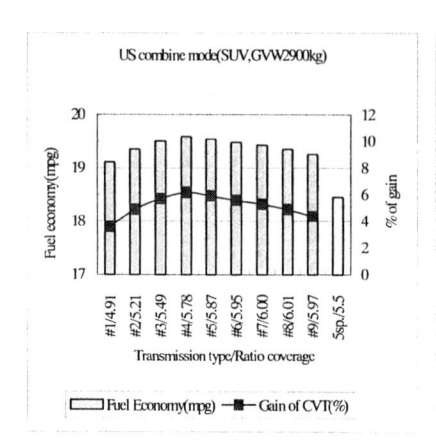

Fig.25 US mode fuel economy of the toroidal CVT and the 5.5 ratio spread 5-speed AT

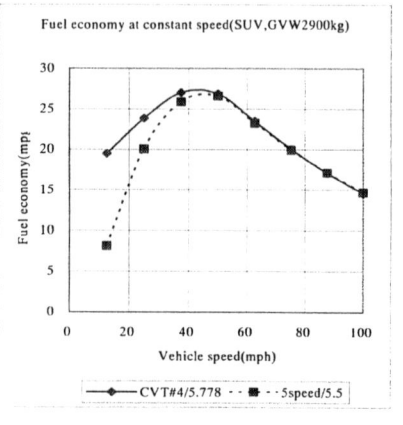

Fig.26 Fuel economy of toroidal CVT & step AT at constant speed driving (in US market)

7.4 Calculation result for Japanese market

Figure 27 shows the calculation results for the step AT in Japanese 10/15 mode. When changing ratio coverage from 4.0 to 6.0, the best fuel economy is achieved at 5.0 ratio coverage. The main reason is because of lower speed condition used for Japanese 10/15 test mode. For Japanese 10/15 mode fuel economy, the ratio spread of 5.0 is large enough.

Figure 28 is the calculation result of the toroidal CVT conducted on the nine cases in chapter 6. For the same reason as the step AT, there is a very small difference for the Japanese 10/15 mode in changing the ratio coverage from 5.0 to 6.0. The best fuel economy ratio spread is near 5.0. In this figure, the 5-speed with the 5.0 ratio spread is also shown. The toroidal CVT has an approximately 10% fuel economy gain versus the 5-speed with the 5.0 ratio spread. Figure 29 is fuel economy at constant driving condition in Japanese market.

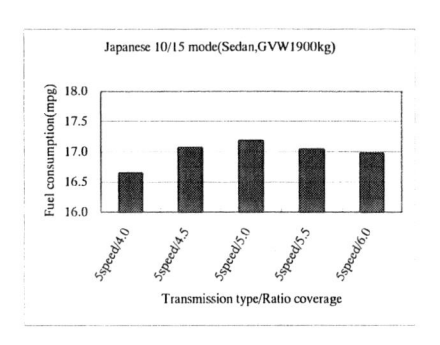

Fig.27 Fuel economy of the step AT (in Japanese market)

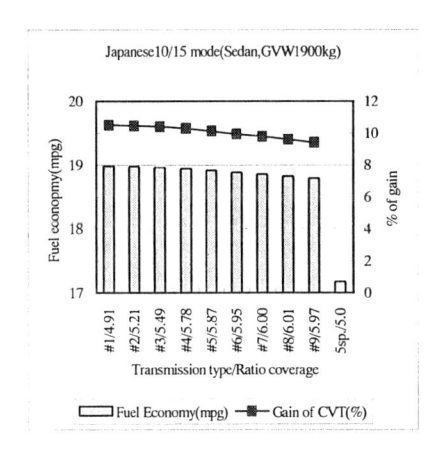

Fig.28 Japanese 10/15 mode fuel economy of the toroidal CVT and 5.0 ratio spread 5-speed AT

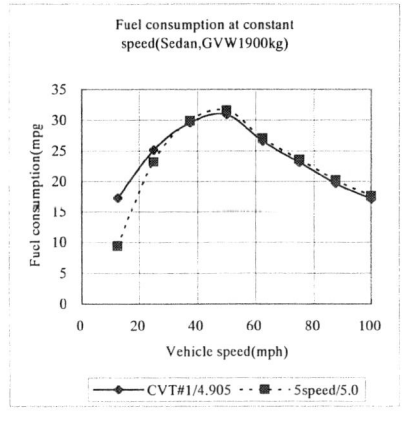

Fig. 29 Fuel economy of troidal CVT & step AT at constant speed driving (in Japanese market)

7.5 Calculation result for European market

Figure 30 shows the calculation results for the step AT with EC mode. Because the average speed is relatively high, the best fuel economy is achieved at 6.5 ratio coverage.

Figure 31 shows the calculation results in the European market for the toroidal CVT conducted on the nine cases in chapter 6.

When the ratio coverage is more than 5.8, the variator efficiency and fuel economy gets worse. This is different from the step AT. The best fuel economy ratio spread is near the 5.8 ratio. In this figure, the 6-speed with the 6.5 ratiospread is also shown. The toroidal CVT has approximately a 5.5% fuel economy gain versus the 6 speed with the 6.5 ratio spread.

Figure 32 shows fuel economy at constant driving condition in the European market. The step AT with a wide ratio spread of 6.5 shows better fuel economy from 50 to 130 mph. Over 130 mph, the fuel economy becomes as same as CVT fuel economy because it can not be operated more than the highest gear.

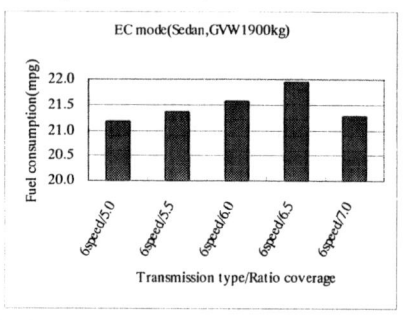

Fig.30 Fuel economy of the step AT (in EC market)

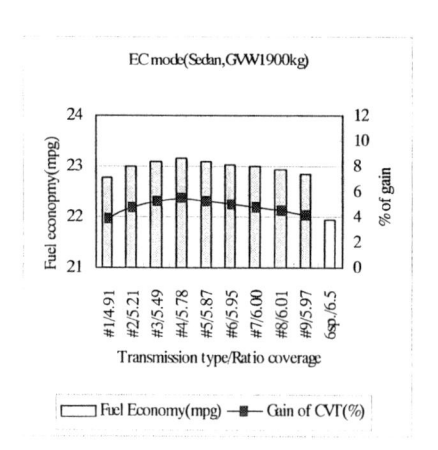

Fig.31 Europe EC mode fuel economy of the toroidal CVT and the 6.5 ratio spread 6-speed AT

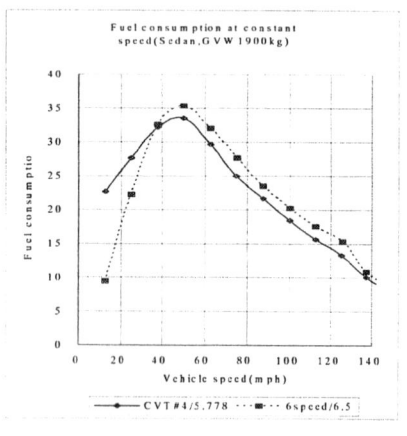

Fig.32 Fuel economy of toroidal CVT & step AT at constant speed driving (in Europe market)

7.6 Comparison between Toroidal CVT & Step AT

These simulation results are summarized as follows.
1) There is a ratio spread which can achieve best fuel economy for the half-toroidal CVT with the restriction of size. These ratio spread are less than 5.0 ratio spread for the Japanese market and approximately a 5.8 spread for the US and European market.

2) The superiority of the toroidal CVT to step ATs is remarkable with the 10% fuel economy gain in Japan. In the US & Europe it is approximately the 5 to 6% gain due to high speeds. If the high speed is continued to be allowed in Europe, the toroidal CVT needs to improve to compensate inferiority of the variator efficiency.

8. Performance Characteristics (Ratio change stability and response)

The chapter 6 & 7 described the future possibility of the half-toroidal CVT with the limitation of size. This chapter returns to the current CVT unit marketed. Chapter 5 mentioned that the unique hydraulic servo system was used for the ratio change mechanism. The stability of the system is greatly influenced by the mechanical characteristics of the precision cam to the control valve.
The tilt angle of the trunnions and the amount of their vertical displacement are fed back to the control valve. Then the servo system can control the ratio changes that are stable and have excellent response. In achieving such control, it is essential to optimize the composite ratio of the tilt angle and vertical displacement.
Figure 33 shows an example of the ratio change characteristics of the toroidal CVT during full throttle acceleration from a standing start with manual up-shifting of the 6-speed constant ratio mode. This example indicates a relatively fast ratio change to command signal.
Figure 34 shows an example of the ratio change characteristics during full throttle acceleration from 60 km/h with automatic downshifting of drive range mode.
The servo system responds quickly to follow the command signal from the stepping motor without any delay. Moreover, no overshoot, hunting, or other undesirable characteristics are observed at the moment when the ratio change is completed. This indicates that the system provides both outstanding responsiveness and stability.

Fig.33 Characteristics of manual up-shifting

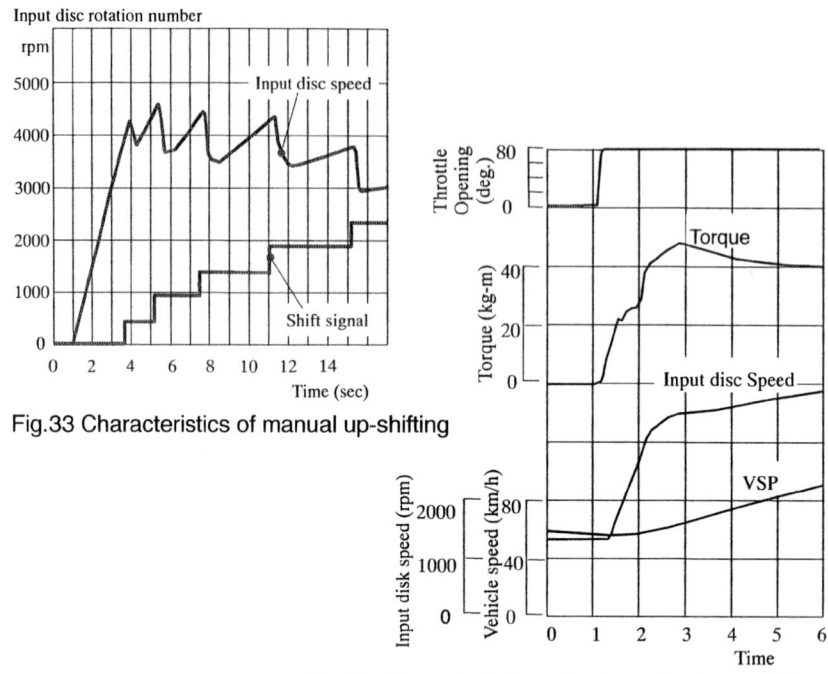

Fig.34 Characteristics of automatic downshifting

9. Conclusions

The dream of transmission engineers has come true with toroidal CVT.
But this is only prologue of the use of the toroidal CVT. Many traction drive vehicles are expected to contribute further more saving energy with comfort and fun out of drive in near future.
Finally This study can be summarized some conclusions as follows.

1) A traction drive dual cavity half-toroidal CVT has been developed for torque capacity of 370 N-m.
2) Key technologies that have been improved sufficiently to the market vehicles are the loading mechanism, traction oil, durable material parts and the synchronization of the power rollers.
3) The vehicle testing with the toroidal CVT shows excellent drive-ability.
4) Further development of the toroidal CVT can make it superior to any step ATs.

References

[1] Loewenthal; NASA "Advances in Traction Drive Technology" SAE Paper 831304 Sept. 1983
[2] Nakano; Nissan Motor, Maruyama JATCO TransTechnology "Development of a large Torque Capacity Half-Toroidal CVT" SAE Paper 2000-01-825 Feb. 1999
[3] Yamamoto; Jatco "A Study on the Toroidal Type Stepless Transmission" AT world No 5(Japanese) Oct. 1993
[4] Hata; Idemitsu Kosan., "New Traction Fluids for Automotive Use", Proc. of CVT96, Yokohama, 1996, pp. 147-150.
[5] Machida; NSK Ltd. "Development of a High Power Traction Drive CVT" TOPTEC May 1998

1.8 Das Doppelkupplungsgetriebe (DKG): Ein Vorgelegegetriebe mit Zugkraftüberbrückung

Stephan Rinderknecht, Günter Rühle

Kurzfassung

Die aktuellen Entwicklungen in der Getriebetechnik weisen auf eine zunehmende Variantenvielfalt hin, die getrieben durch Forderungen zur Reduzierung des Flottenverbrauchs bis zum Jahre 2008 eine besondere Dynamik erhalten. Neben dem Verbrauch spielen aber auch Kosten, Komfort und Fahrspaß eine entscheidende Rolle. Jedes Getriebesystem weist eine ganz spezifische Kombination in der Erfüllung der Anforderungen auf, woraus sich sehr unterschiedliche Anwendungsbereiche ergeben. Dieser Beitrag befasst sich mit dem Doppelkupplungsgetriebe als modernes mechatronisches Getriebesystem in Vorgelegebauweise, das gutes Verbrauchsverhalten mit hohem Komfort und Fahrspaß verbindet.

Abstract

The current development of transmission technology shows an increasing number of different variants. In order to significantly reduce fuel consumption up to the year of 2008, this process is even accelerated. In addition to fuel consumption, costs, comfort and fun-to-drive also play a very important role. Each system shows a very specific profile in achieving the requirements thus resulting in different application fields. This contribution deals with the Dual Clutch Transmission as a modern mechatronic layschaft transmission system combining low fuel consumption with high comfort and fun-to-drive.

1 Einführung

Die vergangene Getriebewelt war geprägt durch eine Polarität zwischen konventionellen Handschaltgetrieben (MT) und klassischen Wandlerautomatikgetrieben (AT). Der jeweilige Anteil unterscheidet sich dabei regional sehr stark. Während in Europa nach wie vor die Handschaltgetriebe überwiegen, weist der amerikanische und japanische Markt eine Dominanz der Automatikgetriebe auf. Das Verbrauchs- und Abgasverhalten der Fahrzeuge, das früher von eher untergeordneter Bedeutung war, erlangt mit der ACEA-Vereinbarung für den CO_2-Flottenverbrauch nun existenzielle Bedeutung für die Fahrzeughersteller. In diesem Zusammenhang spielt das Getriebesystem eine ganz entscheidende Rolle in der Nutzung der Potenziale zur Verbrauchsreduzierung. Die einst schwarzweiße Getriebewelt beginnt nun bunt zu werden [1]. Neue mechatronische Getriebesysteme wie automatisierte Schaltgetriebe (ASG®), Doppelkupplungsgetriebe (DKG) sowie stufenlose Getriebe mit und ohne Anfahrelement (IVT und CVT) sind bereits am Markt oder befinden sich derzeit in Entwicklung.

Betrachtet man die Hauptanforderungen an Getriebesysteme aus Sicht der Fahrzeughersteller (OEM) und der Endkunden, so ergibt sich ein Spannungsfeld aus im wesentlichen vier Kriterien: Verbrauch, Komfort, Kosten, Fahrspaß. Beim Fahrkomfort weisen die mechatronischen Getriebesysteme prinzipbedingt signifikante Unterschiede auf. Das ASG® entwickelt sich über mehrere Evolutionsstufen von subjektiv langen Schaltvorgängen mit Zugkraftunterbrechung bis hin zum zugkraftunterstützten Gangwechsel [2], Bild 1.

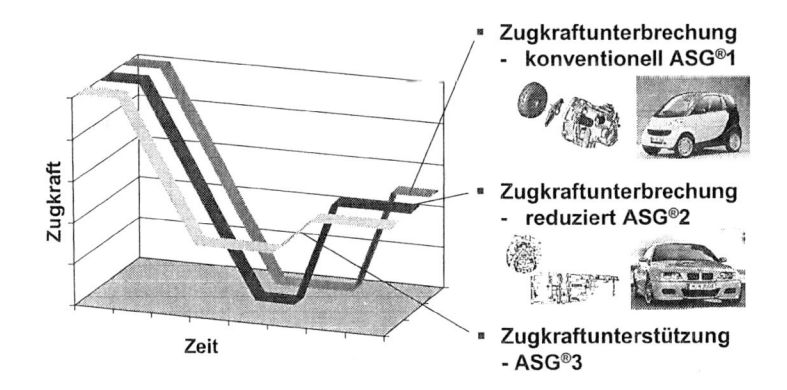

Bild 1: Zugkraftverlauf bei mechatronischen Systemen (ASG®)

DKG und AT stellen voll lastschaltbare Getriebesysteme dar, die Schaltvorgänge mit Zugkraftüberbrückung erlauben, Bild 2, während CVT und IVT einen beliebigen Zugkraftverlauf ohne Stufenwechsel erlauben, Bild 3.

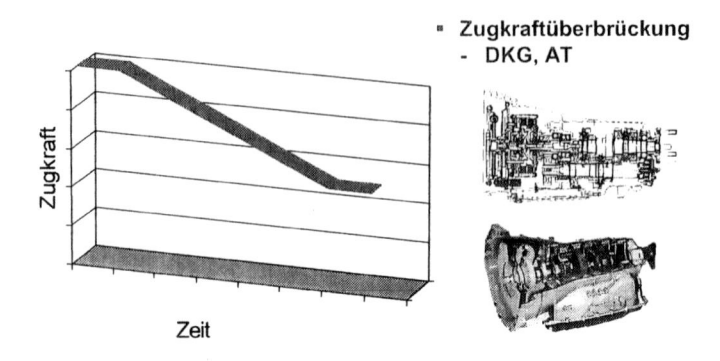

Bild 2: Zugkraftverlauf bei mechatronischen Systemen (DKG, AT)

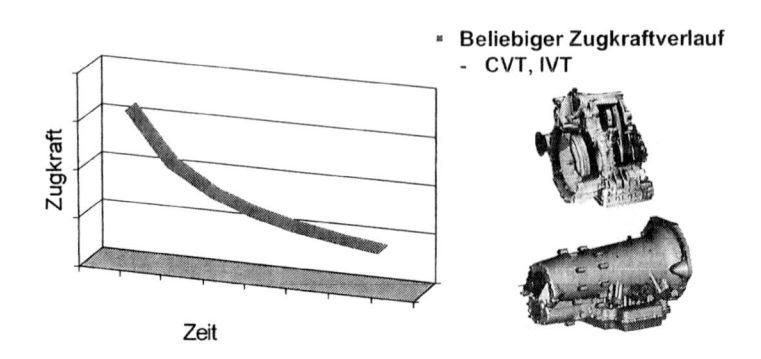

Bild 3: Zugkraftverlauf bei mechatronischen Systemen (CVT, IVT)

Ein weiterer Vergleich, Bild 4, macht deutlich, dass kein System alle Anforderungen optimal erfüllt. Der zukünftige Getriebemarkt wird sich daher durch große Systemvielfalt auszeichnen. In der Folge müssen sich sowohl Fahrzeughersteller als auch Zulieferer fokussieren.

Getriebesysteme	MT	ASG®	DKG	AT	CVT	IVT
Verbrauch	o	++	+	-	-	o
Gewicht	++	+	o	o	-	-
Komfort	- -	o	+	+	+	++
Dynamik	+	+	+	-	o	++
Package	++	++	+	o	o	o
Wärmemanagement	- -	o	+	++	++	++
Systemkosten	++	+	o	o	- -	-

Bild 4: Getriebesysteme im Vergleich

Das Doppelkupplungsgetriebe (DKG), das nachfolgend im Detail vorgestellt wird, zeigt Stärken bei Komfort und Fahrspaß (Dynamik) in Verbindung mit günstigem Verbrauchsverhalten.

2 Funktionsprinzip

Doppelkupplungsgetriebe sind Lastschaltgetriebe, die auf der Basis der synchronisierten Vorgelegegetriebe aufbauen. Sie haben eine Antriebswelle und eine Abtriebswelle, die über stirnverzahnte und selektiv in Eingriff bringbare Zahnradpaare miteinander verbindbar sind. Sie verfügen über eine erste und eine zweite Kupplung, Schaltmitteln zum wechselweisen Betätigen der Kupplungen, um den Kraftfluss zwischen Antriebswelle und Abtriebswelle alternativ über die erste Kupplung und einen ersten Satz Zahnradpaare oder über die zweite Kupplung und einen zweiten Satz Zahnradpaare zu führen. Doppelkupplungsgetriebe haben zwei trockene oder nasse mechanische Reibungskupplungen für den kraftschlüssigen Gangwechsel und den Anfahrvorgang. Jeder der beiden Kupplungen ist je ein synchronisiertes Mehrganggetriebe nachgeordnet. Wobei im einen Getriebe die geraden Gänge und im anderen Getriebe die ungeraden Gänge angeordnet sind. Beide Getriebe werden im aufeinanderfolgenden Wechsel genutzt. Vor jedem Gangwechsel wird der nächste Gang im unbelasteten Getriebezweig synchronisiert und formschlüssig mit der Abtriebswelle verbunden und anschließend mit kraftschlüssigem Übergang von der aktuell lastführenden Kupplung zur lastfreien Kupplung geschaltet. Dies geschieht dann wechselweise von den ungeraden Gängen zu den geraden Gängen und umgekehrt.

Durch die Anordnung der Gänge und Kupplungen sind prinzipbedingt nicht alle denkbaren Schaltungen ohne Zugkraftunterbrechung möglich. Bild 5 zeigt die

5 Gang DKG   6 Gang DKG

⟺ Schaltungen mit Zugkraftüberbrückung (Lastschaltung)
⟵⊢⟶ Schaltungen mit Zugkraftunterbrechung (ASG®-Schaltung)

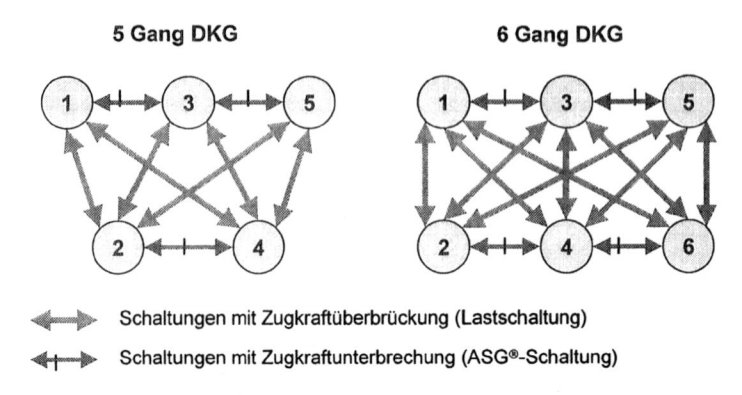

Bild 5: Möglichkeit der Direktschaltbarkeit bei max. Flexibilität der Schaltmechanik

möglichen Schaltungen ohne Zugkraftunterbrechung. Bei geöffneten Kupplungen ist jede beliebige Schaltfolge durchführbar. Dies führt dann zu Schaltungen mit Zugkraftunterbrechung wie sie aus den automatisierten Getrieben (ASG®) bekannt sind.

5 + R-Gang
Vorgelegewellen Konzept

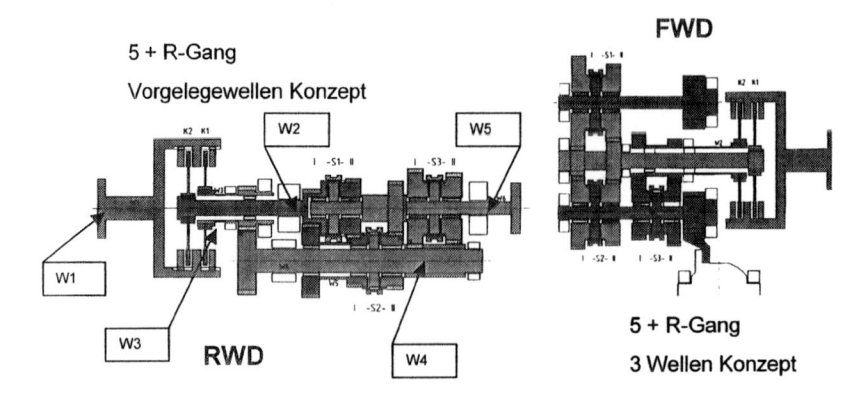

FWD

5 + R-Gang
3 Wellen Konzept

Bild 6: Radsatzschema für RWD- und FWD-Anwendung

In Bild 6 ist schematisch für eine RWD- als auch eine FWD-Anwendung jeweils ein 5 + R Gang Radsatz dargestellt. Im folgenden wird der Kraftfluss durch das Getriebe in den einzelnen Gängen anhand des RWD-Radsatzes, der in Bild 7 konstruktiv ausgeführt ist, beschrieben:

Die Leistung wird vom Motor über die Außenlamellen der Kupplungen in das Getriebe eingeleitet.
Im ersten Gang ist die Kupplung K1 geschlossen und die Schaltgabel S3 in der linken Stellung I, während die Schaltgabeln S1 und S2 in der Neutralstellung sind. Der Kraftfluss führt nun von der Antriebswelle W1 über die Kupplung K1 auf die erste Hohlwelle W3 und von dort über das Radpaar Z1 auf die Vorgelegewelle W4. Über das Radpaar Z5 und die Schaltmuffe S3 führt der Kraftfluss dann weiter auf die Abtriebswelle W6.

Im zweiten Gang ist die Kupplung K2 geschlossen und die Schaltgabel S1 befindet sich in der rechten Stellung II. der Kraftfluss läuft nun von der Antriebswelle W1 über die Kupplung K2 auf die Welle W2. Über das Radpaar Z2 wird die Hohlwelle W5 angetrieben und damit auch das Radpaar Z3. Über die Schaltmuffe S1 wird der Kraftfluss auf die Abtriebswelle W6 weitergeleitet.

Im dritten Gang ist die Kupplung K1 geschlossen und die Schaltgabel S2 befindet sich in der rechten Schaltstellung II. Der Kraftfluss führt nun von der Antriebswelle W1 über die Kupplung K2 auf die Hohlwelle W3 und von dort auf das Radpaar Z1 auf die Vorgelegewelle W4 und von dort über die dritte Schaltmuffe S2 auf das Radpaar Z4, das die Abtriebswelle W6 antreibt.

Im vierten Gang ist die Kupplung K2 geschlossen und die erste Schaltgabel S1 befindet sich in der linken Stellung I. Der Kraftfluss führt von der Antriebswelle W1 über die Kupplung K2 auf die Welle W2. Über die Schaltmuffe S1 sind die Welle W2 und die Abtriebswelle W6 drehstarr miteinander gekoppelt, so dass in diesem Falle des eingeschalteten vierten Ganges die Antriebswelle W1 ohne weitere Übersetzung synchron mit der Abtriebswelle W6 umläuft.

Im fünften Gang ist die Kupplung K1 geschlossen und sowohl die Schaltgabel S1 wie auch die Schaltgabel S2 befinden sich jeweils in der linken Stellung I. Der Kraftfluss führt in diesem Falle von der Antriebswelle W1 über die Kupplung K1 auf die Hohlwelle W3. Über das Radpaar Z1 wird die Vorgelegewelle W4 angetrieben. Über die Schaltmuffe S2 wird die Hohlwelle W5 angetrieben und der Kraftfluss kehrt über das Radpaar Z2 wieder in die obere Hälfte des Getriebes zurück, wo über die Schaltmuffe S1 die Abtriebswelle W6 angetrieben wird.

Im Rückwärtsgang ist die Kupplung K1 geschlossen und die Schaltgabel S3 befindet sich in der rechten Stellung II. Der Kraftfluss führt nun von der Einganswelle W1 über die Kupplung K1 auf die Hohlwelle W3 und von dort über das Radpaar Z1 auf die Vorgelegewelle W4. Über die Radpaare Z6 mit einem Zwischenrad zur Drehrichtungsumkehr wird dann über die Schaltmuffe S3 die Abtriebswelle W6 in umgekehrter Drehrichtung angetrieben.

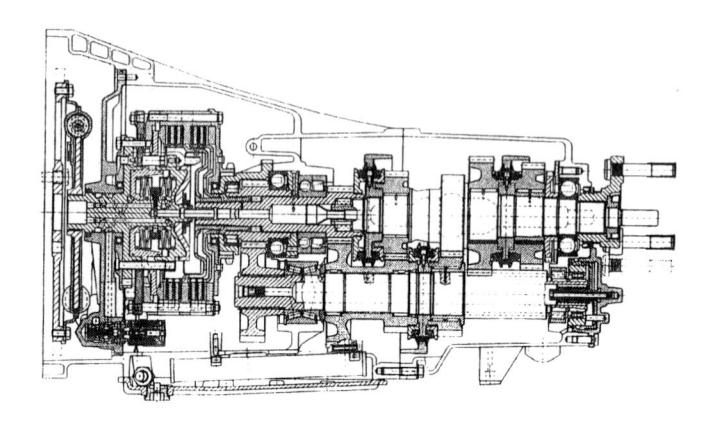

Bild 7: Hauptschnitt DKG mit Nasskupplungen

3 Systemaufbau

Der Systemaufbau eines Doppelkupplungsgetriebes lässt sich in folgende Basisfunktionsgruppen einteilen:

> Anfahr- und Schaltelement
> Torsionsschwingungsdämpfung
> Radsatz
> Kupplungsbetätigung
> Getriebebetätigung
> Schmierung
> Kühlung
> Gehäuse
> Steuerung
> Parksperre

Als **Anfahr-** und **Schaltelement** kommen zwei nasse Lamellenkupplungen oder Trockenkupplungen zur Anwendung. Die Kupplungen werden vorzugsweise in einem Modul zusammengefasst und parallel nebeneinander angeordnet. Die Doppelkupplung ist im Triebsstrang zwischen Motor und Getriebe auf der Eingangsseite des Getriebes platziert. Die Dimensionierung der Kupplungen richten sich nach der Funktion welche sie auszuführen hat. So hat z. B. diejenige Kupplung, die außer der Schaltfunktion auch die Anfahrfunktion übernimmt eine größere Wärmebelastung zu ertragen und muss entsprechend größer dimensioniert werden.

Zur **Torsionsschwingungsdämpfung** kann mit den im System bereits vorhandenen Komponenten die Funktion eines Zweimassenschwungrades realisiert werden. Bei den nassen Lamellenkupplungen kann die Drehmasse des Außenlamellenträgers als Sekundärmasse genutzt werden. Die Primärmasse stellt dabei das Schwungrad des Motors dar. Diese wird über einen Torsionsdämpfer mit der Sekundärmasse verbunden.

Der **Radsatz** ist mit schrägverzahnten Stirnrädern wie sie auch bei den Handschaltgetrieben zur Anwendung kommen aufgebaut. Bei den RWD-Getrieben in der Vorgelegewellenbauweise mit mindestens zwei Vorgelegewellen, wobei die beiden Wellen als zwei separate Vollwellen dargestellt sein können, oder eine ineinandergeschachtelte Vollwelle und eine Hohlwelle, oder eine Kombination aus beiden Varianten. Bei den FWD-Getrieben können sogenannte Zweiwellen- oder Dreiwellengetriebe dargestellt werden, wobei hier die Antriebswelle immer aus einer ineinandergeschachtelten Voll- und einer Hohlwelle besteht. Die Dreiwellenkonzepte haben hier den Vorteil des geringeren axialen Bauraumbedarfes, der bei FWD-Fahrzeugen ohnehin sehr knapp ist.
Die Funktion des Stufensprunges über dem Gang ist beim Radsatzaufbau entscheidend über den zu treibenden Bauaufwand. So lassen sich z. B. bei einem geometrischen Stufensprung Getriebe mit weniger Zahnrädern realisieren als bei einem progressiven, da hier Zahnradpaare mehrfach genutzt werden können.

Die **Kupplungsbetätigung** erfolgt bei einer nassen Doppelkupplung hydraulisch über in die Kupplung integrierte fliehkraftkompensierte Hydraulikzylinder. Die Hydraulikzylinder werden über elektrohydraulische Aktuatoren (Proportionalventile) angesteuert. Bei einer trockenen Doppelkupplung erfolgt dies vorzugsweise über elektromechanische Stellglieder, wie sie z. B. aus den ASG®-Anwendungen bekannt sind.

Die **Getriebebetätigung** kann sowohl hydraulisch als auch elektromechanisch ausgeführt werden. Entscheidend hierfür ist der zur Verfügung stehende Bauraum, der Wunsch nach der Flexibilität in der Gangwahl und die Systemkosten.
Die hydraulische Betätigung kann durch Hydraulikzylinder an jeder Schaltstange oder eine durch Schwenkflügel oder linearen Schwenkzylinder angetriebene Schaltwalze erfolgen.

Die elektromechanische Betätigung kann ebenso durch eine oder zwei Schaltwalzen, die elektromotorisch und eine dazwischengeschaltete Übersetzung erfolgen. Des weiteren ist auch eine elektromechanische Aktuatorik, die eine wahlfreie Gangwahl ermöglicht denkbar.

Da bei einer nassen Doppelkupplung ohnehin eine **Schmierung** und Kühlung der Lamellen notwendig ist und dies eine Hydraulikversorgung voraussetzt, kann der Kühl- und Schmierölvolumenstrom auch für die Schmierung des Radsatzes und der Synchronisierungen in Form einer Einspritzschmierung genutzt werden. Hiermit können weitere Wirkungsgradvorteile, durch Entfall der Ölpanscharbeit, erzielt werden.
Zur **Kühlung** des Öls ist bei dieser Ausführung ein Getriebeölkühler wie bei einem konventionellen Wandlerautomatikgetriebe im Fahrzeug erforderlich.

Dem **Gehäuse** ist neben der Aufnahme der Lagerkräfte und des Getriebeöls auch die Zuführung des Drucköls zu den hydraulischen Stellzylindern zugeordnet. Dies erfordert eine erhöhte Dichtheitsanforderung an das Gussteil in Bezug auf die Porosität, Gratfreiheit und Sauberkeit der Ölkanäle.

Die **Steuerung** teilt sich bei einem hydraulisch betätigten Getriebe auf in den hydraulischen und den elektronischen Teil. Der hydraulische Teil ist in der Regel im Getriebe angeordnet. Der elektronische Teil kann als stand alone Steuergerät karrosserieseitig im Fahrzeug oder getriebeseitig angeordnet sein. Dies erfordert einen entsprechenden Aufwand im Kabelbaum. Der elektronische Teil kann aber auch als Modul zusammen mit dem hydraulischen Teil im Getriebe integriert sein.
Bei elektromechanisch betätigten Getrieben ist eine solche Integration ins Getriebe nicht so leicht zu realisieren, da hier die elektromechanischen Aktuatoren in der Regel von der Topologie her in der Nähe der zu betätigenden Elemente angeordnet sind und die Versorgung der Elektromotoren eine besondere Herausforderung darstellt. In dieser Ausführung wird das Steuergerät eher getriebeseitig als stand alone Steuergerät mit einem Getriebekabelbaum angeordnet sein.

Eine **Parksperre** ist für hydraulisch betätigte Getriebe notwendig, da in drucklosem Zustand die Kupplung offen sind und somit keine Verbindung zum Motor besteht. Die Parksperre ist mit dem bewährten Rad/Klinke-System realisiert und kann konventionell über Seilzugschaltung oder durch hydraulische Aktuatoren betätigt sein. Bei den elektromechanisch betätigten Getriebe erfolgt die Betätigung analog zu der hydraulischen Version.

Wie in Bild 8 gezeigt sind die elektrohydraulischen Aktuatoren für die Kupplungs- und Getriebebetätigung dezentral in Cartridgebauweise in der Nähe der Stellzylinder angeordnet. Diese Ausführung ist bezüglich der hydraulischen Leitungsführung und Verteilung einfacher, jedoch ist ein getriebeinterner Kabelbaum für die elektrische Versorgung der Ventile erforderlich. Außerdem ist eine Prüfung des gesamten Hydrauliksystems nur im komplett montierten Getriebe möglich, was bei auftretenden Fehlern einen hohen Rückmontageaufwand erforderlich macht.

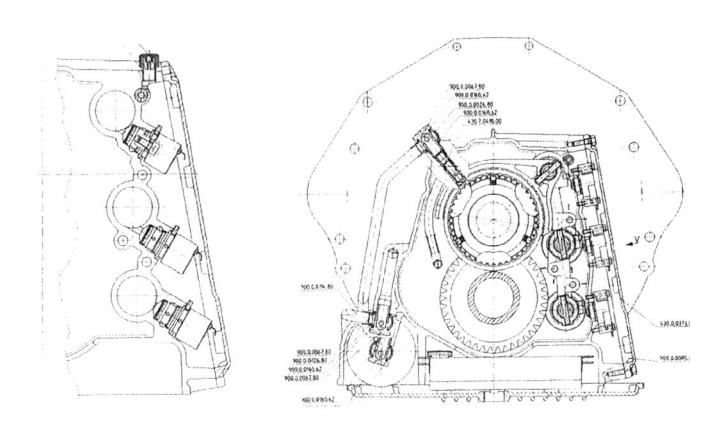

Bild 8: Querschnitt DKG mit Nasskupplungen

Deshalb werden sich in Zukunft die integrierten Mechatronikmodule bei hydraulisch betätigten Getrieben weiter durchsetzen. In einem solchen Modul können die Hydraulikversorgung, die elektrohydraulischen Aktuatoren, alle weiteren erforderlichen hydraulischen Elemente, die Sensoren und das elektronische Steuergerät integriert werden. Erst durch die Integration der gesamten Getriebesteuerung ins Getriebe kommen die Vorteile einer Vorortelektronik zum Tragen. Der fahrzeugseitige Kabelbaum wird dadurch einfacher und die Zuverlässigkeit wird durch den Entfall von Steckverbindungen erhöht. Außerdem können die Kennlinien der Proportionalventile bereits außerhalb des Getriebes im Steuergerät eingelernt und adaptiert werden. Zu beachten sind jedoch die erhöhten Anforderungen an Temperaturbereich, Vibrationsfestigkeit und Dichtheit der Elektronik. Das Modul wird vorzugsweise unter dem Radsatz in der Ölwanne angeordnet, somit kann diese im Fehlerfall notfalls auch im Fahrzeug gewechselt werden und ist auch beim Recycling zur Materialtrennung gut zugänglich.

Bei elektromechanischen Aktuatoren für Kupplung und Getriebe können diese aus topologischen Gründen nicht oder nur schwierig zu einem Modul mit integriertem Steuergerät im Getriebe angeordnet werden. Die Aktuatoren werden entsprechend des Packages in der Nähe der zu betätigenden

Elemente angeordnet sein. Es wird sich hier wie auch beim ASG® anbieten, das Steuergerät getriebeseitig oder getriebenah anzubauen. Somit wird der fahrzeugseitige Kabelbaum auch einfacher. Es ist jedoch ein getriebespezifischer Kabelbaum erforderlich, der die Aktuatoren und Sensoren versorgt.

Mit Hilfe von Funktionen die softwareseitig realisiert werden, lassen sich bei der Mechanik und der Aktuatorik entsprechende Einsparungen erzielen, Bild 9.

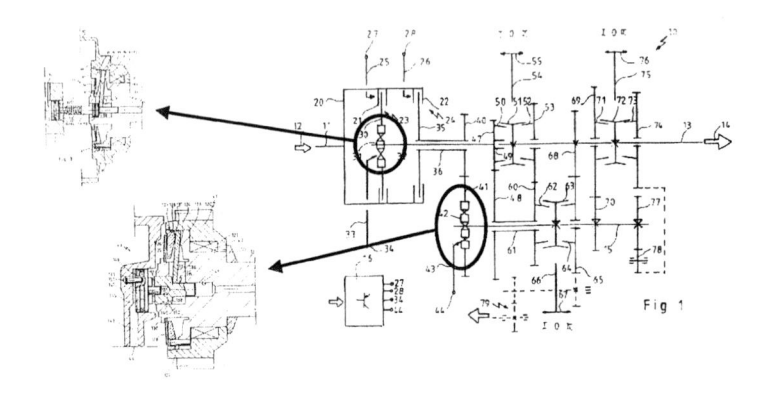

Bild 9: Schaltbarer Freilauf am Eingang eines jeden Teilgetriebes

Bei dieser Variante wurde anfänglich zur Beherrschung des Überschneidungsvorganges der beiden Kupplungen in jeder Antriebswelle der beiden Teilgetriebe ein schaltbarer Freilauf vorgesehen, durch den eine exakte Lastübernahme bei den Schaltungen gewährleistet war. Der Mehraufwand für diese Version in Form von Freiläufen, schaltbaren Reibungskupplungen und deren Aktuatoren konnten durch eine softwareseitige Umsetzung einer geeigneten Schaltstrategie und deren Algorithmen eingespart werden, und dies bei gleichzeitiger Erhöhung der Zuverlässigkeit.

4 Schaltstrategie

Der eigentliche Schaltvorgang zur Kennungswandlung des Getriebes erfolgt durch den Wechsel der Leistungsführung von der Kupplung K1 zur Kupplung K2 und umgekehrt. Am Beispiel einer Hochschaltung vom 1. in den 2. Gang wird das Drehmoment an der Kupplung K1 abgebaut und überschneidend dazu das Drehmoment der Kupplung K2 aufgebaut mit dem Ziel einer schwingunsarmen Reduktion der Fahrzeuglängsbeschleunigung auf den Wert des 2. Ganges, Bild 10.

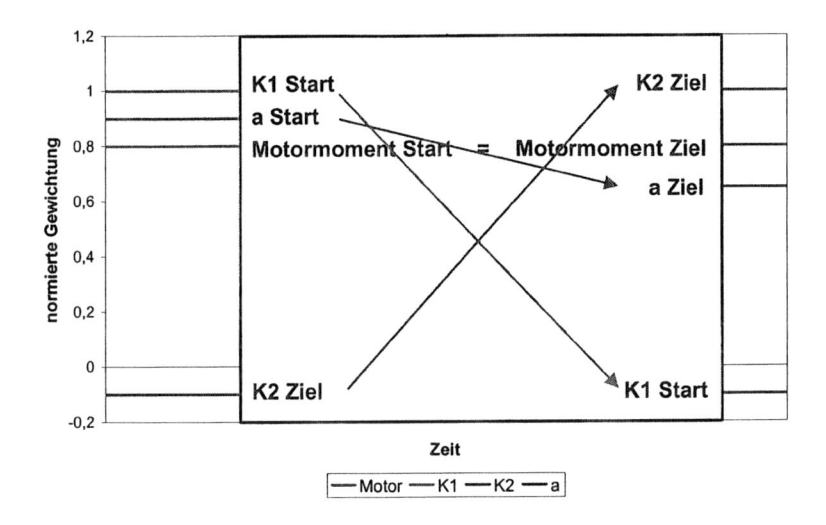

Bild 10: Prinzipieller Schaltablauf
(Fahrzustände vor und nach einer Hochschaltung)

Der Schaltablauf lässt sich dabei wie in Bild 11 gezeigt in IV Phasen einteilen.

Phase	Bezeichnung	Motormoment	Kupplung Startgang	Kupplung Zielgang
I	Einleitung	vom Fahrer gewählt	Kupplung (K1) bis zum Übergang in die Gleitreibung öffnen	Kupplung (K2) bis zum ersten Kontakt schließen
II	Überschneiden	konstant („eingefroren") oder reduzieren	Moment reduzieren	Moment aufbauen
III	Drehzahlangleich	reduzieren, am Ende der Phase III wieder auf Wert von Phase II erhöhen	geöffnet	Momentenvariationen für Drehzahlangleich
IV	Abschluss	Übergabe an Fahrer	geöffnet, evtl. nächsten Gang aktivieren	vollständig schließen

Bild 11: Prinzipieller Schaltablauf (Schaltphasen)

In Phase I erfolgt die Einleitung des Schaltvorganges. Das Motordrehmoment wird durch den Fahrer vorgegeben und die Startkupplung (K1) bis zum Übergang in die Gleitreibung geöffnet. Die Zielkupplung (K2) wird bis zum Greifpunkt geschlossen.

In Phase II erfolgt die Überschneidung des Momentes von den beiden Kupplungen. Das Motordrehmoment bleibt konstant oder wird reduziert. Das Drehmoment der Startkupplung (K1) wird reduziert und das Drehmoment der Zielkupplung (K2) wird erhöht.

In Phase III erfolgt der Drehzahlangleich. Das Motordrehmoment wird reduziert und am Ende von Phase III wieder auf den Wert von Phase II erhöht. Die Startkupplung (K1) ist geöffnet und die Zielkupplung (K2) führt die Drehzahlangleichung unter Momentenvariation herbei.

Die Phase IV ist der Abschluss der Schaltung. Die Führung des Motordrehmomentes wird wieder an den Fahrer übergeben. Die Startkupplung (K1) bleibt geöffnet und es wird evtl. der nächste Gang in diesem Teilgetriebe synchronisiert und geschaltet. Die Zielkupplung (K2) wird vollständig geschlossen.

Den Verlauf der idealisierten Steuersignale zeigt Bild 12.

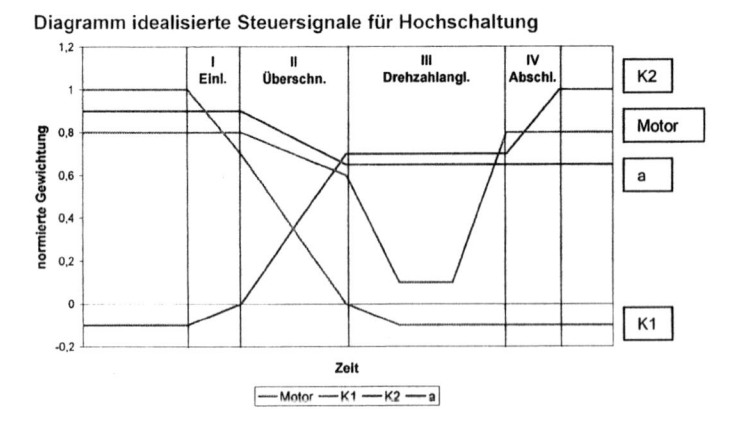

Bild 12: Prinzipieller Schaltablauf (idealisierte Steuersignale)

Der Fahrkomfort während einer Schaltung steht und fällt mit der Güte der Steuerung und Regelung der einzelnen Komponenten. Eine Simulation [3] ermöglicht ein tieferes Verständnis der Vorgänge während eines Schaltablaufes, so dass gezielt Maßnahmen konzipiert werden können, um z. B. Geräuschentstehung oder unerwünschte Änderungen der Fahrzeuglängsbeschleunigung zu vermeiden.

Das Drehschwingungsverhalten des Antriebsstranges mit einem DKG wird mit einem eindimensionalen Mehrkörpersimulationsmodell abgebildet. Das Modell beinhaltet im einzelnen die Bauteile Motor, Zweimassenschwungrad (ZMS), Kupplung, Getriebe mit Antriebs-, Vorgelege- und Abtriebswelle und den darauf befindlichen Fest- und Losrädern, den Pumpenantrieb, Gelenkwelle mit Dämpfungselement, Hinterachsgetriebe, Seitenwellen und Räder bis zum schlupfbehafteten Kontakt Reifen / Fahrbahn, Bild 13.

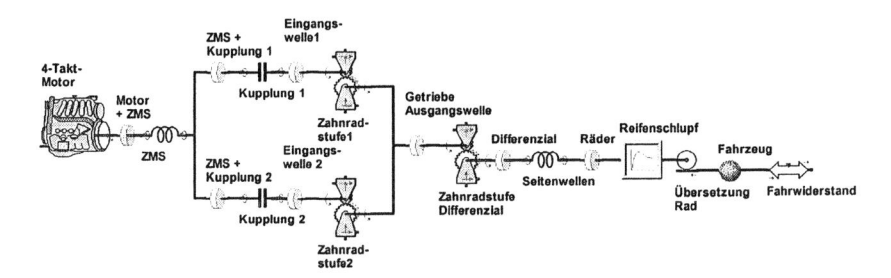

Bild 13: Schaltsimulation mit eindimensionalem Drehschwingungsmodell

Mit Hilfe dieses Modells werden die Auswirkungen unterschiedlicher Schaltstrategien auf den Komfort sowie die Belastungen der Kupplungen untersucht. Darüber hinaus lassen sich Sensitivitäten bei Abweichungen vom Idealzustand abschätzen. Somit trägt die Simulation zur realitätsnahen Optimierung der Schaltstrategien bei.

5 Produktionsstrategie

Neue Systeme wie das DKG führen zu einer größeren Variantenvielfalt, die in der Regel mit hohen Investitionen verbunden ist. Diese rechnen sich aber nur, wenn Stückzahlen gebündelt werden können und neben der Produktstrategie auch eine Einbeziehung der Produktionsstrategie erfolgt. Die Familie der Vorgelegegetriebe (MT, ASG®, DKG) deckt einerseits ein sehr breites Anwendungsspektrum ab und erlaubt andererseits eine sehr gute Nutzung der Produktionseinrichtungen auch bei Verschiebung der jeweiligen Anteile, Bild 14. Das Risiko einer Abhängigkeit vom Käuferverhalten kann somit reduziert werden. Innerhalb der Familie stellt das DKG das High-end-Produkt dar, das somit die Nutzung von Synergien mit dem klassischen MT erlaubt. Vergleicht man andere alternative Getriebesysteme wie CVT und IVT, so weisen diese im Vergleich zum klassischen AT sehr unterschiedliche Produktionstechnologien auf. Es besteht nur eine geringe gemeinsame Nutzungsmöglichkeit der Produktionseinrichtungen, so dass gebündelte Skaleneffekte kaum entstehen.

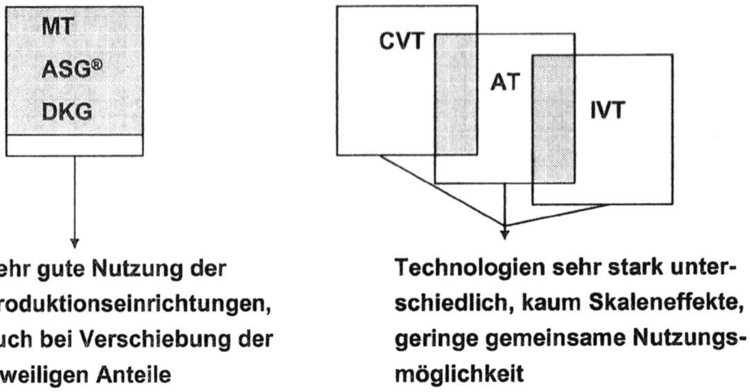

MT ASG® DKG	CVT AT IVT
Sehr gute Nutzung der Produktionseinrichtungen, auch bei Verschiebung der jeweiligen Anteile	Technologien sehr stark unterschiedlich, kaum Skaleneffekte, geringe gemeinsame Nutzungsmöglichkeit

Bild 14: Überlappung der Produktionstechnologien

Mit diesen guten Voraussetzungen trifft das DKG im harten Wettbewerb auf das etablierte AT, das ähnliche Anwendungsbereiche aufweist, aber bereits seit langem weltweit in Großserien produziert wird. Aufgrund der beim Markteinstieg vergleichsweise kleinen Stückzahlen steht das DKG in der Folge unter erheblichem Kostendruck. Derzeit ist ein solches System noch nicht im Serieneinsatz, zahlreiche Hersteller arbeiten aber mit Hochdruck an der Realisierung.

6 Zusammenfassung

In der Vergangenheit war die Getriebewelt schwarzweiß. Es gab Handschaltgetriebe und Wandlerautomatikgetriebe, die sich beide über Jahrzehnte hinweg bis zum heutigen Stand entwickelt haben. Gegenwärtig beginnt die Getriebewelt bunt zu werden. Insbesondere die ACEA-Vereinbarungen führen zu einem großen Druck, Getriebesysteme mit hohem Potenzial zur Verbrauchsreduzierung einzuführen. Aktuell sind bereits alternative Getriebesysteme am Markt oder sie sollen in absehbarer Zeit eingeführt werden.

Das Doppelkupplungsgetriebe (DKG) stellt hierbei ein modernes mechatronisches Getriebesystem dar, das basierend auf der Vorgelegebauweise einen hohen Wirkungsgrad und damit gutes Verbrauchsverhalten mit sich bringt. Den im Vergleich zu Wandlerautomatikgetrieben vorhandene Komfortnachteil anderer Vertreter in Vorgelegebauweise (Handschaltgetriebe und automatisierte Schaltgetriebe) weist dieses System nicht auf. Darüber hinaus kann mit der Familie der Vorgelegegetriebe ein sehr breites Anwendungsspektrum abgedeckt werden, wobei insbesondere ein hohes Maß an Nutzung von Synergien bei den Produktionseinrichtungen möglich ist. In der Folge können vorhandene Investitionen auch bei Verschiebung der jeweilige Marktanteile sehr gut genutzt werden. Schließlich bietet das DKG durch die Verwendung von Reibkupplungen als Anfahr- und Lastschaltelement im Vergleich zu Systemen mit Wandler ein hohes Maß an Dynamik. Die damit verbundene Sportlichkeit führt zu großem Fahrspaß und passt somit bestens in das Portfolio der GETRAG. *Präzision macht Spaß!*

Literatur

[1] T. Hagenmeyer, S. Rinderknecht, G. Rühle: Entwicklungstendenzen in der Getriebetechnik, VDI-Berichte, Nr. 1610, 1-11, 2001.

[2] S. Rinderknecht, G. Rühle, W. Leitermann: Evolution automatisierter Schaltgetriebe im Pkw, 10. Aachener Kolloquium Fahrzeug- und Motorentechnik, 1187-1200, 2001.

[3] S. Rinderknecht, B. Blankenbach, S. Müller: Simulation von Schaltvorgängen bei automatisierten Schaltgetrieben, Systemanalyse in der Kfz-Antriebstechnik, E. Steinmetz (Hrsg.), 128-139, 2000.

1.9 Die Automatisierung des Antriebsstrangs bei Nutzfahrzeugen

Lutz Paulsen

1 Einleitung

Seit den Anfängen der Nutzfahrzeugentwicklung war die Verbesserung der Wirtschaftlichkeit das Hauptziel der Konstrukteure. Das Bemühen der Hersteller hat im vergangenen Jahrzehnt zu beachtlichen Fortschritten geführt. Der erreichte hohe technische Stand wird besonders deutlich an der Tatsache, daß der Kraftstoffkonsum schwerer Lastzüge in den letzten 30 Jahren um 18 l / 100 km gesenkt und die Durchschnittsgeschwindigkeit gleichzeitig um 20 km/h gesteigert werden konnte. Allerdings sehen wir für die Zukunft nur noch ein vermindertes Potential für Verbesserungen. Zum einen beschränkt die hohe Verkehrsdichte die erreichbaren Geschwindigkeiten, zum anderen stehen die verschärften Abgasvorschriften einer Verbrauchsreduzierung der Motoren tendenziell entgegen.

Gerade die trotz gestiegener Verkehrsdichte hohen Fahrgeschwindigkeiten verlangen nach einer Erhöhung der aktiven Sicherheit. Dabei muß die Entlastung und Unterstützung des Fahrers im Mittelpunkt stehen, da menschliches Versagen mit Abstand die häufigste Unfallursache ist.

Der Antriebstrang des Fahrzeugs hat einen dominierenden Einfluß auf das Erfüllen der gestellten Forderungen. So sind auch hier in den letzten Jahren die gravierendsten Entwicklungen zu verzeichnen gewesen, wovon die Vergrößerung der Motorleistung in der Öffentlichkeit die größte Beachtung gefunden hat. Diese Motoren ermöglichen - auch in Steigungen - das Erreichen hoher Geschwindigkeiten bei verhältnismäßig geringem Kraftstoffverbrauch. Die Leistungsanhebung - verbunden mit einer Reduzierung der Nenndrehzahl - führte zu den heute üblichen vielgängigen Nutzfahrzeuggetrieben. Diese bieten für schwere Lkw bis zu 18 Gangstufen und ermöglichen so, den Motor bei jedem Fahrzustand im optimalen Drehzahlbereich zu betreiben.

Die Realisierung der theoretisch möglichen Verbrauchsvorteile im praktischen Fahrbetrieb wird nicht nur durch die technischen Eigenschaften des Antriebstrangs erfüllt, sondern muß durch die Berufskraftfahrer in die Praxis umgesetzt werden. Sie sind es, die die relativ hohe Schaltarbeit erbringen, eine ökonomische Fahrweise garantieren sowie ein hohes Maß an Sicherheitsverantwortung haben.

Es war daher naheliegend, nach den anderen Bedienungsorganen auch die Getriebeschaltung mit einer Servounterstützung zu versehen. Durch die inzwischen verfügbaren Kfz-tauglichen Elektroniken war es zudem möglich, nicht nur die physische Anstrengung des Fahrers zu vermindern, sondern auch eine vereinfachte Bedienung zu realisieren. Solche elektronischen Getriebesteuerungen werden inzwischen von mehreren Herstellern angeboten. Bei allen wird die Steuerung des Schaltablaufs, also das zeitliche Zusammenwirken des Wechsels von Gasse, Split- und Bereichsgruppe mit dem eigentlichen Synchronisiervorgang, durch die Elektronik kontrolliert. Als Stellglieder für das Getriebe finden in der Regel Pneumatikzylinder Verwendung, die das bei schweren Nutzfahrzeugen ohnehin vorhandene Druckluftsystems als Hilfsenergiequelle benutzen. Die Systeme unterscheiden sich vor allem darin, wie weitgehend der Fahrer durch vereinfachte Bedienung unterstützt wird.

2 Die Elektronisch-Pneumatische Schaltung EPS

2.1 Aufbau der EPS

Vor mehr als 13 Jahren, auf der IAA 1985, stellte Mercedes-Benz als erster Hersteller eine elektrisch gesteuerte Schaltunterstützung für Nfz-Getriebe vor, die Elektronisch-Pneumatische Schaltung. Da sie in ein vorhandenes Fahrzeugkonzept integriert werden mußte, das ursprünglich nur für mechanisch geschaltete Getriebe konzipiert war, wurden ihre Komponenten als Anbaulösungen konzipiert, Bild 1.

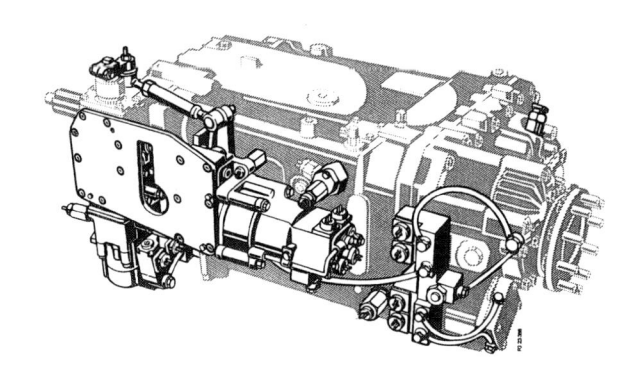

Bild 1: EPS-Bauteile am Getriebe

Bereits im ersten halben Jahr wurden 2 000 Fahrzeuge mit der EPS ausgerüstet, 1987 waren es schon über 10 000.

Es war ein bemerkenswert mutiger und zukunftsweisender Schritt von Mercedes-Benz, nicht nur die EPS bei Nutzfahrzeugen einzuführen, sondern durch serienmäßige Verbauung in den Fahrzeugen der Schweren Klasse wirtschaftlich sinnvolle Stückzahlen sicherzustellen. Erleichtert wurde dieser Schritt durch die große Kundenakzeptanz des ABS, das Mercedes-Benz als Pionier auf diesem Gebiet seit 1981 auch für Nutzfahrzeuge anbietet, und das gezeigt hat, daß auch der rauhe Einsatz im Güterverkehr für entsprechend konzipierte Elektroniken kein Problem darstellt.

Das 16-Gang-Getriebe besteht aus 4-Gang-Hauptgetriebe, einem vorgeschalteten Splitter und einem nachgeschalteten Bereichsgruppen-Planetengetriebe, Bild 2. Schon in der handgeschalteten Ausführung werden zur Entlastung des Fahrers Split- und Bereichsgruppe pneumatisch betätigt. So sind bei der EPS-Ausführung je noch ein Pneumatikzylinder zum Schalten von Gang und Gasse des Hauptgetriebes vonnöten. Die Stellzylinder werden über Magnetventile mit Druckluft beaufschlagt. Durch Pulsieren der Ventile wird ein allmählicher Druckaufbau gewährleistet, so daß die mechanische Belastung der Getriebeteile beim Gangwechsel auf ein Minimum beschränkt bleibt.

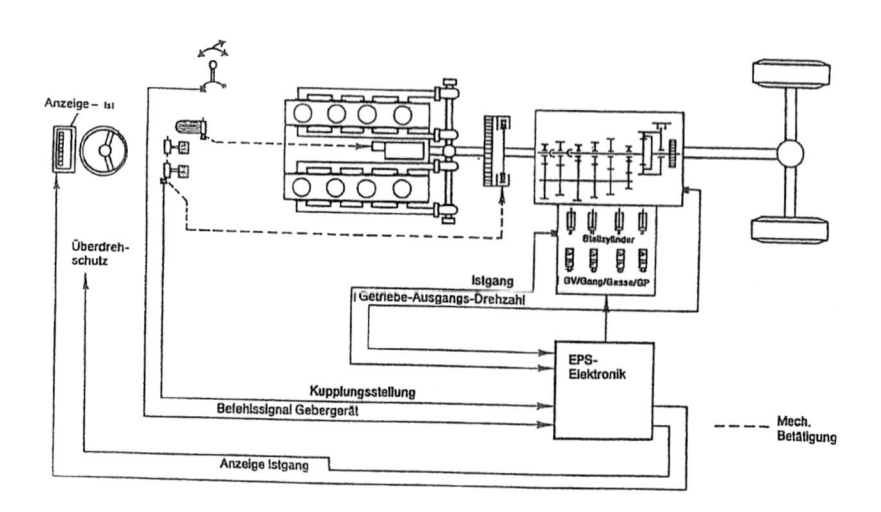

Bild 2: Schematischer Aufbau der EPS

Weiterhin besteht die EPS aus den Komponenten Steuerelektronik, Gebergerät, Ganganzeige und Sensoren. Die Elektronik verarbeitet die Eingangssignale des Gebergerätes und der Sensoren. Sie zeigt den augenblicklich eingelegten Gang auf der LCD-Anzeige an und aktiviert die Magnetventile. Das Gebergerät besteht aus dem eigentlichen Schaltgeber und einem Notschalter, mit dem bei Ausfall der Elektronik zwei Vorwärtsgänge und ein Rückwärtsgang sowie Neutral direkt eingelegt werden können.

2.2 Funktionsweise der EPS

Während das funktionale Konzept früh feststand, erwies sich die Festlegung einer optimierten Bedienungsphilosophie als nicht unproblematisch. Eine zügige Markteinführung erschien nur möglich, wenn die ein handgeschaltetes Getriebe gewohnten Fahrer mit dem neuen System ohne größere Umstellungsschwierigkeiten zurechtkommen können. Schließlich mußte einkalkuliert werden, daß Fuhrparks bei Einführung der EPS noch einen erheblichen Bestand an Fahrzeugen mit Handschaltgetrieben haben.

So wurde das bewährte Konzept der separaten Bedienung der Splitgruppe beibehalten. Der Schaltgeber der EPS ist im Gegensatz zum konventionellen Schaltgestänge in nur einer Gasse geführt und befindet sich im unbetätigten Zustand stets in Mittelstellung - unabhängig vom eingelegten Gang. Dadurch entfällt für den Fahrer das Suchen der Getriebegasse sowie das Umschalten der Bereichsgruppe. Zum Hochschalten um einen Gang muß nur noch der Schaltgeber nach vorne gedrückt werden, zum Rückschalten nach hinten. Die Elektronik sorgt für die richtige Ansteuerung der entsprechenden Aktuatoren. Zum Überspringen von Gängen wird gleichzeitig der Funktionsknopf betätigt. Neutral wird durch eine Linksbewegung zum Fahrer hin geschaltet. Zum Einlegen des Rückwärtsgangs, was nur bei Fahrzeugstillstand möglich ist, muß aus Sicherheitsgründen zusätzlich der Funktionsknopf betätigt werden. Analog zum konventionellen Schaltgetriebe können die Gangsprünge über den Splitgruppenschalter halbiert werden.

Eine Schaltung wird aber nur dann ausgeführt, wenn das Kupplungspedal vollständig niedergetreten ist. Die Pedalstellung wird über einen Sensor abgefragt und gibt so zusammen mit einer Plausibilitätsprüfung des Schaltwunsches den Beginn des Gangwechsels frei. Wegsensoren im Getriebe messen die von den entsprechenden Zylindern ausgeführten Wege und melden diese an die Elektronik. Wenn der Schaltvorgang sämtlicher Gruppen im Getriebe abgeschlossen ist, erkennt sie den Schaltvollzug. Dann wird eine Raste freigegeben, die das Vor- bzw. Zurückschieben des Schaltgebers über einen Druckpunkt erlaubt, an dem er bis zum vollständig vollzogenen Gangwechsel festgehalten wird. Erst dann darf der Fahrer das Kupplungspedal loslassen und so den Kraftfluß wiederherstellen. Diese haptische Rückmeldung des vollzogenen Gangwechsels im Schaltgeber ist der konventionellen Gestängeschaltung bezüglich der Sensomotorik sehr gut angenähert, denn auch hier verspürt der Fahrer im Schalthebel so lange einen Widerstand, bis die Synchronisierung im Getriebe abgeschlossen ist.

Ein Rückschaltbefehl, der zu einer unzulässig hohen Motordrehzahl führen würde, löst schon beim Betätigen des Schaltgebers den Warnsummer aus. Wird das Kupplungspedal trotzdem getreten, so wird der eingelegte Gang aus Sicherheitsgründen dennoch nicht verlassen.

Eine weitere Fahrerentlastung bietet die Möglichkeit, z. B. beim Ausrollen oder beim Bremsen durch Betätigen des Schaltgebers nach vorne oder hinten aus Neutral automatisch einen zur Fahrgeschwindigkeit passenden Gang einzulegen.

3 Die Telligent®-Schaltung

Mit dem inzwischen erreichten Serienstand der Elektronisch-Pneumatischen Schaltung waren wir an einem Punkt angelangt, von dem aus nur noch marginale Verbesserungen möglich schienen. Um für die Anforderungen des nächsten Jahrzehnts - und darüber hinaus - gerüstet zu sein, war eine umfassende Neukonzeption erforderlich. Für diese ist natürlich die breite Erfahrung, die Mercedes-Benz auf dem Gebiet der Triebstrangsteuerung hat, außerordentlich nützlich, da z. B. Kundenerfahrungen über eine statistisch zuverlässige Breite abgesichert sind.

Was sind nun die Anforderungen, die sich aus heutiger Sicht stellen?

3.1 Kosten

Wie überall in der Investitionsgüterbranche und ganz besonders bei Nutzfahrzeugen ist ein enormer Kostendruck vorhanden. Die bisher geforderten Preise, ganz besonders für solche Features, deren Wirtschaftlichkeit nicht unmittelbar auf der Hand liegt, z. B. über reduzierten Kraftstoffverbrauch, sind am Markt einfach nicht mehr durchzusetzen.

Alle Ansatzpunkte zur Kostenreduzierung mußten bei der Neukonstruktion Eingang finden, sowohl konzeptioneller als auch konstruktiver bzw. fertigungstechnischer Art. Da die Telligent-Schaltung gleichzeitig mit einer neuen Fahrzeuggeneration, dem Actros, und einem weitgehend neuentwickelten Getriebe, Bild 3, auf den Markt kommen sollte, war von den Randbedingungen her eine große Freiheit dafür vorhanden. Aufgrund der großen Betriebserfahrung wissen wir natürlich genau, wo ein kostenmäßiges Potential umsetzbar ist, ohne Nachteile für den Kunden entstehen zu lassen.

Bild 3: 16-Gang-Getriebe des Actros

3.2 Qualität

Bei der Auswertung der Schadensstatistiken der letzten Jahre zeigten sich einige Beanstandungspunkte, die überdurchschnittlich häufig auftraten. Hier sollte nun endgültig Abhilfe geschaffen werden. Insbesondere die bei komplexen elektronischen Systemen bezüglich Qualität und Beschädigungsgefahr kritische Verkabelung wurde im Rahmen einer gesonderten FMEA optimiert. So wird im gesamten Fahrzeug eine neu konzipierte Generation von Steckverbindungen eingeführt, die Kabelverlegung durch Kabelkanäle am Getriebe trittsicher gestaltet, usw.

3.3 Bedienung

Die Bedienungsphilosphie der EPS war ursprünglich durch die Forderung geprägt, die Umstellungsschwierigkeiten von der Handschaltung zu minimieren. Dieses Kriterium darf zwar auch jetzt nicht außer acht gelassen werden, ist jedoch angesichts der großen EPS-Verbreitung nicht mehr so dominierend.

Die bisherige Trennung der Betätigung von Splitgruppe und Hauptgetriebe hat sich zunehmend als einschränkend erwiesen. Sie erlaubt dem Fahrer zwar an Steigungen sehr schnell mit geringer Zugkraftunterbrechung um einen 'halben' Gang zurückzuschalten - aber nur, wenn sich die Splitgruppe vorher in der richtigen (hier: Split schnell) Stellung befand. Da der Gangwechsel schneller als das Aus-/Einkuppeln stattfindet, kann dabei auf eine haptische Rückmeldung verzichtet werden.

Inzwischen wurden die Motornenndrehzahlen immer kleiner und die Getriebespreizung und damit die Gangsprünge immer größer, letzteres um einerseits ausreichend niedrige Rangiergeschwindigkeiten bei Leerlaufdrehzahl sicherzustellen und andererseits bei Marschgeschwindigkeit niedrige Motordrehzahlen zu ermöglichen. Als Folge wird im Fahrbetrieb die Schaltung eines halben Gangs immer häufiger.

Bild 4: Schaltgeber der Telligent-Schaltung

Um dem gerecht zu werden, mußte der bisherige Splitschalter ergonomisch griffgünstiger gestaltet und voll in das Schaltprogramm integriert werden. Er ist jetzt als 'Halbgangwippe' mit einer federzentrierten Grundstellung ausgeführt und ermöglicht so - unabhängig von der tatsächlichen Stellung der Splitgruppe im Getriebe - Hoch- und Rückschaltungen um einen halben Gang, Bild 4. Der Fahrer muß also auch bei Schaltungen um einen halben Gang nicht mehr vorher die Splitstellung überprüfen, um dann gegebenenfalls bei einer gewünschten Hochschaltung um einen halben Gang bewußt den Splitter herunter- und das Hauptgetriebe hochschalten zu müssen. Noch umständlicher war die Bedienung zum Gangwechsel 4 schnell nach 5 langsam, weil gleichzeitig alle drei Getriebegruppen vom Fahrer zu schalten waren. Da jetzt Hauptgetriebe und Bereichsgruppe automatisch mitgeschaltet werden und nicht nur die schnell wechselnde Splitgruppe, ist die Halbgangwippe zur Vermeidung des zu frühen Schließens der Kupplung durch den Fahrer mit einer haptischen Rückmeldung ausgerüstet.

Neu und von großem Nutzen ist die Telligent-Wahl, die durch alleiniges Betätigen des Gebergerät-Haupthebels nach vorn oder hinten ausgelöst wird. Die Elektronik ermittelt dabei den Zielgang unter Berücksichtigung von Fahrgeschwindigkeit, Beladungszustand, Fahrpedalstellung, Motordrehmoment und Fahrzeugbeschleunigung, so daß nach der Schaltung immer die für den Fahrzustand optimale Motordrehzahl vorliegt. Durch die neue Zielgangermittlung wird die Fahrerentlastung verbessert, und der Motor wird bei der Schaltung immer in den verbrauchsgünstigen Bereich seines Kennfelds gebracht. Damit leistet die Telligent-Schaltung einen namhaften Beitrag zur kraftstoffsparenden Fahrweise.

Bei noch nicht betätigter Kupplung kann ein Gang vorgewählt werden. Dies gilt auch im Stillstand für den Anfahrgang, für den 2S und 4S durch Vorbelegung besonders leicht gewählt werden können. Der jeweils vorgewählte Gang bleibt 10 s (als Anfahrgang mit betätigter Feststellbremse 2 min) gespeichert und kann mit dem Gebergerät während der Speicherzeit korrigiert werden.

3.4 Schaltabläufe

Der der Handschaltung angenäherte sensomotorische Bedienungsablauf bei der EPS suggeriert eine deutlich längere Schaltzeit als es dem tatsächlichen Gangwechsel entspricht, da der Fahrer erst nach dem Entriegeln der Anwahlstellung im Gebergerät (sogenannte haptische Rückmeldung) - mit einer gewissen Reaktionszeit - die Kupplung kommen läßt. Außerdem beginnt der Gangwechsel bei der EPS erst, wenn der Schaltgeber in die Anwahlstellung gebracht wird, während die Bewegung des Schalthebels beim Handschaltgetriebe bereits Bestandteil der Schaltung ist. Tatsächlich läuft dagegen der eigentliche Gangwechsel bei EPS-Getrieben deutlich schneller als bei der handgeschalteten Ausführung ab, zumindest bei Gassenwechseln.

Der beschriebene Effekt ist bei der Telligent-Schaltung durch eine voreilende haptische Rückmeldung weitestgehend behoben, d. h. das Signal zur Freigabe wird bereits gegeben, bevor der Gangwechsel vollständig abgeschlossen ist. Außerdem kann der Fahrer auch Gebergerät und Kupplungspedal gleichzeitig betätigen. Damit ist sogar ein 'Durchreißen' der Schaltung zur Erzielung einer besonders kurzen Zugkraftunterbrechung möglich.

Des weiteren wird die Fahrzeugbeschleunigung dahingehend berücksichtigt, daß z. B. bei hohem Fahrwiderstand unter Berücksichtigung der Fahrzeugverzögerung während des Gangwechsels so weit zurückgeschaltet werden kann, daß gerade noch kein Überdrehen des Motors stattfindet. Bisher wurde die Fahrzeuggeschwindigkeit vor der Schaltung zugrunde gelegt, so daß die Drehzahlgrenzen nicht optimal ausgenutzt wurden.

4 Die Telligent®-Schaltautomatik

4.1 Systemeigenschaften

Eine erhebliche weitergehende Entlastung des Fahrers läßt sich erreichen, wenn der gesamte Gangwechsel sowie das Anfahren und Anhalten von der Elektronik gesteuert wird. Dazu muß nicht nur der Kupplungsvorgang automatisiert, sondern auch die Motordrehzahl bzw. das Motordrehmoment ohne Eingriff des Fahrers an die jeweiligen Erfordernisse angepaßt werden. Die dazu erforderlichen Bausteine der elektronischen Motorregelung sind bereits seit einiger Zeit verfügbar. Ihr Einsatz ist wegen der sich verschärfenden Emissionsvorschriften ohnehin erforderlich, da diese mit rein mechanischen Reglern nicht mehr erfüllt werden können. Als wesentlich problematischer erweist sich die Steuerung der Kupplung, sofern aus Kosten- und Gewichtsgründen auf einen hydraulischen Drehmomentwandler als Anfahrelement verzichtet wird.

Die Telligent-Schaltautomatik automatisiert den Ablauf von Anfahr- und Schaltvorgängen bei herkömmlichen, bisher vom Fahrer bedienten Reibkupplungen und Getrieben. Durch die Automatisierung dieser Bedienabläufe wird ein mit wesentlich teureren Wandler-Automatgetrieben vergleichbarer Fahrkomfort erzielt, sofern die unvermeidliche kurze Zugkraftunterbrechung nicht von Belang ist. Letzteres gilt für die weit überwiegende Anzahl der Einsatzfälle, bis zu einem gewissen Grad sogar im Gelände bei anspruchsvollen topographischen Gegebenheiten.

Durch die feinfühlige Motor-/ Kupplungsregelung sind sowohl Anfahrvorgänge am Berg als auch auf glattem Untergrund sogar für ungeübte Fahrer gut beherrschbar. Verbunden ist der erhöhte Fahrkomfort mit einer Verschleißreduzierung des Kupplungsbelags. Dies wird durch niedrige Anfahrdrehzahlen und das Heranführen der Motor- an die Getriebedrehzahl beim Gangwechsel sichergestellt.

Eine automatisierte Gangwahl bestimmt den für die jeweilige Fahrsituation am besten geeigneten Gang, ermittelt den richtigen Schaltzeitpunkt und veranlaßt dann die Schaltung in diesen Gang (im Automatikbetrieb). Daneben hat der Fahrer die Möglichkeit, selbst Schaltbefehle zu erteilen (manueller Betrieb), wobei der Ablauf des Schaltvorgangs weiterhin automatisch erfolgt.

4.2. Einzelkomponenten und Zusammenwirken

Die Telligent-Schaltautomatik basiert auf einem Standard-Antriebstrang, wie er im schweren LKW Actros von Mercedes-Benz verbaut wird. Insbesondere nutzt die Schaltautomatik die serienmäßig vorhandenen Komponenten Telligent-Schaltung mit der Gangsteuerung (GS) und Telligent-Motorsystem mit den Steuergeräten Fahrregelung (FR) und Motorregelung (MR).

Die Schaltautomatik ergänzt diese Grundausstattung um folgende Umfänge:
- ein Steuergerät (AG) zur Ermittlung des für die jeweilige Fahrsituation am besten geeigneten Ganges und zur Veranlassung der automatischen Schaltung in diesen Gang,
- ein elektromotorisches Stellsystem mit integrierter Lageregelung zur Kupplungsbetätigung (KB),
- ein Steuergerät (KS) zur Vorgabe geeigneter Sollwerte für den Ausrückweg der Kupplung und den Betriebsmodus des Motors.

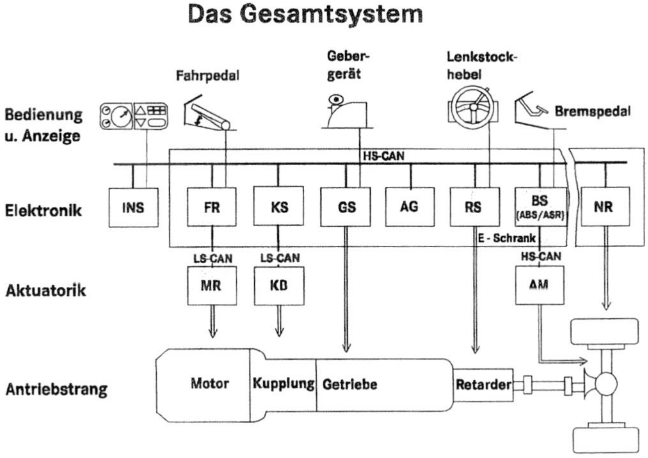

Das Gesamtsystem

```
INS = Instrument              BS = Bremssteuerung
FR  = Fahrregelung            NR = Niveau Regelung
KS  = Kupplungssteuerung      MR = Motorregelung
GS  = Gangsteuerung           KB = Kupplungsbetätigung
AG  = Automatische Gangwahl   AM = Achsmodul
RS  = Retardersteuerung       HS/LS-CAN = HighSpeed-/LowSpeed- Controller Area Network
```

Bild 5: Komponenten und Schnittstellen der Telligent-Schaltautomatik

Die Funktionsbestandteile der Steuerung sind unter dem Gesichtspunkt eines durchgängigen Elektronik-Konzepts für das Gesamtfahrzeug bei gleichmäßiger Verteilung der Bauelemente in verschiedenen Elektronik-Gehäusen untergebracht. Die übergeordnete Steuerungslogik sowie der Hauptteil der Motor- und Kupplungsregelung befinden sich in der KS-Elektronik. Diese ist ebenso wie die gleich großen Elektronik-Gehäuse der Getriebesteuerung und der Motorregelung umweltgeschützt im Fahrerhaus untergebracht.

Lediglich die Ansteuerelektronik der elektromotorischen Kupplungsbetätigung KB, die gleichzeitig noch die Lageregelung enthält, ist zum Erzielen kurzer Leitungen direkt am Stellglied montiert. Dies erwies sich als zweckmäßig, da durch den Motor der KB kurzfristig beim Beschleunigen ein sehr hohem Strom fließt, der sonst in den empfindlichen Steuerelektroniken der anderen Systeme Störungen induzieren könnte.

Die Betätigung der Kupplung erfordert insbesondere beim Anfahren eine außerordentlich präzise Regelung. Erschwert wird diese Aufgabe durch die nichtlineare Kennlinie der Kupplungsausrückung, bei der die Betätigungskraft zum Öffnen zunächst im eigentlichen Schleifbereich steil ansteigt und danach praktisch konstant bleibt bzw. sogar wieder abfällt. Zusätzlich verschiebt sich die Lage des aktiven Betätigungswegs innerhalb der Kennlinie infolge des Belagverschleißes. Erfahrungsgemäß erfordert die Kupplungsbetätigung die Überwindung einer erheblichen, durch Verschmutzung etc. mit zunehmender Betriebsdauer größer werdenden Reibung. Wegen der damit einhergehenden Hysterese und unter Berücksichtigung ihrer nichtlinearen Kennlinie ist eine reine Drucksteuerung der Kupplungsausrückung mit Problemen behaftet. Daher wurde von einer wegen der ohnehin vorhandenen Druckluftversorgung mit verhältnismäßig wenig Aufwand darstellbaren Steuerung mit Hilfe eines elektromagnetischen Proportionalventils Abstand genommen. Wegen der Kompressibilität der Luft wäre die Gefahr einer instabilen Regelung nur mit übermäßigem Luftverbrauch sicher zu unterdrücken gewesen.

Statt dessen wurde die Kupplungsbetätigung trotz des erheblichen Mehraufwands mit einem elektromotorischen Stellglied als stabile Ausrückwegregelung realisiert. Der Stellmotor betätigt einen nach dem Kugelumlaufprinzip arbeitenden Spindeltrieb, dessen Stößel direkt auf einen hydraulischen Geberzylinder wirkt. Eine berührungslose Messung des Stößelwegs sichert die außerordentlich präzise Einstellung des Zylinders. Der im serienmäßig gebliebenen Kupplungsverstärker befindliche Nehmerzylinder ist über eine Hydraulikleitung angeschlossen, die bei einem Ausfall der KB von einem zweiten Geberzylinder mit Druck versorgt wird. Wegen der Unterstützung durch den Kupplungsverstärker muß der Stellmotor im Normalbetrieb nur etwa 20 Prozent der zur Betätigung erforderlichen Leistung aufbringen. Allerdings reicht seine Überlastreserve aus, um die Kupplung bei Ausfall der Druckluftunterstützung zu öffnen.

Die Kommunikation der zentral im E-Schrank untergebrachten Elektroniken erfolgt im Multi-Master-Betrieb gleichberechtigt über einen High-Speed-CAN (controller area network), der sich u.a. wegen des Zwei-Draht-Konzepts durch eine außerordentlich hohe Zuverlässigkeit der Datenübertragung auszeichnet. An diesen sind auch weitere Fahrzeugsysteme wie z.b. ABS/ASR und Retarder angeschlossen. Da sämtliche über den CAN-Bus verbundene Elektroniken dicht zusammen im Fahrerhaus angeordnet sind, reicht trotz der hohen Übertragungsrate von nahezu 1 Mbit/s ein verdrilltes, aber nicht abgeschirmtes Kabel aus.

Lediglich die KB und die MR, die ohnehin nicht autark funktionsfähig ist, werden von der KS- bzw. FR-Elektronik im Master-Slave-Betrieb versorgt. Hier wird der einfachere LS- oder basic-CAN-Bus eingesetzt, der wegen seiner Übertragungsrate unter 150 kBit/s eine höhere Störsicherheit besitzt und auch bei größeren Längen mit nicht abgeschirmten Leitungen auskommt.

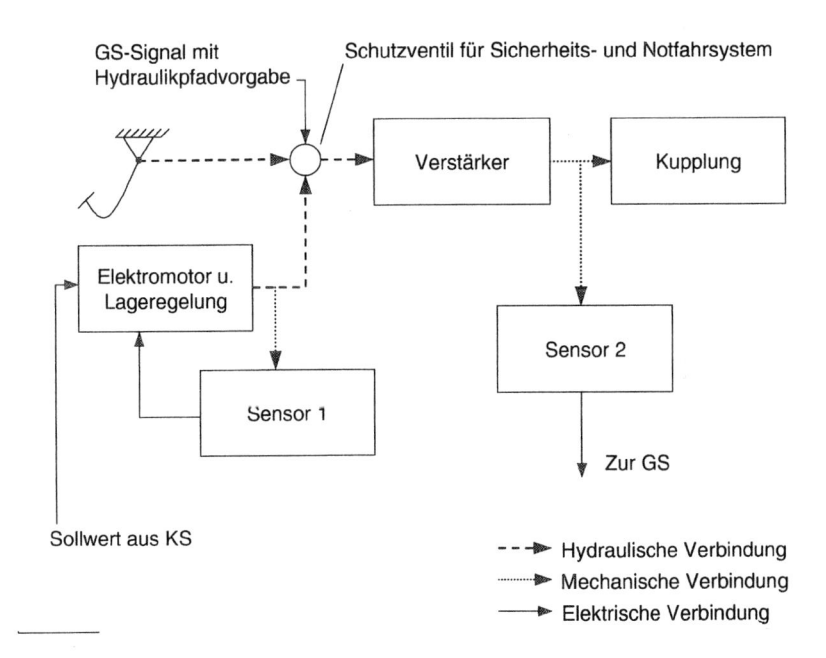

Bild 6: Zusammenspiel der mechanischen Komponenten der Kupplungsbetätigung

Als Bedienelemente zur Erfassung des Fahrerwunsches sind das von der FR direkt sensierte Fahrpedal und das mit der GS verbundene Gebergerät vorhanden, wobei letzteres nur für den Fall benötigt wird, daß der Fahrer wie z.B. für die Anwahl des Rückwärtsganges manuell eingreifen möchte. Über das Kombiinstrument (INS) werden dem Fahrer Informationen über den aktuellen Betriebszustand des Fahrzeugs angezeigt, z.b. der aktuell geschaltete Getriebegang oder Warn- und Handlungshinweise bei Störungen.

Das mechanische Zusammenspiel der an der Kupplungsbetätigung beteiligten Komponenten ist aus Bild 6 ersichtlich. Die Mechanik ist so gestaltet, daß die Kupplung über zwei unabhängige hydraulische Pfade betätigt werden kann. Die Auswahl erfolgt durch die Ansteuerung von zwei Magnetventilen.

Der Hauptpfad wird durch das beschriebene elektromotorische Kupplungsstellglied mit konventionellem Geberzylinder gebildet, der für die Notbetätigung vorgesehene Pfad wird in konventioneller Weise von einem Kupplungspedal (hier ausklappbares realisiert) ebenfalls mit Geberzylinder dargestellt.

Der jeweils von der Elektronik ausgewählte Pfad erhält eine hydraulische Verbindung zum konventionellen, pneumatisch unterstützten Kupplungsverstärker, der zusätzlich einen Sensor zur Messung des Kupplungsausrückwegs enthält.

Systemvorgabe war die Darstellung einer Kupplungsnotbetätigung, um so auch bei einem Ausfall der automatischen Kupplungsbetätigung die hohe Verfügbarkeit des Fahrzeugs zu erhalten. Daraus resultiert die oben dargestellte hardwaremäßige Ausführung mit zwei Pfaden.

4.3. Funktionsablauf beim Anfahrvorgang

Zur automatischen Betätigung von Reibkupplungen sind verschiedene Verfahren bekannt, die im wesentlichen darauf beruhen, die Drehzahl des Verbrennungsmotors z. B. beim Anfahren auf einen vorgegebenen Wert zu regeln.

Die Motordrehzahlregelung wird in diesem Zusammenhang nur deshalb realisiert, um aus dem dabei anfallenden Gleichgewichtszustand 'Motormoment = Kupplungsmoment' den Anfahrvorgang zu ermöglichen und größere Drehzahlabweichungen, insbesondere das Ausgehen des Motors, zu vermeiden.

Für die Telligent-Schaltautomatik wurde ein neues Verfahren entwickelt, das aus regelungstechnischer Sicht gewichtige Vorteile besitzt. Dies gelingt durch den regelungstechnischen Verbund von zwei Regelkreisen, nämlich der Kupplungsmomentregelung und der Motordrehzahlregelung, Bild 7. Die Motordrehzahlregelung mit der Motordrehzahl als Regelgröße wird realisiert über die Kraftstoffeinspritzmenge als Stellgröße mit dem Vorteil einer sehr hohen Stelldynamik. Wird der so drehzahlgeregelte Motor über ein Kupplungsmoment (Störgröße) belastet, so zeichnet sich diese Belastung durch entsprechende

Nachregelung der eingespritzten Kraftstoffmenge ab, die zur Konstanthaltung der Drehzahl erforderlich ist. Dieser Umstand ermöglicht eine indirekte Messung des Kupplungsdrehmoments, welches im Gleichgewichtszustand mit dem vom Motor aufgebrachten Verbrennungsmoment identisch ist. Kurzzeitig auftretende Motordrehzahländerungen verfälschen diesen Drehmomentmeßwert. Dieser Fehler wird durch die zusätzliche Berücksichtigung von entsprechenden 'Schwungmomenten' korrigiert. Mit Hilfe dieses indirekten Drehmomentmeßwertes (Istmoment) wird ein Regelkreis zur Einstellung eines gewünschten Kupplungsdrehmoments gebildet (Drehmomentregelung).

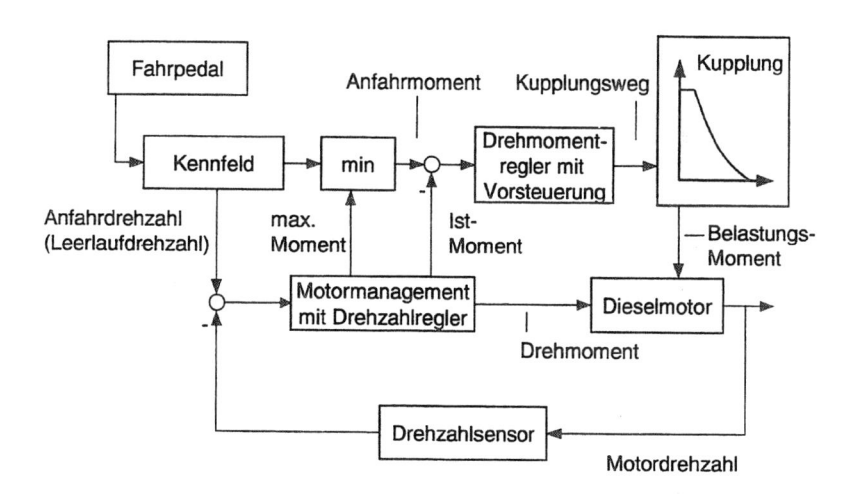

Bild 7: Regelungsstruktur

Das Motormanagement, das u.a. zur Drehzahlregelung des Motors und zur Erfassung des Motormoments (gegebenenfalls einschließlich Schwungmoment) dient, liefert zusätzlich ein Signal, welches das zum momentanen Zeitpunkt maximal mögliche Drehmoment des Motors beschreibt, sofern die Kraftstoffeinspritzung maximal ausgesteuert würde. Dieses Maximalmoment hängt von Zustandsgrößen wie z.B. Drehzahl, Ladedruck, Temperatur usw. ab. Dieses Signal wird vor der Kupplungsdrehmomentregelung einem Begrenzer zugeführt. Durch diesen Begrenzer wird der Sollwert für die Drehmomentregelung gegebenenfalls auf einen Wert begrenzt, den der Dieselmotor gerade noch sicher aufbringen kann, ohne daß er durch Überlastung zum Stillstand kommt. Das Ausgehen des Motors wird zuverlässig vermieden, wenn das

Sollmoment durch den Begrenzer auf z.B. 90 % des möglichen Maximalmoments reduziert wird. Als Drehzahlregler kann insbesondere der vorhandene Leerlaufregler verwendet werden, der auch schon bei Fahrzeugen ohne automatisierte Kupplung zum Anfahren genutzt werden kann. Dadurch wird eine niedrige Anfahrdrehzahl im Bereich der Leerlaufdrehzahl ermöglicht, wodurch der Belagverschleiß stark reduziert wird und auch der Kraftstoffverbrauch entsprechend verringert wird. Im Vergleich zum konventionellen Fahrzeug kann dabei aber das theoretisch mögliche Anfahrmoment bei Leerlaufdrehzahl auf die gerade beschriebene Weise wesentlich besser ausgenutzt werden.

Durch diese Momentregelung ist der Fahrpedalstellung unabhängig von Störgrößen wie z.B. Kupplungstemperatur und -verschleiß und Unzulänglichkeiten im hydraulischen Stellweg-übertragungssystem (Verlust / Zugewinn von Flüssigkeitsmengen) im Ergebnis stets das gleiche Kupplungsmoment zugeordnet. Damit entfällt die bei anderen Verfahren häufig vorhandene wechselhafte Zuordnung. Erst durch diese genaue Zuordnung ist es überhaupt möglich, den Motor bis nahe an seine Momentgrenze zu belasten und trotzdem sicher zu verhindern, daß er ausgeht.

Das Übergangsproblem vom Schleifbereich in den schlupffreien Zustand der Kupplung wird bei dem hier verwendeten Regelverfahren dadurch beseitigt, daß in den beiden genannten Zuständen bei gleicher Fahrpedalstellung das gleiche Drehmoment vorgegeben wird. Dies wird dadurch erreicht, daß die Sollwerte für die Momentregelung auf identische Weise aus der Fahrpedalstellung abgeleitet werden, wie sich die Drehmomente des Motors entsprechend dem Motorkennfeld im Fahrbetrieb bei schlupffreier Kupplung aus der Fahrpedalstellung ergeben. Bei gegebener Fahrpedalstellung überträgt die Kupplung im Schleifbereich - also beim Anfahren - das gleiche Drehmoment, das der Dieselmotor in der anschließenden schlupffreien Kupplungsphase entwickeln wird.

Da durch die Momentregelung zu jedem Zeitpunkt innerhalb der Schleifphase der Kupplung der Ausrückweg automatisch auf den Wert eingeregelt wird, der das angeforderte Kupplungsmoment ergibt, läßt sich mit diesem Verfahren z.B. im Neuzustand des Fahrzeugs auch ein Abgleichvorgang durchführen, von dem dann nur wenige Eckwerte der Kupplungskennlinie (z.B. Anrollpunkt, Kupplung offen, Kupplung zu) abgespeichert werden müssen. Mit Hilfe dieser abgespeicherten Werte der Kupplungskennlinie wird eine Vorsteuerung durchgeführt, die den Drehmomentregelkreis unterstützt.

Das Zusammenwirken aller am Anfahrvorgang beteiligten Komponenten gemäß dem beschriebenen Regelverfahren ist in Bild 8 dargestellt.

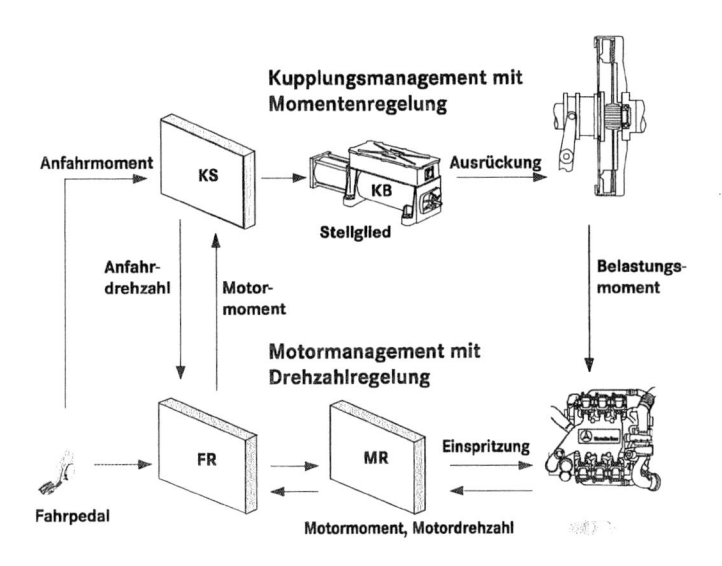

Bild 8: Zusammenspiel der Komponenten beim Anfahrvorgang

Bild 9 zeigt den typischen Signalverlauf eines solchen Anfahrvorgangs. Daraus ist ersichtlich, daß die Motordrehzahl beim Anfahren sehr genau auf der Leerlaufdrehzahl von ca. 500/min eingeregelt wird.

Das beschriebene Motor- und Kupplungsmanagement veranlaßt gegebenenfalls eine rechtzeitige Übertemperaturwarnung in den Fällen, in denen durch Bedienfehler, z.B. durch zu langes Halten des Fahrzeugs am Berg mit schleifender Kupplung, übermäßige Reibarbeit erzeugt wird. Hierzu ist in der KS ein Erwärmungsmodell implementiert, welches über eine Integration der Reibarbeit und der Wärmeabfuhr die Kupplungsbelagtemperatur schätzt und bei Überschreiten eines Grenzwertes eine Warnung ausgibt.

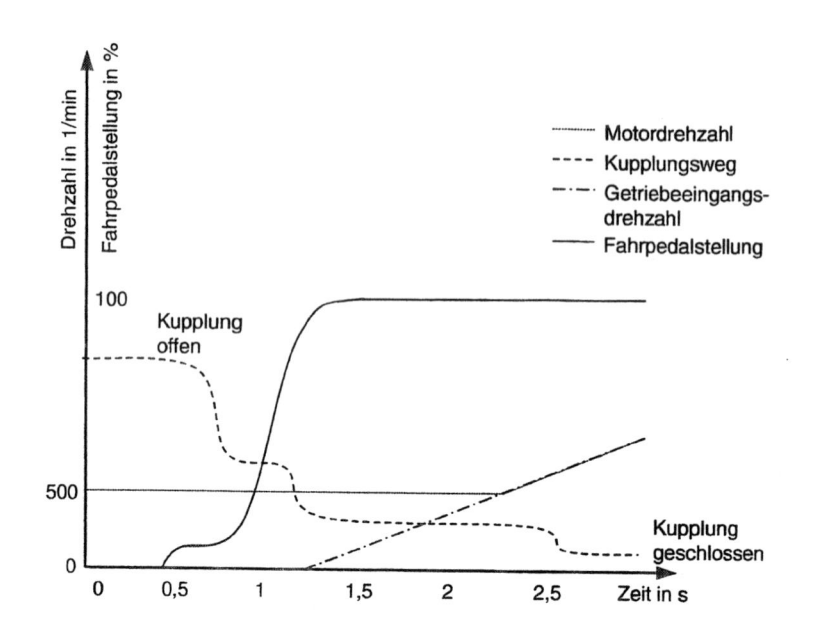

Bild 9: Verlauf einiger Zustandsgrößen beim Anfahrvorgang

4.4. Automatische Gangwahl

Die automatische Gangwahl ermittelt aus den auf dem HS-CAN übertragenen Botschaften die im Fahrzeug verbauten Aggregate und deren Eigenschaften (Motorkennfeld und Getriebeübersetzungen) und den Betriebszustand des Fahrzeugs, insbesondere die Fahrzeugmasse und die aktuelle Fahrbahnsteigung. Zur Ermittlung der Fahrzeugmasse und der Fahrbahnsteigung wertet die AG solche Fahrzustände aus, bei denen möglichst hohe Motormomentänderungen in kurzer Zeit aufeinander folgen und bei denen sich die Fahrbahnsteigung in dieser Zeit nicht verändert hat.

Neben dem Betriebszustand des Fahrzeugs wird auch der Fahrerwunsch aus den vorhandenen Daten abgeleitet und bei der Ermittlung des Sollganges berücksichtigt.

Die AG ermittelt aus diesen Daten laufend den für die jeweilige Fahrsituation am besten geeigneten Gang. Wesentliche Kriterien hierbei sind ein geringer Kraftstoffverbrauch und eine angemessene Fahrleistung. Stimmt der so ermittelte Sollgang mit dem eingelegten Istgang nicht überein, veranlaßt die AG den entsprechenden Schaltbefehl zur Schaltung in diesen Sollgang. Somit bestimmt die AG nicht nur den Sollgang, sondern auch den Schaltzeitpunkt. Ein zusätzliches Kriterium bei der Wahl des Schaltzeitpunktes ist auch, unnötig häufige Schaltungen zu vermeiden. Bei zeitkritischen Schaltungen, wie etwa in kleinen Gängen am Berg, wird von der AG auch die Schaltdauer berücksichtigt und eine Schaltung nur dann ausgeführt, wenn sichergestellt ist, daß im neuen Zielgang die Weiterfahrt in einem besseren Betriebszustand möglich ist. Bei Bergabfahrt werden entsprechend den einbezogenen Dauerbremskriterien Rückschaltungen eingeleitet und erforderlichenfalls wird der Fahrer durch den Hinweis 'Bremsen' aufgefordert, das Fahrzeug mit der Betriebsbremse soweit abzubremsen, daß eine Rückschaltung möglich wird.

Mit den in der AG implementierten Algorithmen wird eine sehr hohe Akzeptanz durch den Fahrer erreicht, d.h. der geschaltete Sollgang wird in über 98% der Fälle vom Fahrer unverändert akzeptiert. Soweit in den restlichen Fällen vom Fahrer ein anderer Gang geschaltet wurde, führte dies nicht immer zu einem besseren Ergebnis.

4.5. Funktionsabläufe beim Schaltvorgang

Das im Abschnitt 4.3 vorgestellte Verfahren wurde daraufhin optimiert, um beim Anfahrvorgang mit Hilfe der Drehmomentregelung die Kupplung auf ein durch einen Sollwert vorgegebenes Reibmoment einzustellen. Diese Eigenschaft ist prinzipiell auch bei Schließvorgängen der Kupplung im Anschluß an Schaltvorgänge nützlich. Dadurch kann auch in diesen Zuständen die Kupplung so betätigt werden, daß sie zur Drehzahlangleichung des Motors an die Getriebeeingangsdrehzahl in einem neuen Gang ein vorgebbares Moment überträgt. Eine solche Drehzahlangleichung kann insbesondere bei Hochschaltvorgängen erforderlich werden, weil der Dieselmotor aufgrund seines Schleppmoments auch bei Zuhilfenahme einer Motorbremse die neue (niedrigere) Zieldrehzahl in bestimmten Fahrsituationen nicht schnell genug erreicht. Durch obige Drehzahlangleichung wird bereits in der Angleichphase ein Moment in den Triebstrang übertragen und dadurch die Zeit der Zugkraftunterbrechung nach Abschluß des Getriebeschaltvorgangs verkürzt. In gleicher Weise geeignet ist dieses Verfahren auch für Rückschaltvorgänge, wenn die Energie zur Drehzahlangleichung des Motors aus der kinetischen Energie des Fahrzeugs entnommen werden soll (z.B. zum Abbremsen des Fahrzeugs).

Diese Drehzahlangleichung wird dadurch erreicht, daß die oben beschriebene Momentregelung prinzipiell auch in diesen Fällen die Kupplung auf das gewünschte Reibmoment einregelt. Da aber z.B. im Fall der Drehzahlverringerung bei Nullförderung (Hochschaltvorgang) der Motor kein durch Kraftstoffverbrennung bewirktes Moment entwickelt (Verbrennungsmoment), ergibt sich das Kupplungsmoment dann allein aus dem um das Reibmoment (Schleppmoment) des Motors verringerten Schwungmoment. Sind die Drehzahlen von Motor und Getriebeeingang ganz oder nahezu aneinander angeglichen, so ist die Momentregelung der Kupplung beendet, und die Kupplung kann in gesteuerter Weise schnell und vollständig geschlossen werden. Gleichzeitig wird zur Fortsetzung des Fahrbetriebs das Drehmoment des Dieselmotors wieder über das Fahrpedal beeinflußbar. Dieser Übergang kann auch überlappend gestaltet werden. Das heißt, man beginnt schon in der Schleifphase der Kupplung ein Verbrennungsmoment einzusteuern und erreicht dadurch einen guten Schaltkomfort bei kurzer Zugkraftunterbrechung.

Der gesamte Schaltvorgang wird damit wie folgt ausgeführt: Nach Erteilen eines zulässigen Schaltbefehls wird zunächst durch Nullmomentvorgabe beim Dieselmotor der Triebstrang entspannt und danach die Kupplung geöffnet. Nun beginnt im Getriebe der eigentliche Schaltvorgang. Gleichzeitig wird die aus dem Sollgang und der Fahrgeschwindigkeit errechnete Zieldrehzahl am Getriebeeingang als Solldrehzahl der Motordrehzahlregelung vorgegeben.

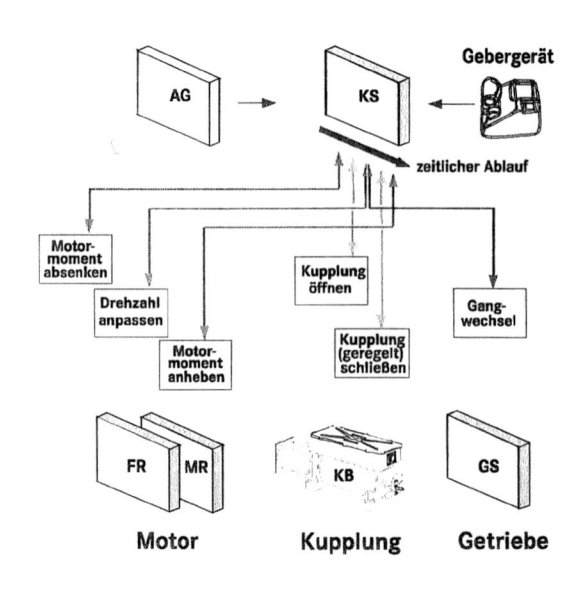

Bild 10: zeitlicher Ablauf des Schaltvorganges

Ist der Schaltvorgang beendet, so kann die Kupplung geschlossen werden, wenn der Dieselmotor die Zieldrehzahl zu diesem Zeitpunkt schon erreicht hat, was bei Rückschaltvorgängen in der Regel der Fall ist. Hat der Dieselmotor die Zieldrehzahl während der Schaltzeit dagegen noch nicht erreicht, was bei Hochschaltvorgängen möglich ist, so erfolgt ein geregelter Schließvorgang der Kupplung gemäß dem oben beschriebenen Momentregelverfahren. Nach erfolgter Drehzahlangleichung wird das Motormoment wieder gemäß der Fahrpedalstellung vorgegeben. Die Reihenfolge des Eingreifens der unterschiedlichen Komponenten ist in Bild 10 dargestellt.

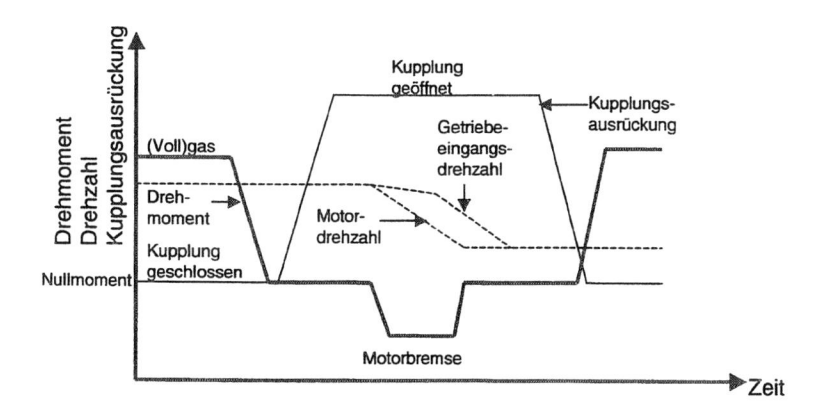

Bild 11: Signalverlauf beim Hochschaltvorgang

Der prinzipielle Signalverlauf der wichtigsten Zustandsgrößen bei einem Hochschalt- und einem Rückschaltvorgang ist aus den Bildern 11 und 12 ersichtlich.

4.6. Sicherheitskonzept

Der Einsatz der Telligent-Schaltautomatik ist analog zur EPS hauptsächlich bei schweren Fernverkehrsfahrzeugen geplant. Daher kommt - z.B. wegen der eingeschränkten Reparaturmöglichkeit im Ausland - der Verfügbarkeit des Fahrzeugs bei Defekt einzelner Komponenten besondere Bedeutung zu. Weiterhin müssen bei Bedienungsfehlern oder Defekten sicherheitskritische Zustände des Fahrzeugs sowie Folgedefekte verhindert werden. Um diesen Forderungen gerecht zu werden, benötigt ein so komplexes System wie die Telligent-Schaltautomatik ein sorgfältig durchdachtes Sicherheitskonzept.

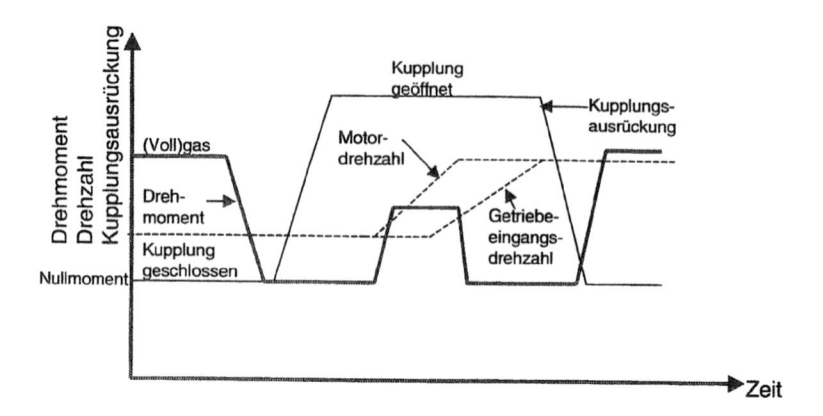

Bild 12: Signalverlauf beim Rückschaltvorgang

Das Sicherheitssystem[1] setzt sich zusammen aus einem Schutzsystem und einem Notfahrsystem.

Das Schutzsystem leitet automatisch unmittelbar nach der Erkennung eines Fehlers Maßnahmen ein, die abhängig von Art und Schwere des Fehlers, Fahrzustand, Fahrerabsicht und Zustand des Triebstrangs das Fahrzeug in einen sicheren Zustand bringen. Dazu werden die Ausfallreaktionen der vom Defekt betroffenen und die Funktionsumfänge der noch intakten Teilsysteme koordiniert. Anschließend läßt sich vom Fahrer das Notfahrsystem aktivieren, mit dem der Fahrer das Fahrzeug eigenverantwortlich mit eingeschränktem Funktionsumfang bedient. Eine Aktivierung ist zu jedem Zeitpunkt möglich, auch aus dem Normalbetrieb heraus.

Sowohl Schutz- wie auch Notfahrsystem sind so ausgelegt, daß die Funktionsumfänge der nicht betroffenen Teilsysteme so wenig wie möglich eingeschränkt werden. Als Ersatz für das betroffene Teilsystem dienen Notbetätigungen bzw. Notfunktionen.

4.6.1 Notfahrkonzept

Das Notfahrkonzept mißt der Bewegungsmöglichkeit des Fahrzeugs größte Priorität zu.

---

[1] Als System wird hier die zur Umsetzung des Konzepts erforderliche Hard- und Software bezeichnet.

So verfügt die Telligent-Schaltung über einen Schalter, mit dem sich bei z. B. bei Elektronik-Fehlern der 2. und 5. Vorwärtsgang sowie Rückwärts und Neutral einlegen lassen. Hierzu werden die entsprechenden Magnetventile unter Umgehung der Steuerelektronik direkt bestromt.

Der Drehschalter für die Notschaltung des Getriebes ist, von einer Klappe verdeckt, im Gebergerät untergebracht. Nach Öffnen der Klappe legt sich diese über den Haupthebel, so daß der Fahrer im Notbetrieb gar nicht in die Versuchung kommt, Gangwechsel mit diesem auszulösen. Bei der Telligent-Schaltung können der 2. und 5. Vorwärtsgang, Rückwärts und Neutral geschaltet werden. In der Praxis hat sich gezeigt, daß die Möglichkeit des Notbetriebs im 5. Gang doch erheblich höhere Marschgeschwindigkeiten zuläßt als der bei der EPS noch angebotene 4. Gang. Aufgrund des hohen Drehmoments der BR 500 - Motoren schon bei niedrigen Drehzahlen ist der Gangsprung von 2 nach 5 völlig unproblematisch. Allerdings sind Rückschaltungen nur dann möglich, wenn die Motordrehzahl 700 /min nicht übersteigt.

Die Motorelektroniken FR und MR verfügen über keine eigentliche Notbetätigung. Bei Störungen sowohl der Elektroniken selbst als auch der CAN-Signale steuert die MR einen Notlauf, bei dem der Motor mit einer konstanten Drehzahl und reduziertem Maximalmoment betrieben wird. In diesem Notbetrieb stehen die Funktionen der Telligent-Schaltung nahezu uneingeschränkt zur Verfügung.

Fallen die Kupplungselektroniken KS oder KB aus, so lassen sich Motor und Getriebe weiterhin direkt mit Fahrpedal bzw. Schaltgeber steuern. Für die Kupplung steht dann eine Notbetätigung in Form eines ausklappbaren Notpedals zur Verfügung. Aus Sicherheitsgründen wird die Kupplung hiermit auch betätigt, wenn nur eine der Motorelektroniken defekt ist. Damit soll erreicht werden, daß dem Fahrer der Gangwechsel bewußt wird, und er nicht das Fahrpedal während der Schaltung unverändert betätigt läßt.

Der Notbetrieb der Telligent-Schaltautomatik läßt sich vom Fahrer durch Aktivierung des Kupplungsnotpedals auslösen. Dies geschieht über einen im Fußraum angebrachten, auch im Fahrbetrieb zugänglichen handbetätigten Bowdenzug, durch den das im Normalbetrieb versenkte Kupplungsnotpedal herausgeklappt und verrastet wird. Das Verrasten wird von dem am Pedal befindlichen Aktivschalter erkannt, dessen Signal von der KS eingelesen wird, Bild 13. Sofern die KS noch aktiv ist - bei Auslösung aus dem Normalbetrieb oder aus dem Schutzbetrieb bei intakter KS - führt das Schaltersignal zu einer Passivschaltung der KS. Dies ist die Voraussetzung für eine eigenverantwortliche Übernahme der Kupplung durch den Fahrer, die in jedem Fall Bestandteil des Notbetriebs ist.

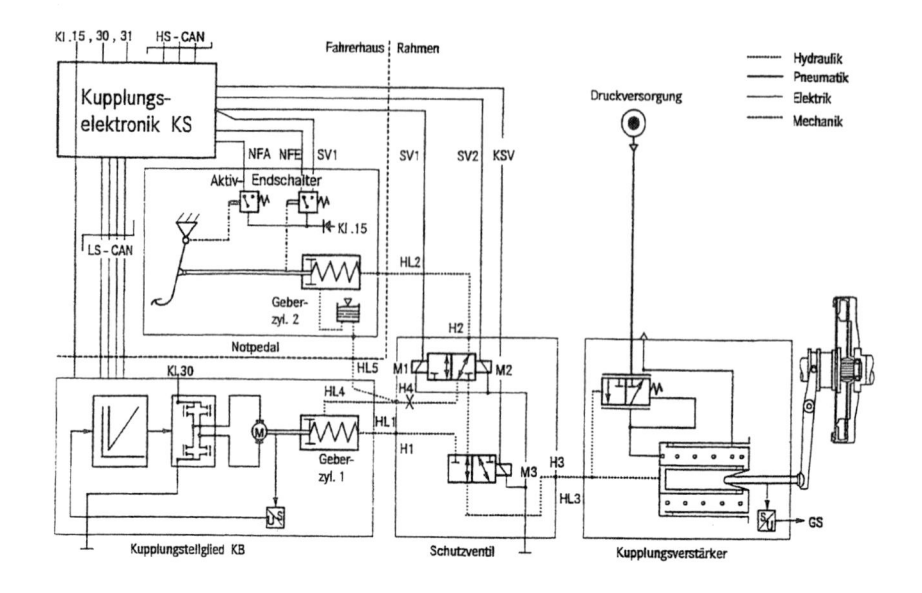

Bild 13: Hardwareumfang der Kupplungsbetätigung

4.6.2 Sicherheitskonzept

Die Sicherheitsstufen

Das Sicherheitskonzept ist hierarchisch auf 5 Ebenen abgestuft ausgelegt, die auf die - je nach Defekt - noch vorhandenen Reaktionsmöglichkeiten des Gesamtsystems abgestimmt sind. Art und Umfang der vorgesehenen Maßnahmen hängen ab

- von Art und Schwere des auslösenden Ereignisses,
- vom Betriebszustand des Fahrzeugs sowie der (erkannten) Fahrerabsicht,
- vom Betriebszustand des Triebsstrangs bzw. der Aggregate.

Die einzelnen Stufen des Sicherheitskonzepts werden nachfolgend erläutert, Bild 14.

Ausgehend vom Normalbetrieb (Stufe 0) umfaßt

Stufe 1 die Fehlerreaktionen auf bei intaktem Gesamtsystem auftretende Bedienungsfehler des Fahrers. Die Fehlerbehandlung erfolgt üblicherweise durch das betroffene Teilsystem, z.B. die Nichtausführung von zu

Überdrehzahlen führenden Schaltungen (Sicherheitssystem der Telligent-Schaltung) oder das Warnen des Fahrers bei thermischer Überlastung der Kupplung.

```
┌─────────────────────────────────────────────────────────┐
│  Notbetrieb,                                            │
│  ausgelöst und gesteuert durch den Fahrer;              │
│  Funktionsumfang abhängig vom auslösenden Ereignis      │
└─────────────────────────────────────────────────────────┘
         ↑  ↑ ↑ ↑                                      4
   ┌──────────────────┐  ┌──────────────────────┐
   │ Ansprechen einheitl. │ Auftreten eines      │
   │ Schutzfunktionen │  │ Doppel-/Mehrfachfehlers│←
   │ zur Herbeiführung/│←─│                      │
   │ Erhalt des 'Sicheren│ │                     │
   │ Zustands         │  └──────────────────────┘
   └──────────────────┘
   ┌──────────────────────┐                        3
   │ Schutzfunktionen/-reaktionen:│ ┌──────────────────┐
   │ Herbeiführung/Erhalt des │   │ Ausfall einer    │
   │ 'Sicheren Zustands';     │←──│ nichtredundanten, unverzichtbaren│←
   │ Grundfunktionen stehen nicht│ │ Komponente/Funktion│
   │ mehr zur Verfügung       │   └──────────────────┘
   └──────────────────────┘
   ┌──────────────────────┐                        2
   │ Ausfallreaktionen:   │   ┌──────────────────┐
   │ Grundfunktionen bleiben (über die│ │ Ausfall einer│
   │ Ersatzfunktionen) erhalten;│←──│ zeitweilig redundanten│←
   │ Einschränkung des    │   │ oder             │
   │ Funktionumfangs      │   │ ersetzbaren/verzichtbaren│
   │                      │   │ Komponente/Funktion│
   └──────────────────────┘   └──────────────────┘
                                                    1
   ┌──────────────────────┐   ┌──────────────────┐
   │ Fehlerreaktionen: Zum Schutz│ │ Bedienungsfehler│
   │ der Aggregate;       │←──│ des Fahrers      │←
   │ Funktionsumfang bleibt│  │                  │
   │ vollständig erhalten │   └──────────────────┘
   └──────────────────────┘
                                                    0
┌─────────────────────────────────────────────────────────┐
│  Normalbetrieb,                                         │
│  Funktionsumfang ist vollständig vorhanden              │
└─────────────────────────────────────────────────────────┘
```

Auslösendes Ereignis

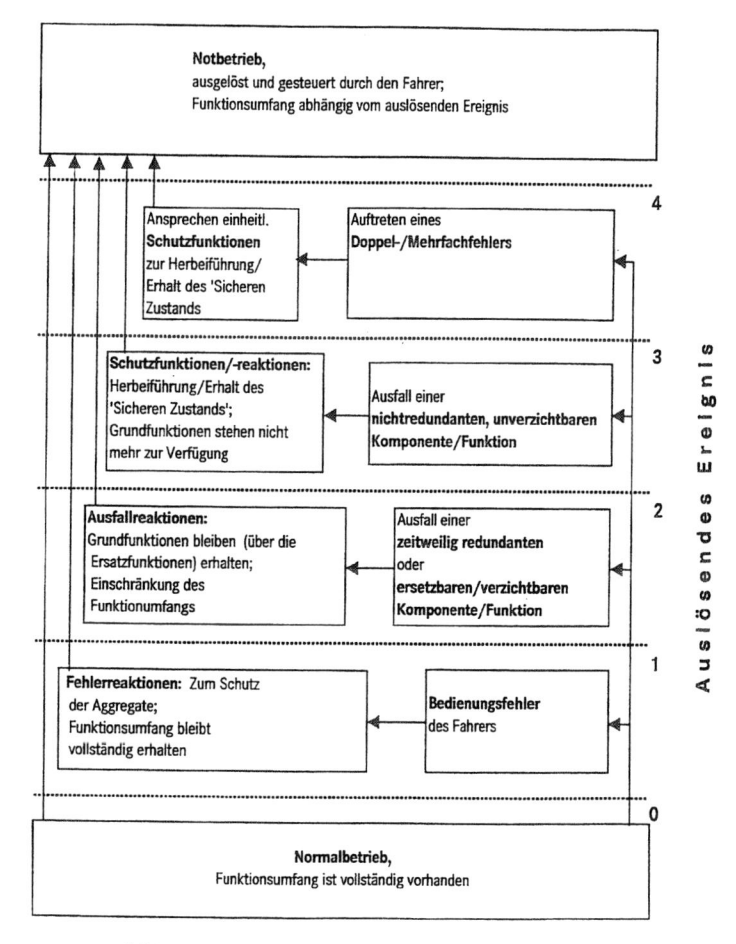

Bild 14: Ebenen des Sicherheitskonzepts

Stufe 2 die Ausfallreaktionen, die einen Normalbetrieb mit eingeschränktem Funktionsumfang sowie Komforteinbußen ermöglichen. Sie werden durch den Ausfall einzelner Komponenten ausgelöst, deren Funktionen durch (teil)redundante Komponenten übernommen werden können und zu Einschränkungen des Funktionsumfangs führen bzw. durch Ersatzfunktionen mit eingeschränktem Funktionsumfang und / oder Komforteinbußen. Auch hier erfolgt die Behandlung ausschließlich durch das betroffene Teilsystem, z. B. bei Ausfall des Tempomats. Als Beispiel für eine redundante Komponente ist das Signal des Tachographen, das bei Ausfall des Drehzahlgebers am Getriebeabtrieb genutzt wird, zusätzlich wird die Getriebeeingangsdrehzahl, multipliziert mit der Übersetzung, zur Plausibilitätsprüfung eingesetzt.

Stufe 3 die Ereignisse, als deren Folge die Grundfunktionen der Telligent-Schaltautomatik nicht mehr zur Verfügung stehen und die zu einem Ansprechen von Schutzfunktionen und der Ausführung von Schutzreaktionen führen. Ziel ist das Herbeiführen/Erhalten eines 'Sicheren Zustands' über störungsabhängige Strategien (Schutzbetrieb). Beispiel: Schließen der Kupplung bei klemmender KB im Anschluß an einen Gangwechsel mit dem Schutzventil.

Stufe 4 das Auftreten von Mehrfachereignissen die auch eine gemeinsame Ursache haben können. Als Reaktion ist eine einheitliche Strategie vorgesehen, bei der alle Teilsysteme sich selbst überlassen werden, also in den Notbetrieb gehen oder im Normalbetrieb verbleiben, z.B. bei vollständigem Ausfall der Kommunikation (Kurzschluß HS-CAN). Da das Sicherheitskonzept grundsätzlich nur die Beherrschung von Einzelfehlern vorsieht, ist ein Erreichen des sicheren Zustands in Stufe 4 nicht in jedem Fall gewährleistet.

Ab Stufe 3 und 4 ist ein längerer Betrieb des Fahrzeugs im Schutzbetrieb nicht sinnvoll, da die letzte, im Schutzbetrieb herbeigeführte Triebstrangkonfiguration beibehalten wird. Dies trifft insbesondere auf einen Schutzbetrieb mit geöffnetem Triebstrang zu.

Ab Stufe 3 wird deshalb der Fahrer über ein entsprechendes Symbol im Instrument aufgefordert, das Kupplungsnotpedal auszuklappen, um vom Schutz- in den Notbetrieb zu gehen. Der gleichzeitig angesteuerte Summer wird erst mit der Verrastung des Kupplungsnotpedals wieder abgeschaltet.

Der sichere Zustand

Das Sicherheitskonzept der Telligent-Schaltautomatik kann bei der Festlegung des 'Sicheren Zustands' des Fahrzeugs nur den Triebstrang sowie dessen Teilsysteme und Komponenten berücksichtigen. Er wird über den Drehmomentenfluß definiert. Dieser soll in Abhängigkeit von

- der Fahrerabsicht, gekennzeichnet durch die Fahrpedalstellung, Betätigung von Motorbremse, Retarder, Betriebsbremse (Dies impliziert eine Berücksichtigung des Fahrzeugzustands bezüglich Zug/Schub)
- und der Fahrzeuggeschwindigkeit nach Richtung und Betrag

vorhanden oder unterbrochen sein. So ist im Anschluß an einen Fehlerfall bei einem vor einer Ampel stehenden Fahrzeug ein geöffneter Triebstrang erwünscht, während bei einem in einem Überholvorgang befindlichen Fahrzeug Kraftschluß erforderlich ist.

Der 'Sichere Zustand' wird ständig bereits während des Normalbetriebs bestimmt, um das Vorwahlventil des Sicherheitssystems Kupplung laufend so vorbelegen zu können, daß sie im Fehlerfall ohne weitere Maßnahmen in die richtige Position gebracht wird.

Das Sicherheitssystem Kupplung

Insbesondere bei der Kupplung, für die kein a priori definierbarer sicherer Zustand existiert, muß die Sicherheitsfunktion eine auf den augenblicklichen Betriebszustand des Fahrzeugs angepaßte Reaktion ermöglichen. Bei einem mit laufendem Motor und eingelegtem Gang stehenden Fahrzeug darf die Kupplung im Störungsfall nicht plötzlich schließen. Andererseits kann auch ein unerwartetes Öffnen während der Fahrt zu gefährlichen Situationen führen, wie z.B. Überholvorgänge oder Bergabfahrt.

Die nach einem Defekt im Teilsystem Kupplung zum Herbeiführen des sicheren Zustands im Schutzbetrieb benötigten Reaktionen sind
- Kupplung schließen/geschlossen halten
- oder Kupplung geöffnet halten.

Im Normalbetrieb wird die Kupplung mit einem elektromotorischen Stellglied KB betätigt, welches über den Geberzylinder 1 auf den Nehmerzylinder des Kupplungsverstärkers wirkt, Bild 13. Bereits im Normalbetrieb wird ein bistabil ausgeführtes Vorwahlventil von der KS abhängig von aktuellen Betriebsdaten in eine für den Fall eines nachfolgenden Defekts geeignete Position gebracht. Im Schadensfall wird über das Schutzventil 2 die KB abgetrennt, das System geht in den Schutzbetrieb über, in welchem die Kupplung unmittelbar in die der Vorbelegung des Vorwahlventils entsprechende Position überführt wird.

Das bistabile Vorwahlventil hält im Schutzbetrieb die Kupplung in der Stellung, die sie im Augenblick der Fehlererkennung eingenommen hatte bzw. schließt die Kupplung, indem es die im Nehmerzylinder befindliche Hydraulikflüssigkeit über den Geberzylinders 2 abfließen läßt.

Im Ereignisfall werden durch Vergleich des 'Sicheren Zustands' des Triebstrangs (Ziel) mit dessen Istzustand (Ausgangssituation) die Abläufe festgelegt, anhand derer der Ausgangs- in den Zielzustand überführt wird.

Den Ablauf der erforderlichen Schritte für ein Ereignis entsprechend Stufe 3 verdeutlicht Bild 15.

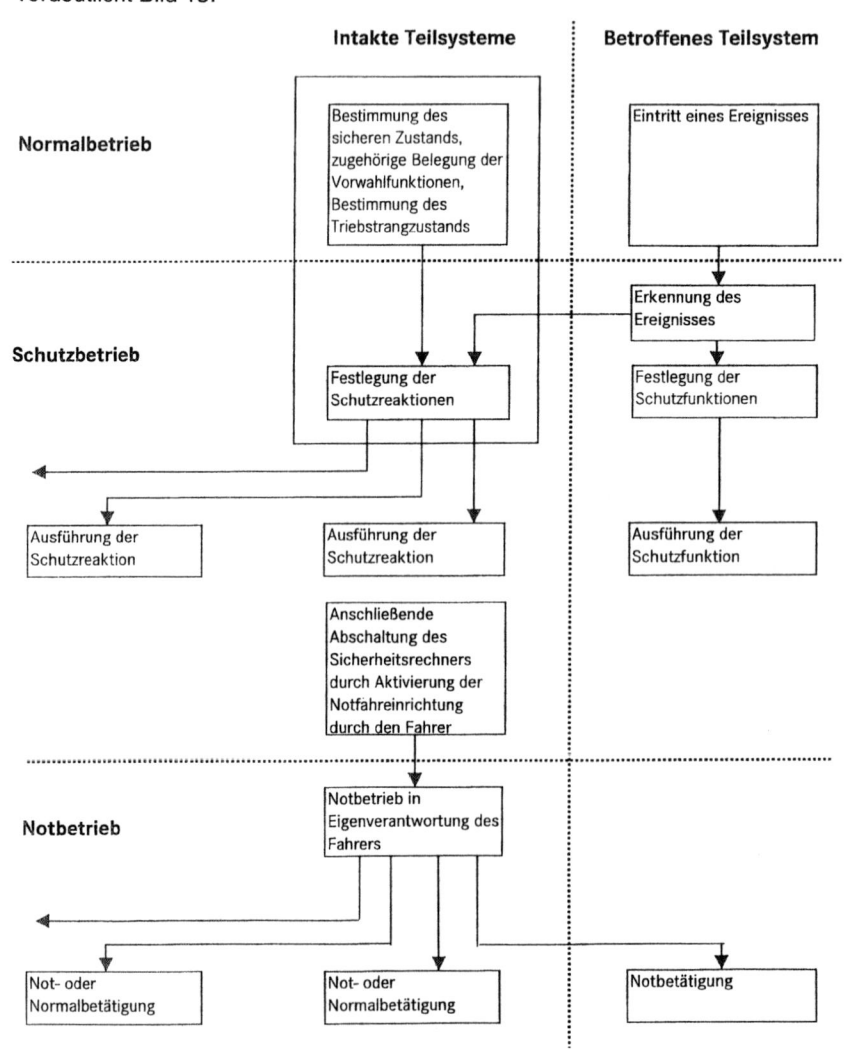

	Intakte Teilsysteme	Betroffenes Teilsystem
Normalbetrieb	Bestimmung des sicheren Zustands, zugehörige Belegung der Vorwahlfunktionen, Bestimmung des Triebstrangzustands	Eintritt eines Ereignisses
Schutzbetrieb	Festlegung der Schutzreaktionen	Erkennung des Ereignisses / Festlegung der Schutzfunktionen
	Ausführung der Schutzreaktion / Ausführung der Schutzreaktion	Ausführung der Schutzfunktion
	Anschließende Abschaltung des Sicherheitsrechners durch Aktivierung der Notfahreinrichtung durch den Fahrer	
Notbetrieb	Notbetrieb in Eigenverantwortung des Fahrers	
	Not- oder Normalbetätigung / Not- oder Normalbetätigung	Notbetätigung

Bild 15: Ablauf der Fehlerreaktionen

Zwei Beispiele mögen das Ansprechen des Sicherheitssystems verdeutlichen:

Bei einem mit laufendem Motor, geöffneter Kupplung und eingelegtem Gang vor einer Ampel stehenden Fahrzeug tritt ein Defekt im Kupplungsstellglied KB auf. Das Halteventil befindet sich bereits in der dem sicheren Zustand (kein Kraftfluß) entsprechenden Stellung M2 (Bild 13), der Fehler wird von den in der KS implementierten Sicherheitmodulen erkannt, durch Abschalten des Umschaltventils M3 wird vom Stellglied auf das Halteventil umgeschaltet. Anschließend läßt sich das Kupplungsnotpedal zur Anfahrt der nächsten Werkstatt ausklappen.

Ein in einem Überholvorgang befindliches Fahrzeug führt gerade eine Schaltung aus, als in der Fahrregelung FR ein Defekt auftritt. Das Sicherheitskonzept des Motors stellt in Folge ein konstantes Notlaufmoment bei einer festen Drehzahl ein. Das Sicherheitskonzept des Gesamtsystems stellt den geforderten sicheren Zustand 'Kraftfluß vorhanden' her, indem nach Beendigung des Gangwechsels die Kupplung mit dem Stellglied rampenförmig geschlossen wird.

5 Zukünftige Entwicklungen

Nachdem die EPS und die Telligent-Schaltung inzwischen in mehr als 200 000 Einheiten verbaut wurde und von den Fahrern durchweg positiv aufgenommen wurden, bietet Mercedes-Benz inzwischen die konsequente Weiterentwicklung Telligent-Schaltautomatik an. Durch Einbeziehen der Motor- und Kupplungsregelung sowie die vollautomatischen Gangwechsel zur Kraftstoffverbrauchsreduzierung bietet dieses System eine weitestgehende Entlastung des Fahrers und damit eine erhebliche Steigerung der Verkehrssicherheit. Verbunden ist die Bedienungserleichterung mit einer signifikanten Reduzierung des Kupplungsverschleißes und der Abgasemission beim Anfahren. Durch das hohe Maß an ausfallsicherer Redundanz wird die Akzeptanz dieser Innovation beim Kunden erleichtert.

Ein Entwicklungsschwerpunkt in Zukunft wird die steigende Zahl von elektronischen Steuerungen in Kraftfahrzeugen sein. Da diese oft identische physikalische Größen als Eingangssignale benötigen, gilt es, zur Vermeidung zusätzlicher Sensoren die Kommunikation der Systeme untereinander weiter zu verbessern. Damit lassen sich durch Plausibilitätsüberlegungen auch häufig Redundanzen bilden, die die Verfügbarkeit der Fahrzeuge letztlich noch erhöhen.

Die trotz höherer Integration wachsende Zahl von Elektroniken führt zu erheblich steigenden Anforderungen an das Werkstattpersonal. In der Anfangszeit wurden oftmals bei defekten Systemen prophylaktisch die Elektronik-Gehäuse getauscht. Dabei hat sich ganz klar erwiesen, daß die Elektroniken selbst in den seltensten Fällen defekt waren. Vielmehr lagen die Fehlerquellen hauptsächlich in der Peripherie, und dabei insbesondere in den Steckverbindungen. Daher werden elektronische Steuerungen inzwischen zunehmend mit umfangreichen Möglichkeiten der Eigendiagnose und Fehlerspeicherung ausgerüstet, um den Werkstätten bei Defekten die Fehlersuche zu erleichtern. Diese sind dazu mit einem universell einsetzbaren Schnittstellen-Lesegerät ausgerüstet.

Zusätzlich wird auch die Möglichkeit der on-board-Diagnose erweitert, damit der Fahrer sich insbesondere im grenzüberschreitenden Fernverkehr notfalls selbst helfen kann. Die entsprechende Technik ist beim Actros von Mercedes-Benz bereits implementiert. Der Fahrer erhält hier über das Display eine Information über die Schwere des Fehlers und eine Beschreibung desselben. In Abhängigkeit von der Fehlerklasse wird der Fahrer dann zum sofortigen Anhalten oder zu einem dringenden bzw. dem routinemäßigen Werkstattaufenthalt aufgefordert.

Eine weitere Verbesserung der Telligent-Schaltautomatik ist dadurch erreichbar, daß in einem künftigen Entwicklungsschritt eine Vorausschau auf die zu erwartenden Fahrbahn- und Verkehrsverhältnisse durch die Kombination der AG mit Ortungs- und Navigationsverfahren realisiert wird. In diesem Zusammenhang ist auch die Abstandsregelung zum vorausfahrenden Fahrzeug als eine weitere Quelle für Informationen vorteilhaft nutzbar.

Literatur

[1] Bader, Chr.: EPS – Elektronisch-Pneumatische Schaltung – Wirtschaftlich fahren mit erhöhter aktiver Sicherheit durch Elektronik –
VDI-Berichte 612, VDI-Verlag, 1986
[2] Paulsen, L.: Die neue Telligent-Schaltung von Mercedes-Benz
VDI-Berichte 1341, VDI-Verlag, 1997
[3] Hofmann, R., Baumgartner, F., Paulsen, L., Raiser, H.: Die Telligent-Schaltautomatik des Actros von Mercedes-Benz
VDI-Berichte 1418, VDI-Verlag, 1998

2. Getriebeelektronik

2.1 Mechatronische Systeme im Antriebsstrang

Hermann Vetter

1 Elektronik im Kraftfahrzeug

Die Elektronik dringt in immer neue Bereiche des Fahrzeugs ein. Ohne Elektronik wären die Vorgaben bezüglich Abgasgrenzwerten, Verbrauch, Sicherheit oder Komfort nicht zu erreichen. Zunehmend kommen Systeme auf den Markt, die völlig neue Funktionen realisieren oder in einer bisher nicht gekannten engen Abstimmung verschiedener Systeme eine optimale Gesamtwirkung für das Fahrzeug erzielen.

Die elektronischen Systeme in einem Fahrzeug lassen sich in vier Gruppen einteilen:
- Systeme für den Antriebsstrang
- Sicherheitssysteme
- Komfortsysteme
- Kommunikationssysteme

Eine Auswahl elektronischer Systeme in Pkws ist in Tabelle 1 dargestellt.

Antriebsstrang	Sicherheit	Komfort	Kommunikation
Zündung	ABS	Klimaregelung	Autoradio
Klopfregelung	ASR		
	ESP	Sitzverstellung	Autotelefon
Einspritzung	Brake-Assist		
Lambda-Regelung		adapt. Geschwin-	Navigation
	Brake by Wire	digkeitsregelung	
Abgasrückführung			Multimedia
Zylinderabschaltung	Airbag	Einparkhilfe	
Leerlaufregelung	Gurtstraffer		Spracherkennung
	Überrollbügel	elektron.	
elektron. Gaspedal		Zündschloß	Funktionssteuerung durch Sprache
	Diebstahl-		
Dieselregelung	Alarmanlage	Fahrwerksregelung	
Getriebesteuerung	Abstandsregelung	Noise Suppression	
Direkteinspritzung	Steer by Wire	Nachtsichtsystem	

Tabelle 1: Übersicht Kfz-Systeme

Den Triebstrang eines Fahrzeugs steuern Motormanagementsysteme für Benzin- und Dieselmotoren und elektronische Systeme für Getriebe. In modernen Motormanagementsystemen sind alle Zündungs- und Einspritzfunktionen realisiert, die an den Zylindern individuell die optimalen Verbrennungsbedingungen für die jeweilige Fahrsituation einstellen. Häufig ist noch das elektronische Gaspedal (E-Gas) im Motormanagement integriert. Durch den Wegfall der mechanischen Kopplung von Gaspedal und Drosselklappe kann der Luftbedarf auch beim Zuschalten von leistungsstarken Verbrauchern, z.B. eines Klimakompressors, optimal angepaßt werden.

Die bekannten Sicherheitssysteme ABS und ASR wurden durch das Electronic Stability Program (ESP) erweitert, das bei über- oder untersteuerndem Verhalten in der Kurve aktiv in das Bremsen- und Motormanagement eingreift und so ein Ausbrechen des Fahrzeugs verhindert. Zukünftige Bremssysteme werden keine direkte mechanische Verbindung zwischen Bremspedal und Bremsaktuator mehr aufweisen. Diese Brake by Wire - Systeme sind als elektrohydraulische oder als elektromechanische Lösungen denkbar.

In den Bereichen Komfort und Kommunikation erfolgte eine Verbesserung bisheriger Funktionen und die Einführung neuer Systeme wie z.B. Navigation. Navigation erschöpft sich nicht nur in der Eingabe eines Zielortes und der genauen Zielführung über GPS mit entsprechenden Richtungshinweisen für den Fahrer, sondern es werden die Staumeldungen direkt in neue Routenempfehlungen umgesetzt und so dem Fahrer sofort die günstigste Route zum Ziel angeboten. Denkbar sind auch vorausschauende Reaktionen, z.B. wenn das Navigationssystem aus der Landkarte eine Kurve erkennt, werden die Scheinwerfer so angepaßt, daß die Straße schon in der Kurve richtig ausgeleuchtet wird.
In Zukunft ist damit zu rechnen, daß sämtliche Multimedia-Möglichkeiten, die vom Privathaushalt bekannt sind, auch im Fahrzeug genutzt werden können. Für Fondspassagiere gibt es schon heute Monitore in den Rückenlehnen der Vordersitze um z.B. Videos während der Reise betrachten zu können. Über das Internet werden sich die Möglichkeiten erweitern, indem z.B. Informationen über Servicedienste und Sehenswürdigkeiten während der Reise abgerufen werden und Hotelreservierungen direkt vom Auto aus erfolgen können.
Die Einteilung der Kfz- Systeme nach Tabelle 1 in vier Bereiche ist nur zur groben Orientierung und zum Eingrenzen ähnlicher Anforderungen geeignet. Manche neue Systeme greifen in verschiedene Bereiche ein und nutzen die Informationen aus sehr unterschiedlichen Systemen. Da sämtliche Informationen über die Bussysteme im Fahrzeug allen Teilnehmern zugänglich gemacht werden können, sind systemübergreifende Lösungen leicht realisierbar. Ein gutes Beispiel ist z.B. das Notrufsystem TeleAID [4] von DaimlerChrysler, das die Information "Unfall" vom Crashsensor auswertet, eine Notrufnummer über das Telefon selbständig anwählt und die Koordinaten des Unfallortes übermittelt. Eine Leitstelle kann dann telefonisch Kontakt mit dem Fahrer aufnehmen oder, falls keine Verständigung möglich ist, sofort einen Alarm auslösen.

Unter mechatronischen Systemen im Antriebsstrang werden im Folgenden Systeme verstanden, die Getriebe oder Kupplung steuern und regeln.

2 Mechatronische Systeme

Der Begriff "mechatronisches System" soll hier näher betrachtet werden.

Mechatronik

Der Begriff "mechatronics" wurde in Japan geprägt und in der Robotertechnik verwendet. Im Namen verbergen sich die beiden Gebiete "Mechanik - *mecha*nics" und "Elektronik - elec*tronics*". Beides sind wohl bekannte Gebiete und es stellt sich die Frage, was dabei neu sein sollte. Eine einheitliche Definition von Mechatronik wird man schwerlich bekommen, da inzwischen der Begriff in vielen sehr unterschiedlichen Bereichen verwendet wird.

Hier beispielhaft zwei Definitionen von "Mechatronik", die beide eine gewisse Sicht wiedergeben und so die Breite dieses Gebietes deutlich machen:

1. Mechatronik ist eine neue Ingenieursdisziplin, die die Bereiche Mechanik, Elektrotechnik und Informatik einschließt. Unter Mechatronik versteht man die Erweiterung mechanischer Systeme mit dem Ziel, "intelligente" Produkte zu schaffen.
Beispiele: Antiblockiersystem, elektronische Getriebesteuerung, Roboter, selbstlernende Maschinen.

2. Mechatronik ist die Integration von Mechanik und Elektronik in einem Bauelement oder Modul.
Beispicle: Mikromechanischer Drucksensor, ABS-System mit integrierter Steuerelektronik im Hydroaggregat.

Oftmals werden auch andere Begriffe verwendet, die letztlich dasselbe Ziel verfolgen: Mikrosystemtechnik, smart products, computergesteuerte elektromechanische Systeme.

So unterschiedlich die einzelnen Begriffe auch sein mögen, das Ziel ist bei allen gleich: "Intelligente" Produkte durch das optimierte Zusammenspiel aus Mechanik, Elektronik und Informatik zu schaffen. Der Schwerpunkt liegt auf der Optimierung des Gesamtsystems und nicht auf der Optimierung einzelner Teilbereiche. Dazu ist ein völlig neues, übergreifendes Denken notwendig. Der "Mechatroniker" muß die Möglichkeiten der drei Fachgebiete kennen und alle Funktionen im Blick auf das meist mechanische Gesamtsystem ausrichten.

Die Fragestellung ist zunächst: Welche Funktion ist für das Gesamtsystem erforderlich? Erst danach folgt die Frage: Welcher Anteil dieser Funktion wird mechanisch und welcher Anteil wird elektronisch ausgeführt? Die Entscheidungskriterien sind am Gesamtsystem zu überprüfen: Welche Lösung ist am günstigsten bezüglich Funktionserfüllung, Platzbedarf und Gesamtkosten bei Entwicklung, Produktion und Kundendienst?

Systemübersicht

Am Beispiel einer elektronischen Getriebesteuerung soll die enge Verknüpfung von Mechanik, Elektronik und Informatik gezeigt werden.
In Bild 1 ist der prinzipielle Aufbau eines mechatronischen Kfz-Systems dargestellt.

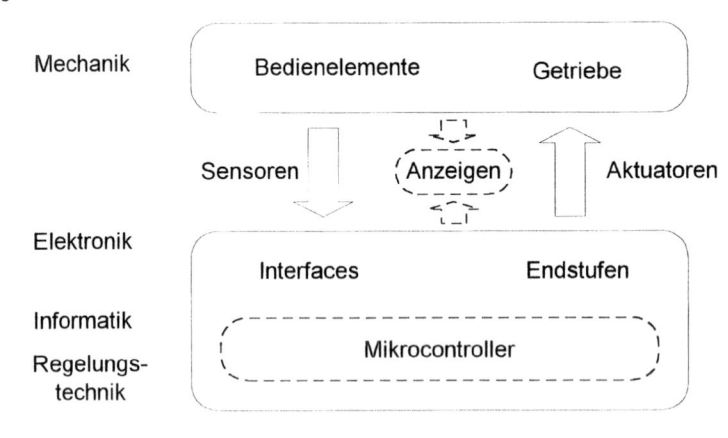

```
Mechanik        ┌─────────────────────────────────────┐
                │   Bedienelemente         Getriebe   │
                └─────────────────────────────────────┘
                               ↕         ↑
                   Sensoren   (Anzeigen)    Aktuatoren
                      ↓          ↕
Elektronik      ┌─────────────────────────────────────┐
                │   Interfaces            Endstufen   │
                └─────────────────────────────────────┘
Informatik      ┌ ─ ─ ─ ─ ─ ─ ─ ─ ─ ─ ─ ─ ─ ─ ─ ─ ─ ─ ┐
                      Mikrocontroller
Regelungs-      └ ─ ─ ─ ─ ─ ─ ─ ─ ─ ─ ─ ─ ─ ─ ─ ─ ─ ─ ┘
technik
```

Bild 1: Mechatronisches System

Der Kern eines mechatronischen Systems ist das Steuergerät mit Mikrocontroller. Hier sind alle Steuer- und Regelstrategien für das Gesamtsystem abgespeichert. Der Mikrocontroller übernimmt die Berechnung der Funktionsabläufe, die Steuerung der Eingriffe in die Mechanik und die Fehlerdiagnose.
Um diese Aufgaben wahrnehmen zu können, muß zunächst der Ist-Zustand des Gesamtsystems ermittelt werden. Die Informationen über das System liefern Sensoren, die mechanische Größen in elektrische Werte umwandeln. Bei einer elektronischen Getriebesteuerung liefert beispielsweise der Positionswählhebel eines Automatikgetriebes über Kontakte eine Bitkombination an der Rechner, aus der die aktuelle Stellung und damit der Fahrerwunsch erkennbar ist. Drehzahlen werden über Induktiv- oder Hallsensoren, Temperaturen über temperaturabhängige Widerstände in elektronische Informationen umgewandelt.

Der Eingriff in das System geschieht über Aktuatoren, die elektrische Energie in mechanische Energie umwandeln, um z.B. den Anker eines Ventils zu bewegen. Das Ventil gibt dann einen Hydraulikkanal im Getriebe frei, über den dann eine Kupplung geöffnet oder geschlossen wird.

Blockschaltbild Steuergerät

Der prinzipielle Aufbau eines elektronischen Steuergerätes ist am Beispiel einer Getriebesteuerung in Bild 2 aufgezeigt. Das Steuergerät läßt sich in drei Einheiten aufgliedern: Eingangsinterfaces, Digitalteil und Endstufen.

Sensoren	Interfaces	Digitalteil	Endstufen	Aktuatoren
	Signal-pegel	Schalt-kennlinien	Ventile	
	digital analog Frequenz	Endstufen-signale Eigen-diagnose	Anzeigen Diagnose CAN-Bus	

Sicherheitskonzept

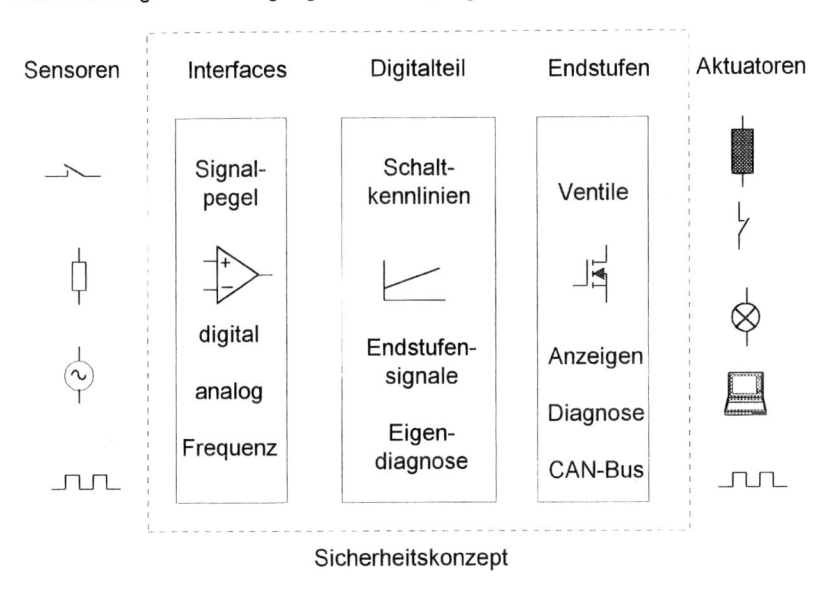

Bild 2: Blockschaltbild Steuergerät

Die Sensorsignale werden zuerst auf den im Digitalteil vorherrschenden +5V-Pegel umgewandelt. Da auf den Sensorleitungen Störspannungen auftreten können, sind Schutzmaßnahmen vorzusehen, die die Störspannungen begrenzen, um eine fehlerhafte Auswertung der Sensorsignale zu verhindern und die internen Schaltungsteile, insbesondere den Digitalteil, zu schützen.
Der Digitalteil besteht im wesentlichen aus einem Mikrocontroller mit verschiedenen Speichern. Im Programmspeicher sind die Steuer- und Regelstrategien und die in der Entwicklungs- und Applikationsphase ermittelten Kenndaten in Form von Kennlinien oder Kennfeldern abgelegt.
Aus den Eingangssignalen ermittelt der Mikrocontroller den Ist-Zustand des Systems und berechnet daraus die Sollwerte. Diese gibt der Rechner über die Endstufen an die Aktuatoren weiter, die in das Gesamtsystem eingreifen.

Neben den Sensorsignalen werden noch weitere Größen erfaßt, um auch Fehlerdiagnosen erstellen zu können. Die Aktuator-Rückmeldungen beispielsweise geben wichtige Hinweise, ob die gewünschte Funktion auch fehlerfrei im System umgesetzt wird.
Viele Steuergeräte sind über einen schnellen Datenbus, den CAN-Bus, miteinander verbunden. Größen, die von anderen Systemen schon ermittelt wurden, werden über den CAN-Bus abgerufen. Die Interfaces für diese Sensorsignale können damit eingespart werden.

3 Elektronische Getriebesteuerung

3.1 Grundfunktionen

Alle Funktionen beziehen sich auf ein 5-Gang-Getriebe 5HP18 der Fa. ZF für BMW-Fahrzeuge. [1]
Eine elektronische Getriebesteuerung (EGS) erfüllt folgende Grundfunktionen:

- Schaltpunktsteuerung
- Wandlerüberbrückung
- Optimierung des Schaltvorgangs
- Anpassung an Fahrstil und Verkehrssituation
- Sicherheitskonzept
- Eigendiagnose

Die nächstliegende Funktion einer EGS ist die Berechnung des optimalen Schaltpunktes und die Steuerung der entsprechenden Schaltventile.
Für den Kraftstoffverbrauch wichtig ist die Überbrückung des Wandlers, sobald dessen Eigenschaften "Momentenüberhöhung" und "Dämpfungswirkung" nicht mehr benötigt werden.
Die Elektronik eröffnet neue Möglichkeiten in der Abstimmung zwischen Motor und Getriebe während des Schaltvorgangs, so daß ein hoher Schaltkomfort erreicht wird.
Die Berücksichtigung aller von der Elektronik erfaßten Eingangssignale in selbstlernenden Verfahren ermöglicht die Erkennung des individuellen Fahrstils und eine selbsttätige Anpassung der Kennlinien an den momentanen Fahrstil des Fahrers. Ebenso lassen sich bestimmte Verkehrssituationen erkennen, die eine besondere Reaktion der EGS erfordern.
Ein Sicherheitskonzept gewährleistet auch im Falle eines Fehlers einen sicheren Betriebszustand des Getriebesystems und eine Notlauffunktion, die eine Weiterfahrt mit Einschränkungen erlaubt.
Ein Teil dieses Sicherheitskonzeptes ist die Eigendiagnose des Steuergerätes, das auftretende unplausible Zustände erkennt und entsprechende Reaktionen auslöst.

3.2 Systemübersicht

Um diese Grundfunktionen zu realisieren, müssen der Elektronik die notwendigen Informationen über den Zustand des Getriebes, des Motors und der Fahrsituation zur Verfügung gestellt werden. Daher werden zunächst die "Gesprächspartner" der elektronischen Getriebesteuerung (EGS) in Bild 3 vorgestellt:
- das Automatikgetriebe selbst
- die getriebespezifischen Bedienelemente im Fahrgastraum
- die Anzeigeeinheit am Armaturenbrett
- die Motorsteuerung
- das ABS/ASR-System
- der Diagnosetester

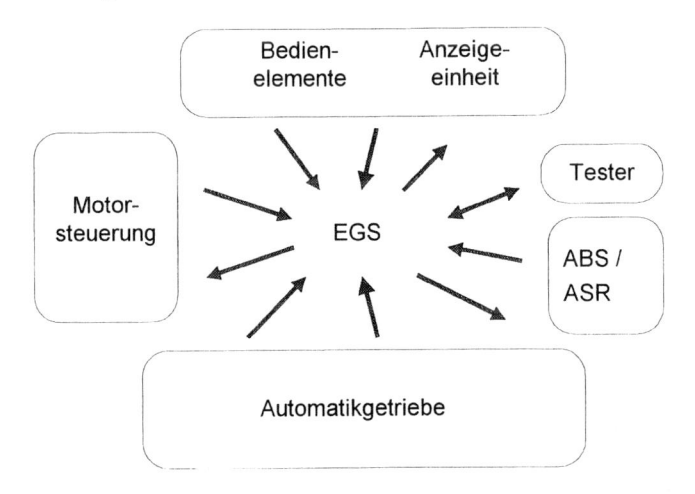

Bild 3: "Gesprächspartner" der EGS

In einer Systemübersicht (Bild 4) sind die einzelnen Informationspfade einer EGS dargestellt.
Zunächst muß die Wählhebelstellung erfaßt werden, um die gewünschten Fahrstufen P, N, R, D und die Positionen 4,3,2 zu erkennen. Bei elektronischen Getriebesteuerungen gibt es Programmschalter zur Wahl verschiedene Programme, z.B. leistungsoptimiert (S) oder verbrauchsoptimiert (E), oder Tipp-Schalter um dem Fahrer die Möglichkeit zu eigenständigem Hoch- oder Rückschalten unabhängig von Schaltkennlinien zu geben.

Eine Betätigung des Kickdownschalters gibt den Hinweis, daß der Fahrer die maximale Beschleunigung anfordert.

Aus Sicherheitsgründen kann die Parkstellung nur beim Betätigen der Bremse verlassen werden. Diese Information bekommt die EGS beispielsweise über den Bremslichtschalter.

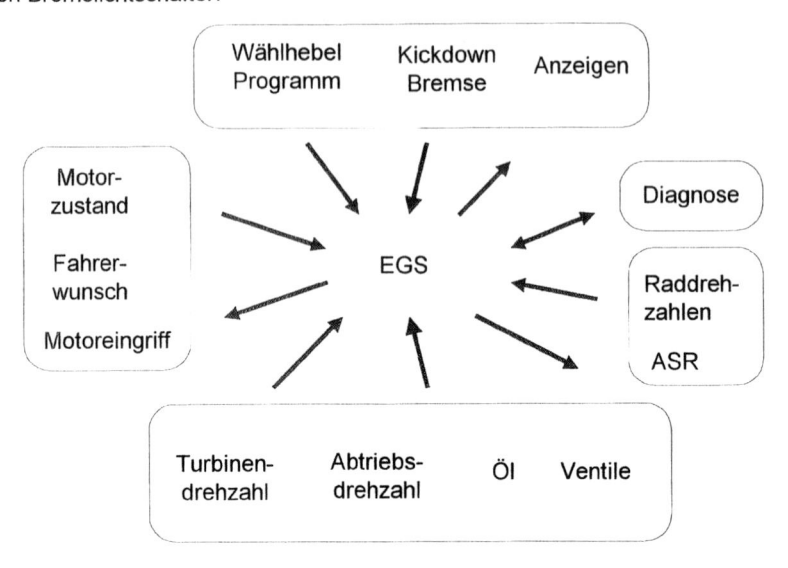

```
        Wählhebel    Kickdown    Anzeigen
        Programm      Bremse

Motor-
zustand                                      Diagnose

Fahrer-
wunsch              EGS                      Raddreh-
                                             zahlen
Motoreingriff
                                             ASR

        Turbinen-    Abtriebs-    Öl    Ventile
        drehzahl     drehzahl
```

Bild 4: Systemübersicht EGS

Vom Getriebe selbst wird die Turbinendrehzahl als Getriebeeingangsdrehzahl und die Abtriebsdrehzahl als Getriebeausgangsdrehzahl erfaßt. Über die Öltemperatur besteht die Möglichkeit, temperaturabhängige Anpassungen vorzunehmen.

Vom Motormangement wird die Motordrehzahl, d.h. die Eingangsdrehzahl für das Getriebe vor dem Drehmomentwandler, die Motortemperatur, der Lastzustand und die Drosselklappenstellung oder direkt das gewünschte Motormoment bereitgestellt.

Mit weiteren Informationen, wie den Raddrehzahlen, läßt sich der Radschlupf ermitteln und so z.B. auf eine Kurvenfahrt schließen und entsprechende Maßnahmen in der EGS vorsehen. Die ASR liefert ein Signal "ASR aktiv" und erwartet von der EGS, daß während des Regelvorgangs keine störende Schaltung erfolgt.

Anzahl und Art der anzusteuernden Aktuatoren hängt vom jeweiligen Getriebetyp ab. Für einfache Schaltlogik werden ON/OFF-Ventile angesteuert, zur Variation des Hydraulikdrucks werden analoge Druckregler verwendet. Die Druckregler stellen den Hydraulikdruck proportional zu dem von der EGS vorgegebenen Stromwert ein.

Die Wählhebelstellung, das eingestellte Programm, der eingelegte Gang bei Verwendung von Tipp-Schaltern und der Hinweis auf eine Störung werden am Armaturenbrett angezeigt.

Für eine Werkstatt ist die Diagnosemöglichkeit über eine serielle Schnittstelle bei einer komplexen Steuerung wie der EGS unabdingbar. Das Steuergerät schreibt im Fehlerfall einen Fehlercode in einen nichtflüchtigen Speicher ein. Die Werkstatt kann nun mittels eines Testers den Fehlercode auslesen und so die Fehlerursache ermitteln. Da auch sporadische Fehler während des Betriebs abgespeichert werden, bekommt die Werkstatt wichtige Hinweise zu Fehlern, die in der Praxis schwer erkennbar sind und die eine aufwendige Fehlersuche notwendig machen.

3.3 Schaltpunktsteuerung

Schaltkennlinien

In einer EGS können Schaltkennlinien über Programmtaster oder -schalter ausgewählt werden. Bei den folgenden Betrachtungen werden möglichst verbrauchsgünstige Schaltkennlinien im Economy-Programm angenommen. Werden leistungsoptimierte (S) Schaltkennlinien gewünscht, wird auf Kennlinien mit späteren Schaltpunkten umgeschaltet.

Die wichtigsten Größen für die Schaltpunktsteuerung sind die Gaspedalstellung, die den Fahrerwunsch darstellt, und die Abtriebsdrehzahl des Getriebes, die für die Fahrzeuggeschwindigkeit steht.

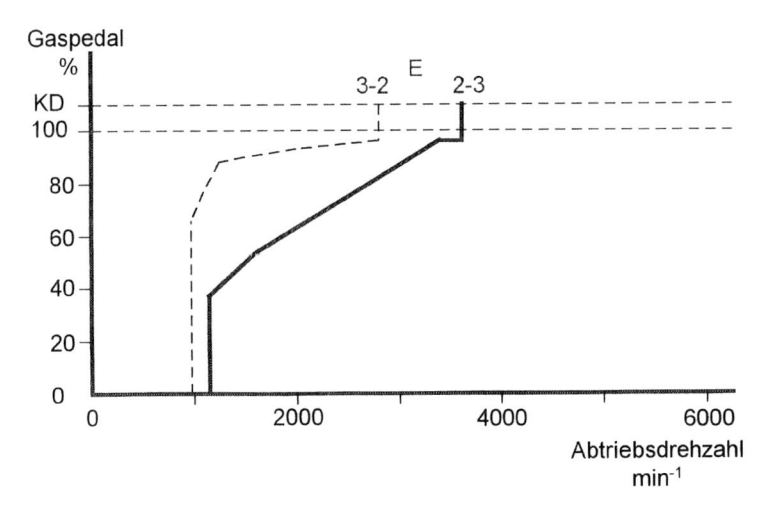

Bild 5: Kennlinie 2./3. Gang

Für jede Ganghochschaltung gibt es eine Kennlinie, z.B. eine 2-3-Kennlinie für die Hochschaltung vom 2. in den 3. Gang (Bild 5). Entsprechend gibt es eine zu niedrigeren Drehzahlen verschobene Rückschaltkennlinie, eine 3-2-Kennlinie. Die Hysterese zwischen beiden Kennlinien verhindert laufendes Hoch- und Rückschalten des Getriebes, da diese Pendelschaltungen unangenehm für den Fahrer und auf Dauer schädlich für das Getriebe sind.

Für die Wandlerüberbrückungskupplung gibt es entsprechende Kennlinien, die das Öffnen und Schließen der Kupplung im gerade eingelegten Gang festlegen.

Adaptive Schaltpunktsteuerung

Die Schaltkennlinien wurden mit Versuchsfahrzeugen unter bestimmten Straßenverhältnissen und Fahrzeugbeladung optimiert. Bei wesentlich veränderten Bedingungen können die Kennlinien zu ungünstigem Schaltverhalten führen. Bei Bergfahrt oder mit Wohnwagenanhänger wären Kennlinien günstiger, deren Schaltpunkte bei höheren Drehzahlen liegen.
Nehmen wir als Beispiel die Schaltkennlinien nach Bild 5 und eine Bergfahrt mit Wohnwagenanhänger. Das Getriebe schaltet unter Vollast bei einer Abtriebsdrehzahl von ca. 3700 min^{-1} vom 2. in den 3. Gang. Im 3. Gang kann der Motor das Fahrzeug nicht mehr beschleunigen, sondern wird langsamer und schaltet bei einer Abtriebsdrehzahl von ca. 2800 min^{-1} wieder in den 2. Gang zurück. Bei dieser Übersetzung kann das Fahrzeug wieder beschleunigt werden bis zur Hochschaltung bei 3700 min^{-1}. Der Vorgang wiederholt sich und es entstehen Pendelschaltungen.
Um solche Pendelschaltungen zu vermeiden, berechnet das adaptive Schaltprogramm den aktuellen Beschleunigungswert des Fahrzeugs und vergleicht ihn mit einem Sollwert für eine Fahrzeugbeschleunigung ohne Anhänger und normale Straßenbedingungen. Ist der aktuelle Beschleunigungswert wesentlich kleiner als der Sollwert, dann wird die Kennlinie einfach zu höheren Drehzahlen verschoben und damit eine größere Schalthysterese vorgegeben. Damit können Pendelschaltungen vermieden werden.

Wandlerüberbrückungskupplung

Der hydraulische Wandler bietet beim Anfahren eine günstige Momentenüberhöhung und hat in den übrigen Fahrbereichen eine dämpfende Wirkung auf Triebstrangschwingungen, so daß hoher Fahrkomfort erreicht werden kann. Die Kehrseite ist der erhöhte Kraftstoffverbrauch durch die Verlustleistung im Wandler. Das Ziel ist nun, möglichst frühzeitig den Wandler zu überbrücken, ohne spürbare Komforteinbußen zu erhalten. Die Schaltpunkte zur Überbrückung des Wandlers sind als Kennlinien für jeden Gang individuell festgelegt, in dem eine Überbrückung des Wandlers zugelassen wird.
Das Schließen und Öffnen der Überbrückungskupplung kann mit einfachen ON/OFF-Ventilen erfolgen. Sobald die Kupplung greift, besteht eine starre Verbindung zwischen Motor und Getriebe ohne die dämpfenden Eigenschaften des Wandlers. Der Übergang kann für den Fahrer spürbar sein. Einen

sanfteren Übergang erreicht man durch die Taktung der ON/OFF-Ventile während einer Übergangszeit, so daß ein weicheres Einsetzen der Kupplung erfolgt. Die feinste Abstimmung läßt sich durch einen analogen Druckregler erreichen, der den Hydraulikdruck optimal an den Schaltübergang anpaßt.

3.4 Optimierter Schaltvorgang

Motoreingriff

Aus dem Systembild der EGS (Bild 4) sind die Verbindungen zu anderen elektronischen Kfz-Systemen erkennbar. Die Motorsteuerung liefert der EGS Daten über die Eingangssignale, die die Motorsteuerung erfaßt und auswertet, wie z.B. die Motordrehzahl oder die Drosselklappenstellung. Umgekehrt besteht die Möglichkeit auf die Motorsteuerung Einfluß zu nehmen, indem während eines Schaltvorgangs kurzzeitig das Motormoment reduziert wird.
Die schnellste Reduzierung des Motormoments läßt sich über den Zündwinkel erreichen. Durch eine Spätverschiebung des Zündwinkels erreicht man eine deutliche Reduzierung des Motormomentes. Zum Beispiel wird durch eine Spätverstellung des Zündzeitpunktes um 20 °KW das Motormoment auf etwa die Hälfte reduziert.
Die Auswirkungen lassen sich am Beispiel einer Hochschaltung erläutern. In Bild 6 ist die vom Fahrer spürbare Fahrzeugbeschleunigung aufgezeichnet.

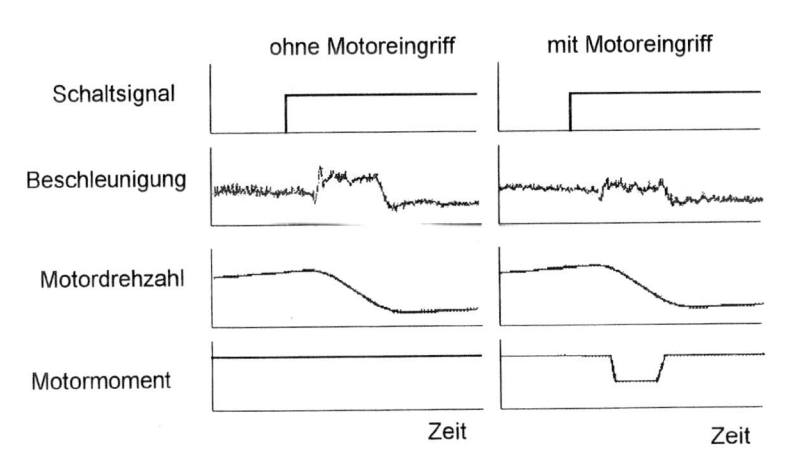

Bild 6: Motoreingriff bei Hochschaltung [1]

Nach einer hydraulisch bedingten Verzögerungszeit beginnen die Kupplungen im Getriebe zu schleifen und bewirken eine spürbare Beschleunigungsüberhöhung. Sobald die Kupplungen haften, folgt ein negativer Beschleunigungssprung bei Schaltungen ohne Momentenanpassung. Auf der rechten

Seite von Bild 6 sind diese Signale mit einem zeitlich abgestimmten Motoreingriff aufgetragen. Die Beschleunigungsüberhöhung und insbesondere der Beschleunigungssprung werden reduziert.

Drucksteuerung

Einen wesentlichen Einfluß auf den Komfort einer Schaltung hat neben dem Motoreingriff auch der zeitliche Verlauf des hydraulischen Druckes an den Lamellenkupplungen während des Schaltvorgangs. Dieser Modulationsdruck wird über einen Druckregler abhängig von Gangwechsel und Lastzustand eingestellt.
Veränderungen im Motor oder an den Kupplungsbelägen über der Lebensdauer oder auch Serientoleranzen können Einfluß auf den Schaltkomfort und die Dauer des Schaltvorgangs haben. Eine zu lange Schaltzeit wirkt sich negativ auf die Lebensdauer der Kupplungsbeläge aus. Um dies zu verhindern, wird eine adaptive Drucksteuerung eingeführt.
Bei dieser adaptiven Drucksteuerung vergleicht die EGS die tatsächlichen Schleifzeiten der Kupplungen mit Sollwerten für eine bestimmte Schaltung. Wenn mehrere aufeinanderfolgende Schaltungen mit Schleifzeit-Abweichungen über einen vorgegebenen Schwellwert hinaus festgestellt werden, dann wird der Hydraulikdruck schrittweise erhöht oder vermindert. Die Korrekturgröße wird in einem nichtflüchtigen Speicher abgelegt, so daß diese Adaption beim nächsten Start schon mitberücksichtigt wird und sofort die angepaßte Drucksteuerung wirksam ist.

4 Adaption an Fahrstil und Fahrsituation

Während sich die beim Schaltvorgang beschriebenen Adaptionen auf die Abstimmung im Triebstrang beziehen, hat Porsche mit der Tiptronic [2] im Carrera 2 eine Anpassung an Fahrstil und Fahrsituation vorgestellt, die die noch verbliebenen prinzipbedingten Nachteile von Automatikgetrieben aufgehoben hat.
Unter Tiptronic (Bild 7) verbergen sich zwei Funktionen: Ein "intelligentes Schaltprogramm" (ISP) und die Möglichkeit über Tipp-Schalter eine manuelle Gangwahl vorzunehmen.

Das ISP stellt eine adaptive Schaltstrategie dar, die für jeden Fahrzustand eine optimale Kennlinie auswählt. Während bisher nur die beiden Kennlinien Economy (E) und Sport (S) zur Auswahl standen, werden nun fünf oder mehr verschiedene Kennlinien zur Auswahl bereitgestellt. Man erreicht damit eine wesentlich feinere Unterteilung zwischen einer verbrauchsoptimalen und einer sehr sportlichen Kennlinie. Die Auswahl der optimalen Kennlinie wird vom Programm selbsttätig vorgenommen.

Die EGS erkennt dabei aus Größen wie "Schnelligkeit der Gaspedalbewegung" und "Häufigkeit bestimmter Gaspedalstellungen" den momentanen Fahrstil des Fahrers. Diese Werte werden mit den Größen "Geschwindigkeit", "Gang", "Längs- und Querbeschleunigung" gewichtet und zeitlich gefiltert. Aus diesen Kenngrößen wird die für den vorliegenden Fahrstil optimale Kennlinie ausgewählt.

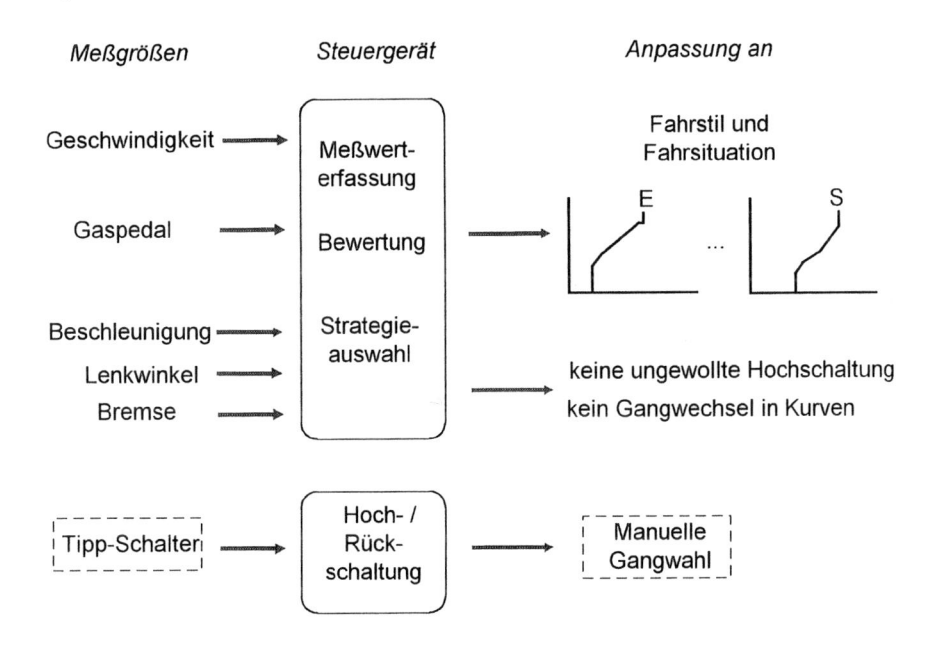

Meßgrößen	*Steuergerät*	*Anpassung an*
Geschwindigkeit →	Meßwerterfassung	Fahrstil und Fahrsituation
Gaspedal →	Bewertung	E ... S
Beschleunigung → Lenkwinkel → Bremse →	Strategieauswahl	keine ungewollte Hochschaltung kein Gangwechsel in Kurven
Tipp-Schalter →	Hoch- / Rückschaltung	Manuelle Gangwahl

Bild 7: Adaptive Schaltstrategie - Tiptronic

Neben dieser zeitlich gefilterten Kennlinienauswahl sind auch sofort wirksame Schaltstrategien verwirklicht, die der aktuellen Fahrsituation Rechnung tragen. Durch Auswertung der Querbeschleunigung kann beispielsweise ein unerwünschtes Hochschalten in einer Kurve verhindert werden. Ein zusätzlich eingebauter Querbeschleunigungssensor liefert der EGS den aktuellen Wert der Querbeschleunigung. Sobald die Querbeschleunigung einen vorgegebenen Schwellwert überschritten hat, unterbindet die EGS eine Hochschaltung, auch wenn die Kennlinie dies fordern würde. Damit wird eine höhere Fahrstabilität in der Kurve erreicht, da störende Schaltvorgänge verhindert werden. Außerdem ist bei hoher Querbeschleunigung in der Kurve zu erwarten, daß das Fahrzeug nach der Kurve wieder im niedrigen Gang beschleunigt werden soll und somit eine Hochschaltung in der Kurve sofort wieder durch eine Rückschaltung korrigiert werden müßte.
Eine weitere Fahrsituation, die ein ungünstiges Fahrverhalten hervorrufen würde, ist ein plötzlich abgebrochener Überholvorgang, der nach einer kurzen

Unterbrechung fortgesetzt werden soll. Durch die Gasrücknahme würde aus den Kennlinienbedingungen eine Hochschaltung erfolgen. Die adaptive Schaltstrategie erkennt diese kurzzeitige Unterbrechung des Beschleunigungsvorganges und unterbindet in diesem Fall eine kennlinienkonforme Rückschaltung.

Eine ähnliche Situation kann sich beim Heranfahren an eine Kreuzung ergeben. Auch in diesem Fall kann eine Hochschaltung unterdrückt werden.

Da auch die Raddrehzahlen vom ABS-Steuergerät zur Verfügung stehen, kann das Steuergerät die Radschlupfwerte ermitteln und bei zu großem Motorbremsmoment auf glatter Fahrbahn eine Hochschaltung zur Fahrzeugstabilisierung auslösen.

Aus den geschilderten Beispielen ist ersichtlich, daß auch störende systembedingte Schaltungen durch eine adaptive Schaltstrategie vermieden werden können und damit bisherige Nachteile von Automatikgetrieben aufgehoben werden.

5 Ausblick

Es wurde aufgezeigt, wie durch eine ESG das Automatikgetriebe hinsichtlich Komfort, Kraftstoffverbrauch und Leistungsumsetzung verbessert wurde.

Welche Entwicklungen sind zukünftig bei Getriebesteuerungen zu erwarten? Bisher wurden vor allem die mechatronischen Verknüpfungen auf Funktionsebene aufgezeigt. In Zukunft sind konstruktiv engere Verknüpfungen zwischen Elektronik und Mechanik zu erwarten. Die Elektronik wird, wie teilweise schon realisiert, direkt an das Getriebe angebaut werden. Der Getriebehersteller liefert dann ein komplett geprüftes Gesamtsystem an den Fahrzeughersteller. Ein direkter Anbau an ein Getriebe hat allerdings auch konstruktive Änderungen der ESG zur Folge, da wesentlich höhere Temperaturen und Schüttelbelastungen gegenüber dem bisherigen Einbauort, z.B. dem Fahrgastraum, auftreten. Diese Umweltbedingungen lassen sich am besten mit der Hybridtechnik lösen. Die Hybridtechnik wird daher auch bei Getriebesteuerungen eingesetzt werden.

Stufenautomat

Alle Betrachtungen haben sich ausschließlich auf Stufenautomaten bezogen, die inzwischen von der rein hydraulischen Ausführung auf die elektronisch gesteuerte Ausführung umgestellt worden sind. Das erste elektronisch gesteuerte Automatikgetriebe war ein 4-Gang-Getriebe der Firma ZF und wurde 1983 in einem BMW 745i in Serie eingeführt. Für verschiedene Leistungsklassen und für Heck- und Frontantrieb wurden Varianten entwickelt. Noch bessere Komfort- und Verbrauchswerte erzielen 5-Gang-Getriebe und das neu entwickelte 6-Gang-Automatikgetriebe von ZF.

Die EGS hat sich überzeugend durchgesetzt und wird sich weiter verbreiten. Andere Getriebetypen wie das stufenlose Getriebe oder automatisierte

Schaltgetriebe werden durch die Möglichkeiten der Elektronik zu konkurrierenden Alternativen im Antriebsstrang.

Stufenloses Getriebe

Eine sehr interessante Getriebeausführung ist das stufenlose Getriebe (CVT= Continuously Variable Transmission), das bisher nur bei wenigen Fahrzeugen in Serie eingebaut wurde. Das reizvolle ist die stufenlose Verstellbarkeit und die freie Wahl der Fahrstrategie für den Antriebsstrang. Mit elektronischer Hilfe kann eine völlig neue Fahrstrategie umgesetzt werden. Der Motor könnte z.B. so lange wie möglich im verbrauchsoptimalen Bereich gefahren werden. Die Fahrzeuggeschwindigkeit wird durch Verstellung der Getriebeübersetzung verändert und nicht wie üblich durch Verstellung der Motordrehzahl. Mit dem CVT erhofft man sich weitere Kraftstoffeinsparung und dies bei hohem Fahrkomfort, da keine störenden Schaltvorgänge auftreten.

Automatisiertes Schaltgetriebe

Handschaltgetriebe im Pkw kamen bisher ohne elektronische Steuerung aus. Die niedrigen Kosten sind eine der wichtigsten Ursachen für die große Verbreitung dieses Getriebes. Nachteil dieser Getriebe ist die manuelle Koordination des Schaltvorgangs durch zeitlich abgestimmte Kupplungsbetätigung und Gangeinlegen per Schalthebel.
In der Mercedes A-Klasse wurde ein teilautomatisiertes Schaltgetriebe [3] in Serie eingeführt. Das Kupplungspedal entfällt und die Kupplung wird über einen Elektromotor zugeschaltet. Die Gangwahl geschieht wie bisher manuell.

In einem automatisierten Schaltgetriebe (ASG) entfällt das Kupplungspedal vollständig. Neben der elektronischen Zuschaltung der Kupplung wird auch das Gangeinlegen von der Elektronik übernommen. Der Fahrer betätigt nur noch einen Wählhebel, um den Gangwunsch anzumelden, der Rest wird von der Elektronik erledigt. Gegenüber der halbautomatischen Steuerung wird ein zusätzlicher elektromotorischer Aktuator benötigt.

Das System eines automatisierten Schaltgetriebes ist in Bild 8 dargestellt. Die Elektronik erfaßt über Sensoren die Gangstellung und aus der Bewegung des Schalthebels die Schaltabsicht. Die Größen "Motordrehzahl" und "Getriebedrehzahl" können von anderen Systemen übernommen oder abgeleitet werden.

Steuergerät

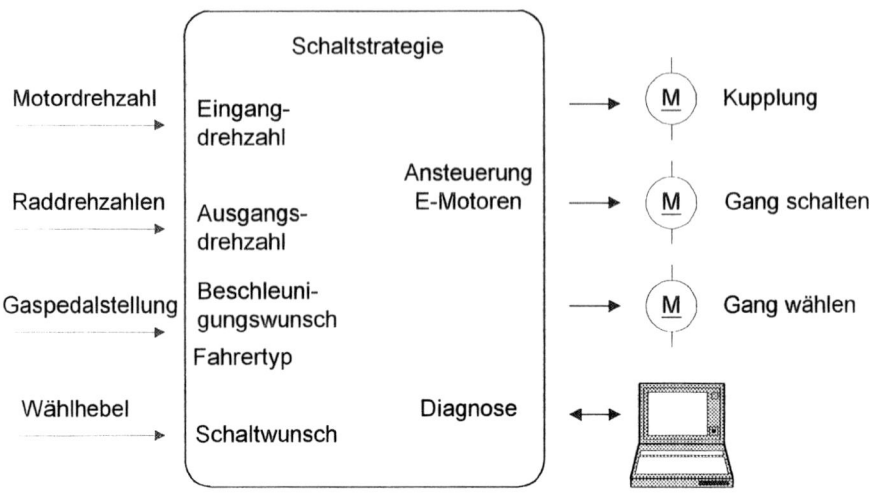

```
                    Schaltstrategie
Motordrehzahl   Eingang-
                drehzahl                        ──▶  (M)  Kupplung
                            Ansteuerung
Raddrehzahlen   Ausgangs-   E-Motoren           ──▶  (M)  Gang schalten
                drehzahl
                Beschleuni-
Gaspedalstellung gungswunsch                    ──▶  (M)  Gang wählen
                Fahrertyp

Wählhebel                   Diagnose            ◀─▶ [Laptop]
                Schaltwunsch
```

Bild 8: Systembild ASG

Die sehr unterschiedlichen Getriebevarianten zeigen die noch offene Entscheidungsituation auf. Es wird sich zeigen, welches Getriebe sich in welchem Fahrzeugsegment durchsetzen wird. Die notwendigen Steuer- und Regelstrategien verlangen in jedem Fall eine optimale mechatronische Lösung.

6 Literaturverzeichnis

[1] Neuffer K.: Elektronische Getriebesteuerung von Bosch, ATZ 94 (1992)
[2] Maier U., Petersmann J., Seidel W., Stohwasser, A., Wehr, T.: Porsche Tiptronic, ATZ 92 (1990) 6
[3] Berger R., Fischer R., Salecker M.: Von der Automatisierten Kupplung zum Automatisierten Schaltgetriebe, Getriebe in Fahrzeugen '98, VDI-Berichte 1393
[4] DaimlerChrysler, Die S-Klasse

2.2 Aktuatorik und Sensorik zur Steuerung von Automatikgetrieben

Steffen Schumacher

Zusammenfassung

In den meisten Steuerungen von Automatikgetrieben werden heute elektrohydraulische Aktuatoren eingesetzt, da diese derzeit sowohl hinsichtlich ihrer technischen Leistungsfähigkeit, als auch unter Kosten- und Bauraumaspekten Vorteile, verglichen mit anderen Aktuatorprinzipen, bieten. Typische Funktionen der Aktuatoren in Automatikgetrieben und ihre konstruktive Umsetzung werden vorgestellt, ausgehend von technischen und wirtschaftlichen Anforderungen, unter Berücksichtigung der durchweg hohen Qualitätsanforderungen in der Automobilindustrie.

Die ständig kürzer werdenden Entwicklungszyklen führen zur Notwendigkeit, diese Aktuatoren simulationsgestützt mit Optimierung an virtuellen Prototypen zu entwickeln.

Ein elektronisch gesteuertes Automatikgetriebe kann als mechatronisches System betrachtet werden. Sensoren dienen beispielsweise zur Erfassung des Fahrzustandes oder melden dem Steuergerät eine Differenz zwischen Istzustand und Fahrerwunsch, woraufhin eine entsprechende Stell- oder Regelaktion der Aktuatorik ausgelöst wird. Sensorfunktionen im Automatikgetriebe, wichtige Sensorprinzipe und Beispiele für den Aufbau von Getriebesensoren werden ebenfalls vorgestellt.

1 Einführung

Ständig steigende Anforderungen hinsichtlich Fahrkomfort, Sicherheit und Umweltschonung führen zu einer steigenden Integrationsdichte von Funktionen im Fahrzeug und somit auch im Automatikgetriebe. Elektronik ohne Aktuatorik gleicht einem Gehirn ohne Muskeln. Um physikalische Wirkung zu erzielen, bedarf es der Transformation einer Information in Kraft, Druck usw.

Jede moderne Getriebesteuerung ist deshalb auf zuverlässige und präzise Aktuatoren zur Umsetzung der im elektronischen Steuergerät erzeugten Befehle (Ströme) in Funktionen (Druck) angewiesen. Elektrohydraulische Aktuatoren vereinen hohe Leistungsdichte und niedrige Kosten für hohe Genauigkeitsanforderungen.

In enger Zusammenarbeit mit dem Getriebehersteller muss die optimale Aktuatorik spezifiziert werden: mit Schalt-, Stell- oder Regelfunktionen, je nach Getriebeaufbau und Philosophie des Getriebeherstellers.
Getriebesteuerungs-Aktuatoren müssen über die gesamte Laufzeit des Fahrzeugs unter extremen Bedingungen wie Temperatur und Schmutzeinwirkung ohne merkliche Veränderung funktionieren. Robustes Design unter Anwendung modernster Werkstoffe und Fertigungstechniken, abgesichert durch rechnergestützte Funktionssimulation und umfangreiche Erprobung garantieren kostengünstige Lösungen für leistungsfähige Getriebesteuerungen.

Im System "Getriebe" nimmt nun nicht nur die funktionale Komplexität ständig zu. Der Zwang zur Reduzierung der Herstellkosten und zur Verringerung von Bauraum und Masse führen auch zu einer steigenden räumlichen Komplexität. Es entstehen mechatronische Steuerungs-Module, die die gesamte Getriebesteuerung von der Sensorik über den Rechner bis zur Aktuatorik enthalten können.

Nachfolgend werden, ausgehend vom System Getriebe, zuerst die Aktuatoren vorgestellt, insbesondere anhand von Beispielen aus dem Hause Bosch. Anschließend wird auf einige Getriebesteuerungs-Sensoren detaillierter eingegangen.

1.1 Abkürzungen

Im folgenden Beitrag werden Abkürzungen verwendet, wie sie unter Fachleuten verbreitet sind. Diese stammen teilweise von der englischen, teilweise von der deutschen Bezeichnung.
Daneben gibt es weitere hersteller- und anwendertypische Bezeichnungen, auf die hier nicht eingegangen werden kann.

Getriebe:

AT	Automatic Transmission (Stufen-Automatikgetriebe)
ASG	Automatisiertes Schaltgetriebe
	AST (Automatic Shift Transmission)
CVT	Continuous Variable Transmission (Stufenloses Getriebe)

Aktuatoren:

on/off	Ein-Aus-Schaltventil teilweise mit o/o bezeichnet fälschlicherweise oft nur MV oder Magnetventil genannt
PWM	Pulsweitenmoduliertes Ventil
DR-F	Druckregler in Flachsitzausführung

DR-S		Druckregler in Schieberausführung
n.c.		normally closed, stromlos geschlossen
n.o.		normally open, stromlos offen

Sensoren:

	ARS	Angle of Rotation Sensor (Drehwinkelsensor) teilweise TRS (Transmission Range Sensor) genannt
	RS	Rotational Speed Sensor (Drehzahlsensor)
	TOT	Transmission Oil Temperature Sensor

2 Komponenten der Getriebesteuerung

Sowohl die seit vielen Jahren bekannten Stufenautomaten, wie auch die in jüngster Zeit zunehmende Verbreitung findenden stufenlosen Getriebe (CVT, continuous variable transmissions) und die Automatisierten Schaltgetriebe (ASG), benötigen neben einem elektronischen Steuergerät auch Sensoren zur Informationserfassung und Aktuatoren zur Umsetzung von elektrischer Informationen in mechanische Aktionen (Bild 1).

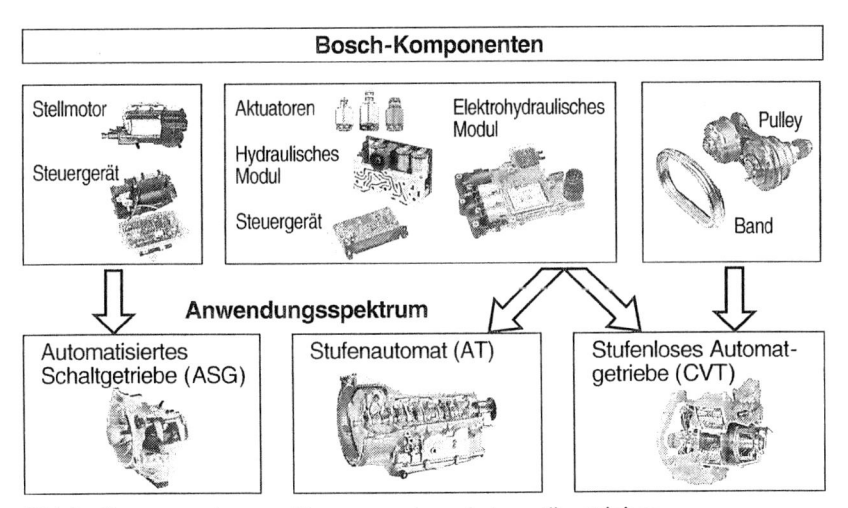

Bild 1: Komponenten zur Steuerung eines Automatikgetriebes

Üblicherweise werden die Aktuatoren direkt in die Hydrauliksteuerung des Getriebes integriert, liegen also im Bereich der Ölwanne des Getriebes, teilweise im Ölsumpf (Bild 2). Falls die Elektronik und die Sensorik nicht ebenfalls vor

Ort im Getriebe untergebracht sind, schafft der mehrpolige Stecker die Verbindung durch das Getriebegehäuse zum Steuergerät.

Kupplungen

Stecker zum Steuergerät

Steuerplatte mit Aktuatoren (Vorsteuerung) und Hauptsteuerung

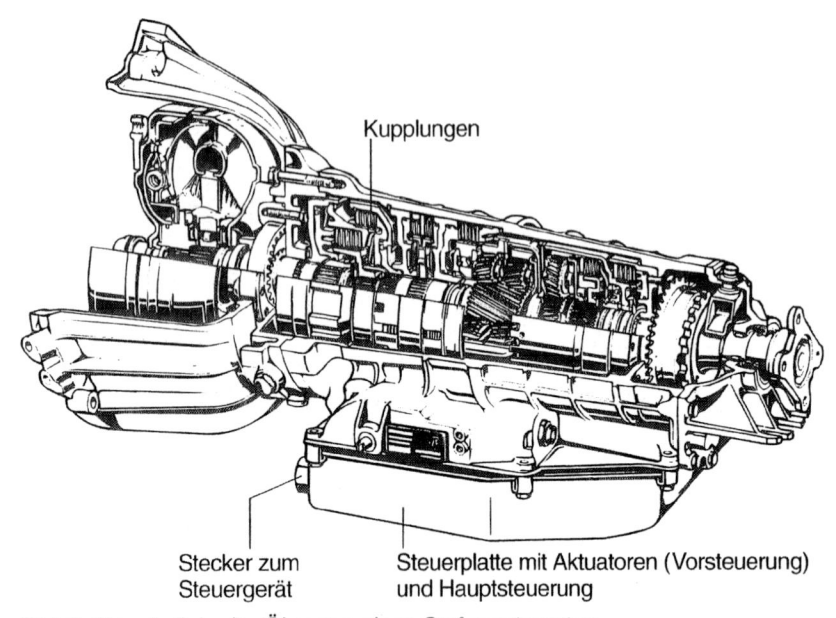

Bild 2: Aktuatorik in der Ölwanne eines Stufenautomaten

3 Vom Fahrerwunsch zur Getriebefunktion

Bild 3 zeigt den Weg vom Fahrerwunsch, und dem Fahrzustand bis zur Getriebefunktion. Erstere werden durch Sensoren erfasst und von einer intelligenten Elektronik unter Berücksichtigung von Sicherheits- und Plausibilitätskriterien ausgewertet. Schalt- und Regelvorgänge im Getriebe werden durch (elektrohydraulische) Aktuatoren initiiert.

Auf Sonderfunktionen des Steuergeräts wie Erkennung von Fahrstreckenprofil, Beladungszustand, Bergabfahrt usw. wird hier nicht weiter eingegangen. Ebenso nicht auf adaptive Schaltstrategien zur Beibehaltung eines gleichmäßig hohen Fahrkomforts oder zur Erzielung eines verbrauchsoptimierten Betriebs.

Aktuatoren im Automatikgetriebe – wozu?

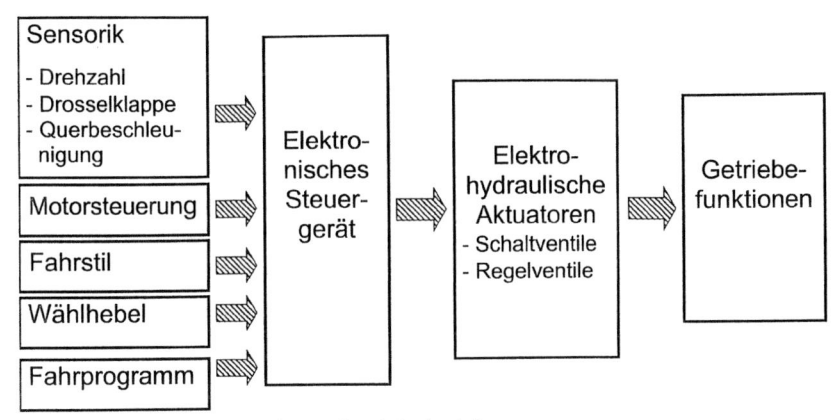

```
Sensorik
- Drehzahl
- Drosselklappe
- Querbeschleu-
  nigung          ⇒
Motorsteuerung   ⇒   Elektro-        Elektro-
                     nisches    ⇒    hydraulische   ⇒   Getriebe-
Fahrstil         ⇒   Steuer-         Aktuatoren          funktionen
                     gerät           - Schaltventile
Wählhebel        ⇒                   - Regelventile
Fahrprogramm     ⇒
```

Bild 3: Vom Fahrerwunsch zur Getriebefunktion

3.1 Getriebefunktionen

In den heute am meisten verbreiteten Getriebetypen (AT, CVT, ASG) werden Aktuatoren für unterschiedliche Funktionen verwendet. Bild 4 gibt einen Überblick, ohne auf alle Sonderfälle einzugehen, und stellt eine Verknüpfung zwischen Getriebefunktionen und den einsetzbaren Aktuator-Typen her.

Stufen-Automatikgetriebe (AT)				
Funktion	PWM	DR-F	DR-S	on/off
♦ Hauptdruck regeln/ steuern	x	x	x	
♦ Gangwechsel auslösen 1-2-3-4-5-6		x		x
♦ Schaltdruck modulieren	x	x	x	
♦ Wandlerkupplung schalten / regeln	x	x		x
♦ Rückwärtsgang-Sperre				x
♦ Sicherheitsfunktionen (fail-safe)				

Stufenloses Automatikgetriebe (Pulley-CVT)				
Funktion	PWM	DR-F	DR-S	on/off
♦ Übersetzung verstellen		x	x	
♦ Bandspannung regeln		x	x	
♦ Anfahrkupplung steuern	x	x	x	
♦ Rückwärtsgang-Sperre				x

Automatisiertes Schaltgetriebe (ASG)
(üblich: elektromotorische Betätigung)
♦ Gangwechsel auslösen
♦ Kupplung betätigen
♦ Sicherheitsfunktionen (fail safe)

Bild 4: Aktuatoren und Getriebefunktionen

3.2 Aktuatorprinzipe

Einige Gründe, die für den Einsatz von Elektrohydraulik sprechen, lassen sich aus der Gegenüberstellung verschiedener Möglichkeiten zur Leistungsübertragung und verschiedener Prinzipe zur Ausführung der Aktuatoren selbst ableiten (Bild 5).

Leistungsverstärkung	Aktuatorprinzip	Anwendung
Hydraulisch + Hohe Energiedichte − Pumpengeräusche − Wirkungsgradverlust durch Leckage − Altölentsorgung (Umwelt) − Temperaturgang (Viskositätsänderung)	**Elektromagnetisch** + kostengünstig	AT, CVT, ASG (elektrohydraulisch)
	Piezoelektrisch + hohe Kräfte, Dynamik − geringer Hub	keine
	Elektromotorisch + Steuerbarkeit − Dynamik, Kosten	CVT (Schrittmotor für Übersetzungsverstellung)
Elektrisch + Geräuscharme Energieerzeugung + Verfügbarkeit im Kfz (Bordnetz) + Einfacher Systemaufbau	**Elektromotorisch** + Steuerbarkeit + Direktsteuerung − Bauraumbedarf − Integration	ASG (elektromechanisch) CVT (mit Dry-belt)

Bild 5: Möglichkeiten für Leistungsübertragung und Aktuatorprinzipe

3.3 Anforderungen an Elektrohydraulische Aktuatoren

Unter den bereits beschriebenen Einbauverhältnissen ergeben sich Umweltanforderungen und Einsatzbedingungen für die verwendeten Aktuatoren, wie sie in Bild 6 dargestellt sind.

Da künftig immer mehr Getriebe mit Lebensdauer-Öl versehen sind, und kein Getriebeölwechsel vorgesehen ist, bleiben Abrieb und Schmutzpartikel aus dem Einlaufvorgang während des gesamten Betriebs im Ölkreislauf. Auch zentrale Ansaugfilter und Einzelfilter auf den Aktuatoren können nur Partikel über einer bestimmten Größe zurückhalten. Zu feine Filter würden sich bald zusetzen.

Dazu kommt, daß die Laufleistung der Getriebe immer höher wird: 250.000 km sind für übliche PKW vorauszusetzen, für Taxibetrieb und ähnliche Einsatzbedingungen weit mehr.

Im Unterschied zu vielen anderen Elektromagneten (z.B. in ABS-Ventilen) müssen Getriebesteuerungs-Aktuatoren im gesamten Temperaturbereich auf 100% Einschaltdauer ausgelegt sein. Daraus leitet sich ein hoher Bedarf an Magnetkraft und entsprechend groß dimensionierte Kupferwicklungen ab.

Kunden- bzw. getriebespezifische Funktionscharakteristika (Schalt- bzw. Regelverhalten, technische Kenndaten) und der Zwang zu Miniaturisierung und Kostenreduzierung sind weitere Randbedingungen für die Entwicklung von Getriebesteuerungs-Aktuatoren.

Schmutztoleranz
(Abrieb, Rückstände)

Medienbeständigkeit
(ATF-Öl mit Additiven
und Wassergehalt)

Temperaturbeanspruchung
(-40 C ... + 160 C)

Temperaturwechsel bei Außenanbau: Spritzwasser
Salznebel, Industrieklima

Dauerfestigkeit
...5000h (250.000 km)

Einschaltdauer 100%

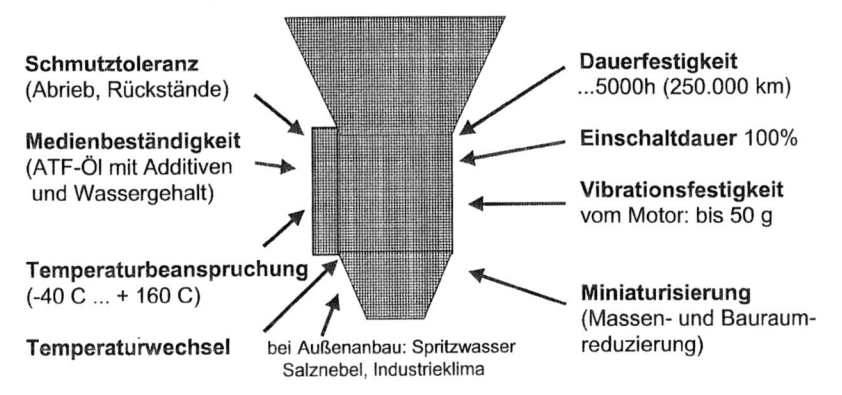

Vibrationsfestigkeit
vom Motor: bis 50 g

Miniaturisierung
(Massen- und Bauraum-
reduzierung)

Bild 6: Umweltanforderungen

4 Aktuatoren für die Getriebesteuerung

Im Automatikgetriebe werden Schaltventile für reine Ein-Aus-Schaltvorgänge und Regelventile für die stromproportionale Druckveränderung benötigt.

4.1 Aktuatorikfunktionen

Bild 7 zeigt verschiedene Möglichkeiten der Umsetzung eines Eingangssignals (Strom bzw. Spannung) in ein Ausgangssignal (Druck). Grundsätzlich ist ein proportionales oder ein umgekehrt proportionales Verhalten der Aktuatoren darstellbar.

Ein-Aus-Ventile werden in der Regel spannungsgesteuert betrieben, das heißt, die Batteriespannung liegt an der Kupferwicklung an. Der Hydraulikteil des Ventils ist entweder als Öffner (stromlos geschlossen, normally closed, n.c.) oder als Schließer (stromlos offen, normally open, n.o.) ausgeführt.

Durch ein pulsweitenmoduliertes Eingangssignal (Strom mit konstanter Frequenz, variables Verhältnis Ein- zu Ausschaltzeit) können Schaltventile als Drucksteller eingesetzt werden, deren Ausgangsdruck proportional bzw. umgekehrt proportional zum sog. "Tastverhältnis" ist. Man spricht von steigender oder fallender Kennlinie.

Druckregel-Ventile schließlich werden mit einem geregelten Eingangsstrom betrieben und können ebenfalls mit steigender oder fallender Kennlinie ausgeführt werden. Hierbei handelt es sich um eine analoge Regelung, während das PWM-Ventil digital angesteuert wird.

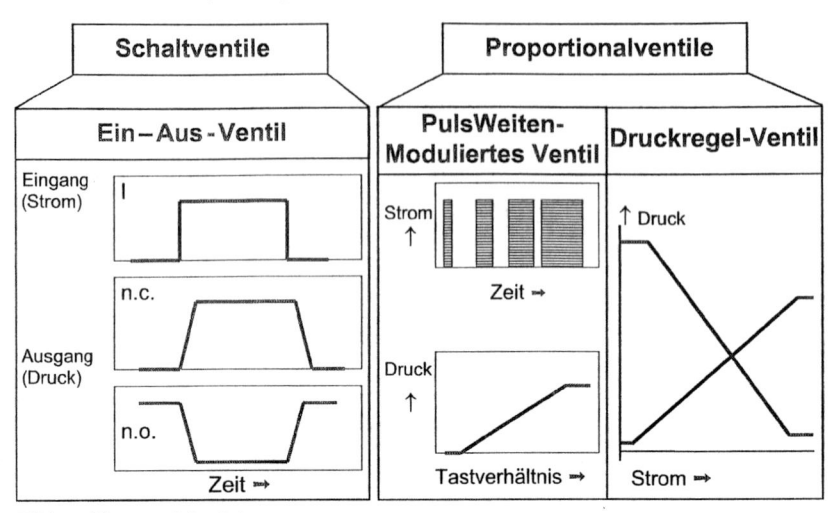

Bild 7: Aktuatorikfunktionen

5 Beispiele für die konstruktive Ausführung der Aktuatoren

In den folgenden Darstellungen sind Beispiele für gängige Getriebesteuerungs-Aktuatoren mit ihren Kennwerten und Charakteristika gezeigt. Die Beispiele beziehen sich auf Vorsteuerungs-Aktuatoren, das heißt, sie arbeiten in einem Druckbereich von 400 bis etwa 1000 kPa und wirken auf ein Verstärkungselement in der Hydrauliksteuerung des Getriebes. Durch einen Schieberkolben können der Druck und / oder der Volumenstrom verstärkt werden, wenn dies zur Ansteuerung z.B. der Kupplungen des Automatikgetriebes erforderlich ist.

Die gezeigten Aktuatoren können im konkreten Anwendungsfall an ihren Schnittstellen entsprechend den Bedingungen im Getriebe gestaltet werden, z.B.
- Mechanisch (Befestigung)
- Elektrisch (Kontaktierung)
- Geometrisch (Einbauraum)
- Hydraulisch (Schnittstelle zur Steuerplatte)

Durch konstruktive Änderungen müssen die Funktionsdaten an die Anforderungen im Getriebe angepasst werden, insbesondere hinsichtlich
- Zulaufdruck
- Dynamik (d.h. Reaktionsgeschwindigkeit und Regelstabilität)

5.1 Schalt- und PWM-Ventile

Sogenannte "3/2-Ventile" (3 Hydraulikanschlüsse, 2 Schaltstellungen) sind am weitesten verbreitet. Sie sind, verglichen mit den in der Stationärhydraulik eher üblichen 4/3-Ventilen, deutlich einfacher aufgebaut und deshalb kostengünstig, weisen aber Nachteile von 2/2-Ventilen, wie hohe Leckage oder begrenzten Durchfluß (bedingt durch deren Zusammenwirken mit einer externen Blende) nicht auf.

Ein-Aus-Schaltventil
Bild 8 zeigt ein Beispiel für ein 3/2 Schaltventil mit Kunststoffflansch, einem Kugel- und einem Kegelsitz und nennt beispielhaft einige typische Kenndaten, die jedoch an die Erfordernisse des Getriebes angepasst werden müssen.

Kenndaten (Beispiel):
- Zulaufdruck   400...600 kPa
- Durchfluß (400 kPa)   > 2.5 l/min
- Betriebsspannung   9...16 V
- Widerstand   12,5 Ω
- Schaltspielzahl   >2x10^6

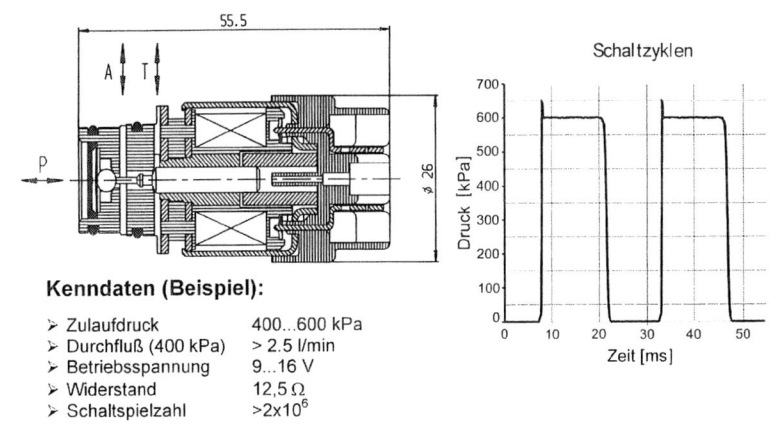

Bild 8: 3/2 Schaltventil

Der von der Getriebepumpe erzeugte Zulaufdruck steht vor dem Flansch an (P) und schließt den Kugelsitz. Diese Eigenschaft wird als "selbstabdichtend" bezeichnet. Da stromlos im Arbeitsdruckkanal (A) kein Druck anliegt, handelt es sich um ein "stromlos geschlossenes" Ventil.
In diesem Zustand ist der Arbeitsdruck, der letztlich den Verbraucher (z.B. eine Kupplung) versorgt, direkt mit dem Rücklauf zum Tank (Ölwanne) verbunden, sodass sich ein dort anstehender Druck oder ein enthaltenes Ölvolumen entleeren kann.

Wird die Wicklung des Schaltventils bestromt, so reduziert die entstehende Magnetkraft den Arbeitsluftspalt und der Anker bewegt sich samt dem mit ihm fest verbundenen Stößel in Richtung Kugel und öffnet diese. Öl fließt zum Verbraucher (von P nach A) und baut dort den Pumpendruck auf. Gleichzeitig wird der Rücklauf zum Tank verschlossen.

PWM-Ventil

Prinzipiell sind PWM-Ventile genauso aufgebaut wie Schaltventile. Da sie mit einer Frequenz zwischen 30 und 100 Hz betrieben werden, müssen sie für höhere Schaltgeschwindigkeit (Dynamik) und höhere mechanische Beanspruchung (Verschleiß) ausgelegt werden. Letzteres gilt besonders dann, wenn ein PWM zur Hauptdruck-Steuerung eingesetzt und während der gesamten Fahrzeuglaufzeit betrieben wird.

Diese Anforderungen wirken sich auch in der Konstruktion aus. Im Schnittbild (Bild 9) ist die Ausbildung einer Krempe am Anker zu erkennen, die für hohe Magnetkraft und hohe hydraulische Dämpfung im Schließfall sorgt. Der relativ lange Stößel nimmt Impulskräfte auf. Ein ringförmiger Sitz dichtet den Zulaufdruck im dargestellten stromlosen Zustand zum Arbeitsdruckkanal hin ab. Diese Ausführung hat im Vergleich zum Kugelsitz den Vorteil, daß nur minimale Flächen mit Zulaufdruck beaufschlagt sind und deshalb nur geringe Öffnungskräfte erforderlich sind, was zu einer hohen Dynamik (Schaltgeschwindigkeit) führt und die Spulengröße und -induktivität gering hält.
Außerdem ist die druckbeaufschlagte Fläche zum größten Teil druckausgeglichen, das heißt anstehender Zulaufdruck wirkt öffnend und schließend, sodass im Wesentlichen die Druckfeder für sicheres Schließen sorgt.

Zusatzforderungen hinsichtlich Kennliniengenauigkeit machen eine im Vergleich zum reinen Ein-Aus-Schaltventil höhere Genauigkeit bei der Einzelteilfertigung und bei der Montage erforderlich.

Bild 9 zeigt ein typisches PWM-Ventil, das die beschriebenen und in Bild 10 nochmals zusammengefassten Vorteile aufweist.

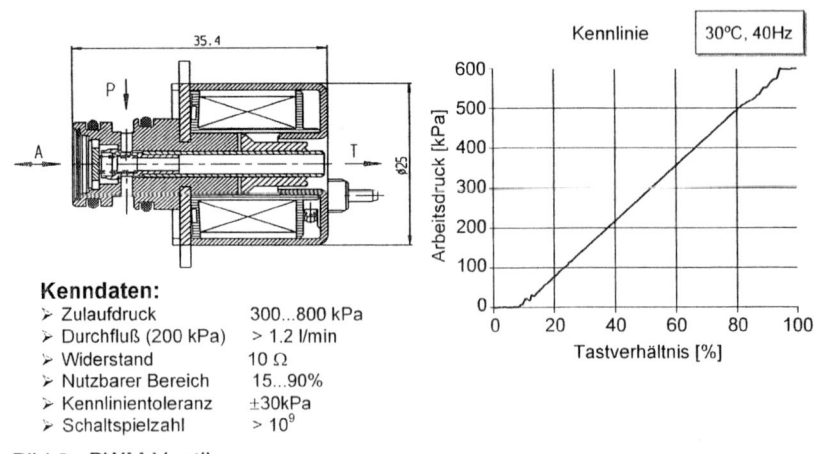

Kenndaten:
- Zulaufdruck — 300...800 kPa
- Durchfluß (200 kPa) — > 1.2 l/min
- Widerstand — 10 Ω
- Nutzbarer Bereich — 15...90%
- Kennlinientoleranz — ±30 kPa
- Schaltspielzahl — > 10^9

Bild 9: PWM-Ventil

In den Kennlinien-Endbereichen sind leichte Unstetigkeiten zu erkennen. Diese werden durch den Übergang vom Betriebszustand "schalten" in den Zustand "halten" (im geschlossenen bzw. geöffneten Zustand) verursacht. In diesen eng begrenzten Bereichen ist diese Ungenauigkeit in der Regel tolerierbar.

Druckausgleich:

- **Zulaufdruck 100 ... 1000 kPa möglich**
- **geringer Verschleiß, hohe Lebensdauer**
- **geringe Geräuschentwicklung**
- **hoher Durchfluß bei geringem Ventilhub**
- **kurze Schaltzeiten durch geringen Kraftbedarf**

Hohe Genauigkeit:

- **kurze Schaltzeiten ermöglichen Linearität über einen weiten duty-cycle-Bereich**
- **abgeglichener Arbeitsluftspalt gewährleistet geringe Exemplarstreuung**

Bild 10: Vorteile der PWM-Ventil-Konstruktion

5.2 Druckregel-Ventile

Bei Druckregelventilen können zwei Prinzipe unterschieden werden (Bild 11): Der Druckregler in Flachsitzausführung arbeitet als einstellbares Überdruckventil (Einkantenregler). Der Druckregler in Schieberausführung öffnet eine Steuerkante am Zulauf und schließt gleichzeitig eine Steuerkante zum Tankrücklauf (Zweikantenregler). Die Position des Reglerkolbens ergibt sich aus dem Kräftegleichgewicht abhängig von der eingeprägten Magnetkraft, dem geregelten Druck und der Federkraft.

Bei beiden Prinzipen wirkt der geregelte Druck direkt in das Kräftegleichgewicht ein, weshalb vollständige Regelkreise vorliegen.

"DR Schieber"   **"DR Flachsitz"**

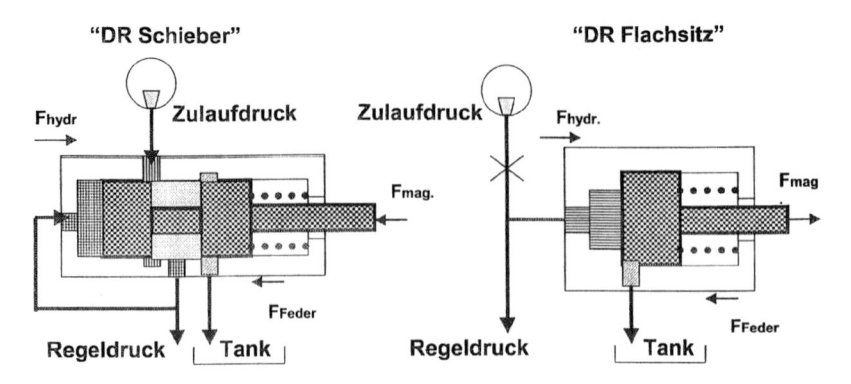

$F_{hydraulisch} = F_{Feder} + F_{Magnet}$ $F_{Hydraulisch} = F_{Feder} + F_{Magnet}$

Bild 11: Druckregler-Prinzipe

Flachsitz-Druckregler:
Bild 12a zeigt ein Ausführungsbeispiel eines Flachsitz-Druckreglers. Der Druckregler arbeitet zusammen mit einer Blende (Durchmesser 0,8...1,0mm), die entweder extern in der Hydrauliksteuerung angeordnet ist, oder direkt im Druckregler integriert werden kann. Letzteres hat den Vorteil, daß eine genauere Abstimmung der Druckreglercharakteristik (variable Blende am Flachsitz) mit der vorgeschalteten Festblende erfolgen kann. Ggf. ist durch geeignete Maßnahmen sogar eine gewisse Kompensation des Temperaturgangs möglich.

Bedingt durch die Tatsache, daß das Verhältnis der hydraulischen Widerstände beider Blenden nicht beliebig klein werden kann, weist die Druck-Strom-Kennlinie eines typischen Flachsitzdruckreglers einen sog. Restdruck auf, der mit sinkender Temperatur zunimmt. Die Hydrauliksteuerung des Getriebes muss diesem Umstand Rechnung tragen: Der für die Regelung nutzbare Bereich beginnt nicht bei 0 kPa, sondern bei einem entsprechend höheren Druck.

Ein weiterer Nachteil des Flachsitz-Druckreglers tritt besonders dann zutage, wenn in einem Getriebe mehrere solche Druckregler eingesetzt werden: systembedingt tritt ein permanenter Ölstrom durch den geöffneten Druckregler zurück zum Ölsumpf auf, der zu Energieverlusten und u.U. sogar dazu führen kann, daß eine Getriebeölpumpe mit höherem Volumenstrom eingesetzt werden muss.

Druckregler Flachsitz, fallende Kennlinie

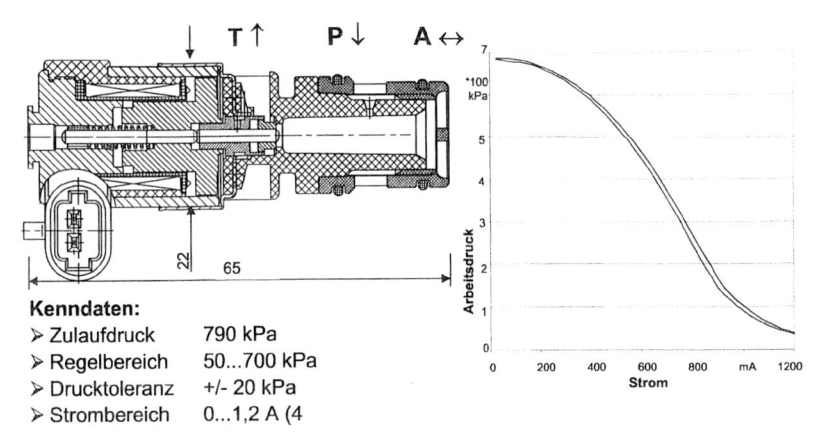

Kenndaten:
- Zulaufdruck   790 kPa
- Regelbereich   50...700 kPa
- Drucktoleranz   +/- 20 kPa
- Strombereich   0...1,2 A (4

Bild 12a: Druckregler Flachsitz mit integrierter Festblende

Diese Nachteile können durch Zusatzaufwand am Aktuator oder in der Hydrauliksteuerung vermieden werden. Allerdings werden dadurch die Hauptvorteile des Flachsitz-Druckreglers, sein einfacher Aufbau und die niedrigen Kosten, teilweise wieder aufgebraucht.

Bei neueren Generationen von Flachsitzdruckreglern wird ein zusätzliches Schließelement vor den Flachsitz geschaltet, das bei vollständig geöffnetem Flachsitz den Ölstrom abriegelt. Sobald sich der Flachsitz zu schließen beginnt, öffnet die Kugel und ist oberhalb des "Restdruckniveaus" funktionslos. Die dadurch darstellbare Kennlinie und die Vorteile gegenüber dem reinen Flachsitzregler zeigt Bild 12b.

Kennlinie (Beispiel)

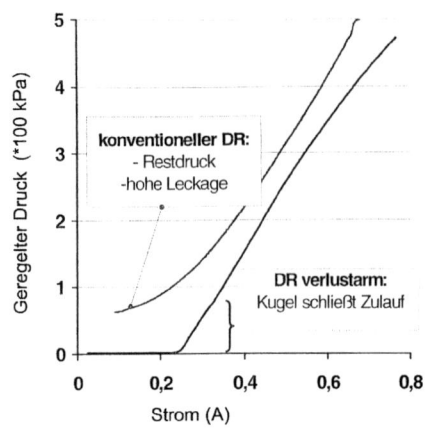

*(Diagramm: Geregelter Druck (*100 kPa) über Strom (A), zeigt konventioneller DR mit Restdruck und hoher Leckage sowie DR verlustarm: Kugel schließt Zulauf)*

Vorteile für Anwendung im Getriebe

Kein Restdruck:
- Gesamter Druckbereich ist für Regelfunktion nutzbar
- verbesserte Regelgenauigkeit

Keine Leckage in Endposition:
- reduzierte Verlustleistung
- verbesserter Getriebe-Wirkungsgrad
- kleinere Pumpe (Förderleistung) verwendbar

Bild 12b: Auswirkung der zusätzlichen Schließfunktion am Flachsitzdruckregler (Ausführungsbeispiel von Bosch zugrundegelegt)

Schieber-Druckregler:
Der im Bild 13 gezeigte Druckregler in Schieberausführung weist die Nachteile des Flachsitz-Druckreglers nicht auf, ist aber aufgrund teurerer Einzelteile (aufwendiger Flansch, präzise bearbeiteter Reglerkolben) teurer, als der Flachsitz-Druckregler.

Druckregler Schieber, fallende Kennlinie

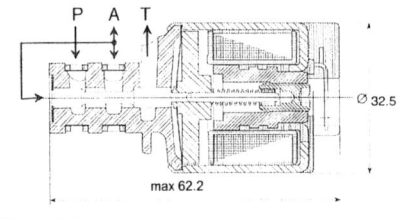

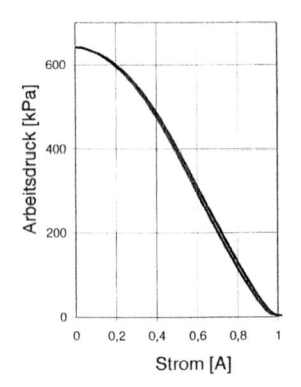

(Schnittzeichnung mit P, A, T Anschlüssen, Ø 32.5, max 62.2; Diagramm Arbeitsdruck [kPa] über Strom [A], fallende Kennlinie von ca. 600 auf 0)

Kenndaten:
- Zulaufdruck: 700 - 1600 kPa
- Regelbereich: typ. 600 ... 30 kPa
- Drucktoleranz: < ±40 kPa
- Strombereich: 0.1 ... 1A (4.45 Ω)
- Leakage (30°C): < 0.25 l/min
- Durchfluß (30°C): > 2.0 l/min ($\Delta p=100 kPa$)

Bild 13: Druckregler in Schieberausführung

Die Rückführung des geregelten Druckes auf die Stirnfläche des Reglerkolbens über einen Ölkanal in der Steuerplatte des Getriebes schließt den Regelkreis (äußere Rückführung). Der Regeldruck kann auch über einen gestuften Kolben oder andere Maßnahmen als resultierende Kraft in das Kräftegleichgewicht und somit in den Regelkreis einbezogen werden (interne Rückführung).

Die Vorteile der gezeigten Druckregler-Konstruktionen sind in Bild 14 zusammengestellt

Geringe Hysterese und Exemplarstreuung

- Hochpräzise Einzelteile
- Spezielle weichmagnetische Werkstoffe und Sonder-Glühverfahren
- Reibungsarme Kunststoff-Gleitlager bzw. Membranfederlagerungen
- 100%-Abgleich der Kennlinie

Unempfindlich gegenüber Verschmutzung

- Zulauffilter → grobe Partikel
- Lange, enge Spaltdichtungen → Feinschmutz (Fe-Abrieb)

Flexible kostenoptimierte Konstruktion

- Standard-Baukasten mit kundenspezifischen el. Und hydraulischen Schnittstellen
- Anpaßbar bzgl. Stabilität und Druckbereich
- Kompakte Konstruktion

Bild 14a: Vorteile der Druckregler-Konstruktion

5.3 Wann wird welcher Druckreglertyp eingesetzt?

Die Entscheidung, ob nun ein Flachsitz-Druckregler oder ein Schieber-Druckregler im Getriebe verwendet werden soll, oder ob gar ein PWM-Ventil die richtige Wahl ist, hängt von vielen Aspekten ab. Einige technische Kriterien wurden bei der Vorstellung der einzelnen Typen bereits genannt. Zusammengefasst sind diese noch einmal in Bild 14b.

Die dort genannten Zahlenwerte für Genauigkeiten dürfen nicht absolut verstanden werden, sondern nur relativ zueinander. Sie geben grobe Anhaltswerte, wobei abhängig von der kundenspezifischen Konstruktion sich die Verhältnisse durchaus auch ändern können, beispielsweise in Abhängigkeit von konstruktiven Details wie

- Einstellbarkeit des Kräftegleichgewichts
- Einstellbarkeit der Magnetkraft
- Verwendung von Spezialwerkstoffen im Magnetkreis
- Abstand zwischen Zulaufdruck und maximalem Regeldruck

und systembedingten Kriterien wie
- Art der Steuerung
- Dämpfungseigenschaften des Nachfolgesystems
- Einbaulage (horizontal, vertikal)
- Einbauort (über oder unter Öl oder wechselnd)
- Abgleichbarkeit des Regelkreises (sog. End-Of-Line-Programmierung)
- Schmutzkonzentration und -zusammensetzung

Nicht zu unterschätzen sind jedoch auch Auswahl-Kriterien wie

- Erfahrung des Anwenders mit einem bestimmten Typ (Vertrauensniveau, Risiko)
- Traditionen in Hause des Anwenders, die auch zu einem einseitigen Erfahrungsschatz führen können
- Vorhandene Steuerungskonzepte, für die der Überarbeitungsaufwand beim Wechsel des Reglertyps als zu groß eingeschätzt wird
- Eine Kostenbetrachtung erfolgt teilweise unter Gesichtspunkten "Reduzierung der Kosten für Fremdbezug". Eine Gesamtkostenbetrachtung unter Einbeziehung z.B. des Aufwandes in der Eigenfertigung der Steuerplattenbearbeitung ist für den Anwender schwierig (bestehende Einrichtungen...).

Kriterium	DR-Schieber	DR-Flachsitz	PWM 3/2
Aufwand im Hydrauliksystem	• unempfindlich ggü. Zulaufdruck-Schwankungen	• konstanter Zulaufdruck • Zulaufblende	• konstanter Zulaufdruck • Dämpfung
Genauigkeit Vergleichswert, Exemplarstreuung	≈ 7% (Rückführung) ± 5...±25 kPa (abh. v. Kennlinienbereich)	≈ 11% ± 5...±30 kPa (abh. v. Kennlinienbereich	≈ 13% (Steuerung) ± 20 kPa (konstant)
Einfluß des Zulaufdrucks bei P_{zu} = 800±50 kPa	P_C=400kPa ±0.2kPa	$\Delta P_C \approx 0.2 \bullet \Delta P_{zu}$	Änderung des Ausgangsdrucks P_c prop. zu ΔP_{zu}
Leckage (l/min)	typ. 0,3	0,3 ... 1,0 (...0)	0 ... 0,5 ... 0 (ohne Elastizität)
Geräusch	--	--	ggf. Dämpfung erforderlich
Kosten	hoch	mittel	gering

Bild 14b: Vergleich Druckregler Schieberausführung (DR-S), Flachsitzausführung (DR-F) und PWM-Ventil

6 Aktuatorikintegration

Da die Anzahl der Aktuatoren und Sensoren im Automatikgetriebe zunimmt, der zur Verfügung stehende Bauraum aber eher abnimmt, liegt der Schritt zur Integration nicht nur aus Kostengründen nahe: In sogenannten "Mechatronischen Modulen" können verschiedene Aktuatoren und Sensoren, deren Kontaktierung und ggf. ein Steuergerät zu einem Steuerungssystem entsprechend den Anforderungen des Kunden zusammengefasst werden (Bild 15).

Elektron. Steuergerät	Sensoren	Aktuatoren
♦ Einzelgerät ♦ Anbau ♦ integriert ♦ kombiniert	♦ Temperatur ♦ Druck ♦ Drehzahl ♦ Position	♦ on/off ♦ PWM ♦ Druckregler ♦ (Schrittmotor)

| Elektronik-Modul (EM) |
| Hydraulik-Modul (HM) |
| Elektrohydraulik-Modul (EHM) |

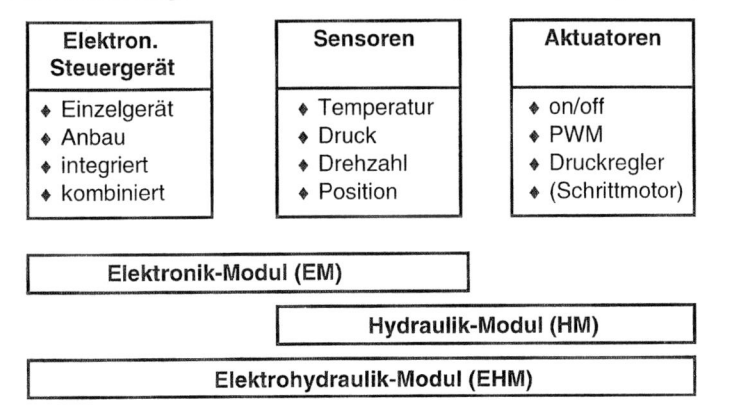

Bild 15: Variabler Umfang eines mechatronischen Moduls

Bild 16 zeigt ein Ausführungsbeispiel für ein Schaltventil, das in ein Hydraulisches Modul integriert wurde.

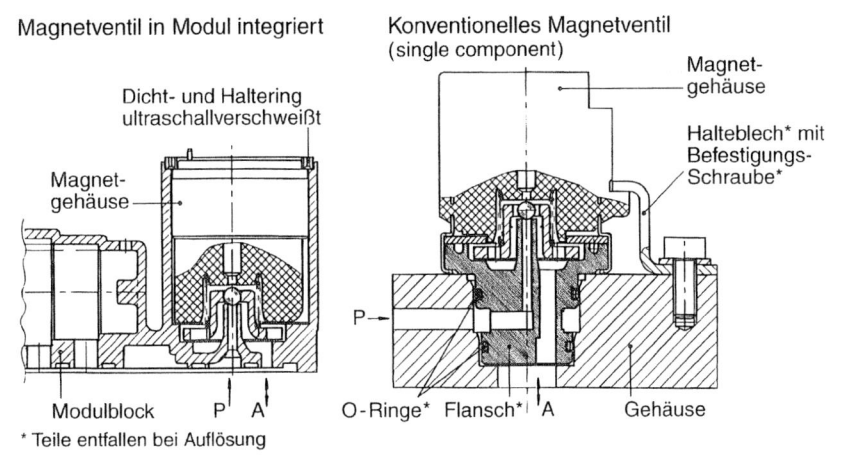

Magnetventil in Modul integriert   Konventionelles Magnetventil (single component)

Dicht- und Haltering ultraschallverschweißt

Magnetgehäuse

Halteblech* mit Befestigungs-Schraube*

Modulblock   P A   O-Ringe* Flansch* A   Gehäuse

* Teile entfallen bei Auflösung

Bild 16: Vorteile der Integration von Aktuatoren in ein Hydraulik-Modul

Die Vorteile der Module gegenüber Einzelkomponenten sind beispielsweise

- reduzierter Bauraum
- reduzierte Masse
- weniger Einzelteile
- modulinterne Bauteilstandardisierung

⟹ • reduzierte Kosten

Diese ergeben sich im Wesentlichen durch Vereinfachungen an den mechanischen und elektrischen Schnittstellen zwischen den Einzelkomponenten und zwischen den Einzelkomponenten und dem Getriebe.

Auf diesem Gebiet bieten sich auch in Zukunft noch weitere Ansätze zur Kostenreduzierung. Dem gegenüber steht die Erhöhung der Gesamtkomplexität, was auch zu Nachteilen führen kann:

Hersteller müssen Kompetenz für das Gesamtspektrum der Komponenten haben. Trennbarkeit im Fehlerfall ist erschwert, was zu erhöhten Folgekosten sowohl bei Montagefehlern, als auch bei Reparaturen führen kann. Deshalb sind sehr hohe Anforderungen an die Qualität und Zuverlässigkeit mechatronischer Systeme zu stellen und geeignete Maßnahmen zur Sicherstellung der Reparierbarkeit zu treffen.

7 Entwicklungstrends

Eine zusammenfassende Darstellung von Trends bei der Entwicklung neuer Aktuatoren gibt Bild 16b.

Die Entwicklungsziele leiten sich im Wesentlichen von übergeordneten Zielsetzungen ab, die bei der Fahrzeug- und damit auch bei der Getriebeentwicklung grundsätzlich gelten und denen insbesondere Komponenten des Antriebstranges Rechnung tragen müssen.

Oftmals entstehen Widersprüche in den Entwicklungszielen. Diese können dann nicht mehr durch evolutionäre Weiterentwicklung, sondern nur durch grundsätzliche Neuentwicklungen mit neuen Ansätzen aufgelöst werden.

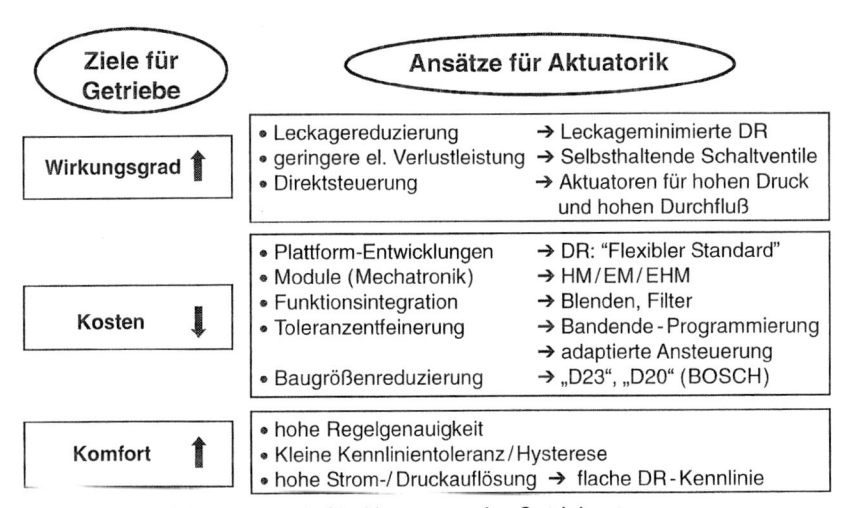

Ziele für Getriebe	Ansätze für Aktuatorik	
Wirkungsgrad ↑	• Leckagereduzierung • geringere el. Verlustleistung • Direktsteuerung	→ Leckageminimierte DR → Selbsthaltende Schaltventile → Aktuatoren für hohen Druck und hohen Durchfluß
Kosten ↓	• Plattform-Entwicklungen • Module (Mechatronik) • Funktionsintegration • Toleranzentfeinerung • Baugrößenreduzierung	→ DR: "Flexibler Standard" → HM/EM/EHM → Blenden, Filter → Bandende-Programmierung → adaptierte Ansteuerung → „D23", „D20" (BOSCH)
Komfort ↑	• hohe Regelgenauigkeit • Kleine Kennlinientoleranz/Hysterese • hohe Strom-/Druckauflösung → flache DR-Kennlinie	

Bild 16b: Entwicklungstrends für Aktuatoren der Getriebesteuerung

8 Simulationsgestützte Aktuatorikentwicklung

Für neue Getriebegenerationen werden die Entwicklungszeiten immer kürzer. Schon recht früh nach Projektstart müssen erprobungsfähige Aktuatoren mit getriebespezifischen Funktionsdaten zur Verfügung stehen, um hohen Qualitäts- und Zuverlässigkeitsanforderungen durch umfangreiche Tests Rechnung tragen zu können.

Der früher übliche Weg über Rekursionen und Modifikationen im Entwicklungs- und Bemusterungsprozeß ist künftig deshalb zeitlich und auch unter Kostengesichtspunkten nicht mehr gangbar.
Rechnergestützte Auslegung von Magnet- und Hydraulikkreisen bilden die Basis einer Aktuatorsimulation mit dem Ziel, möglichst frühzeitig virtuelle Aktuatoren hinsichtlich ihrer Funktion optimieren und bzgl. Grenzfällen untersuchen zu können (Bilder 17 und 18).

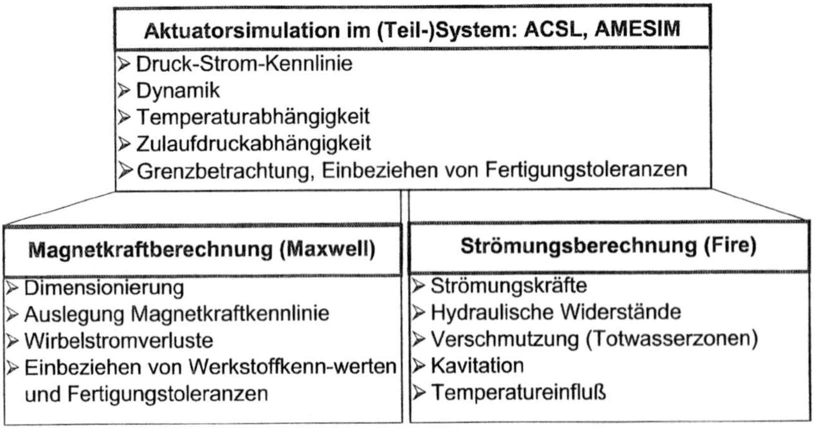

Aktuatorsimulation im (Teil-)System: ACSL, AMESIM
▷ Druck-Strom-Kennlinie
▷ Dynamik
▷ Temperaturabhängigkeit
▷ Zulaufdruckabhängigkeit
▷ Grenzbetrachtung, Einbeziehen von Fertigungstoleranzen

Magnetkraftberechnung (Maxwell)	Strömungsberechnung (Fire)
▷ Dimensionierung	▷ Strömungskräfte
▷ Auslegung Magnetkraftkennlinie	▷ Hydraulische Widerstände
▷ Wirbelstromverluste	▷ Verschmutzung (Totwasserzonen)
▷ Einbeziehen von Werkstoffkenn-werten und Fertigungstoleranzen	▷ Kavitation
	▷ Temperatureinfluß

Bild 17: Simulationsgestützte Aktuatorikentwicklung

Zunehmend wichtig wird außerdem die frühzeitige Berücksichtigung der getriebespezifischen "Umgebung", insbesondere für Druckregelventile, da diese entscheidenden Einfluss auf die dynamischen Eigenschaften der Druckregelung hat. Deshalb ist eine enge Zusammenarbeit zwischen Aktuatorikentwicklung und Steuerungsentwicklung unabdingbar
Bei elektrohydraulischen Modulen eröffnen sich zusätzliche Möglichkeiten durch Einbeziehen der elektrischen Ansteuerung und Anpassung auch deren Charakteristik auf den einzelnen Anwendungsfall im Getriebe.

Magnetkraftberechnung mit Hilfe des adaptiven FE-Programms MAXWELL

Optimierung ⟹

Verbesserungen:
- Lage und Form des Arbeitsluftspalts
- Verringerung und Verlagerung des parasitären Luftspalts zwischen Kern und Gehäuse
- Querschnittsoptimierung

Magnetkraft: 5,8N   10,2N

Strömungsberechnung mit FIRE

0 m/s 21.7

Strömungs-Vektoren

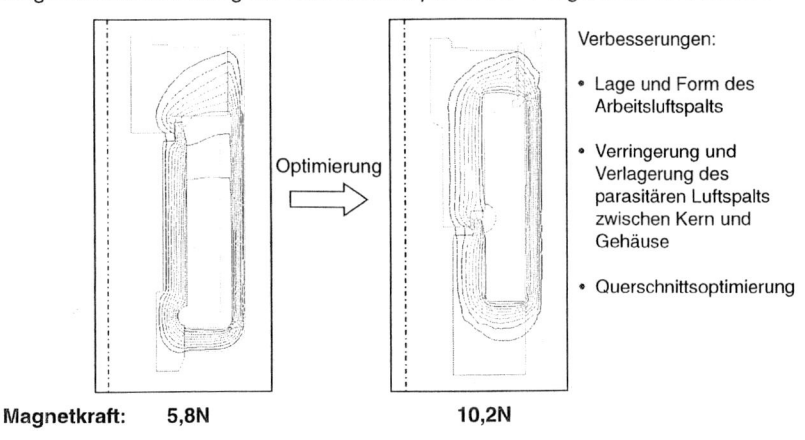

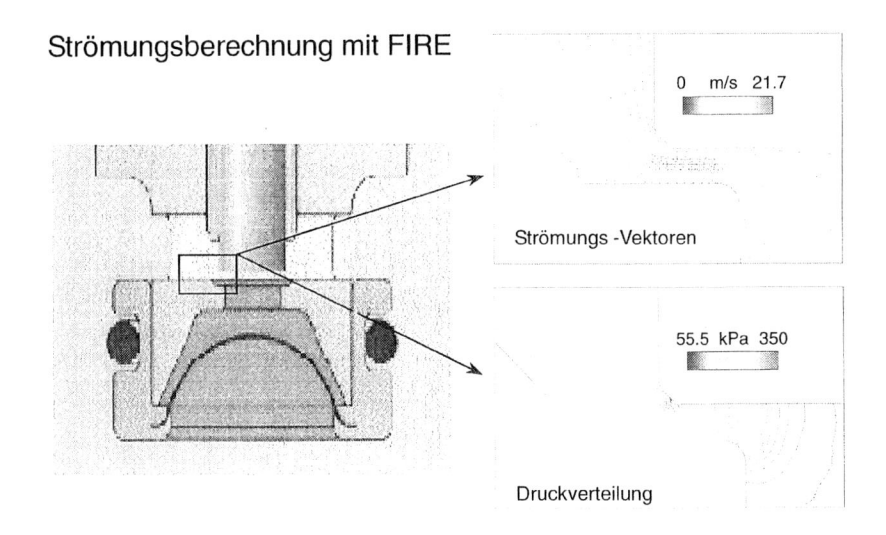

55.5 kPa 350

Druckverteilung

Bild 18: Elektronische Getriebesteuerung - Aktuatoren und Module
Einsatz der Simulation am Druckregeler

9 Sensoren für die Getriebesteuerung

Wie bereits einführend erläutert, erfassen die Sensoren eines Automatikgetriebes einerseits den Istzustand (Fahrzustand), z.b. die aktuelle Abtriebsdrehzahl, und andererseits den Fahrerwunsch, z.b. in Form der Position des Gang-Wählhebels.

Eine Übersicht über die Aufgaben von Sensoren in Automatikgetrieben ist aus der Zuordnung der wichtigsten Sensoren zu Getriebefunktionen in Bild 19 ersichtlich.

Stufen-Automatikgetriebe (AT) Funktion	Position	Drehzahl	Druck	Temp.	Ölgüte
♦ Gang erkennen	X	X			
♦ Tachogeber		X			
♦ Öltemperatur messen				X	
♦ Ölverschleiß erkennen					X
Automatisiertes Schaltgetriebe (ASG)					
♦ Schaltabsicht erkennen	X				
♦ Gang erkennen	X				
♦ Kupplungspos erkennen	X				
♦ Tachogeber		X			

Stufenloses Automatikgetriebe (Pulley-CVT) Funktion	Position	Drehzahl	Druck	Drehmom.	Temperat.	Ölgüte
♦ Gang erkennen	X					
♦ Tachogeber		X				
♦ Übersetzung erkennen	X					
♦ Bandspannung regeln			X	X		
♦ Öltemperatur					X	
♦ Ölverschleiß erkennen						X

Bild 19: Getriebefunktionen – Welche Sensoren wofür?

10 Sensor-Wirkprinzipe

Auf die Vielzahl physikalischer Wirkprinzipe und deren Ausführungsformen, die für Sensoren prinzipiell genutzt werden, kann im Rahmen dieses Beitrags nicht eingegangen werden.

10.1 Physikalische Effekte

Da im Folgenden Ausführungsbeispiele von Hall-Sensoren vorgestellt und diese mit magnetoresistiven Sensoren verglichen werden, sind in den Bildern 20 und 21 nur diese beiden physikalischen Effekte erklärt.

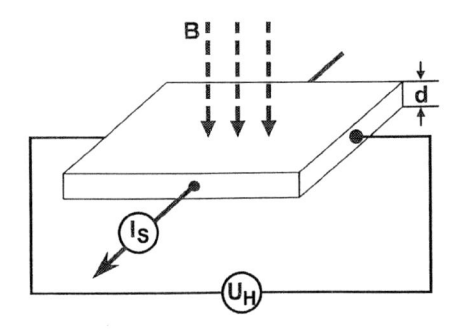

Legt man an einen Leiter eine elektrische Spannung und senkrecht dazu ein Magnetfeld B an, so entsteht senkrecht zur Stromrichtung I_S und zum Magnetfeld aufgrund der auf die Ladungsträger wirkenden Lorentz-Kraft eine Hall-Spannung U_H. Verwendet werden insbesondere dünne Halbleiterplättchen, z.B. aus Si.

U_H Hall-Spannung
R_H Hall-Konstante
I_S Versorgungs-Strom
B Magnetfeld
d Dicke des Hall-Elements

Hall-Spannung:

$$U_H = R_H \times \frac{I_S \times B}{d}$$

Bild 20: Hall-Effekt

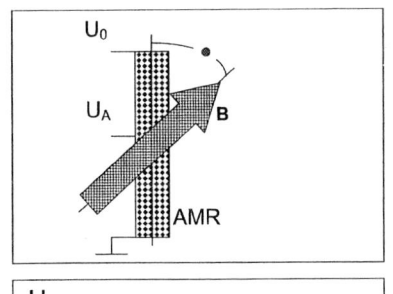

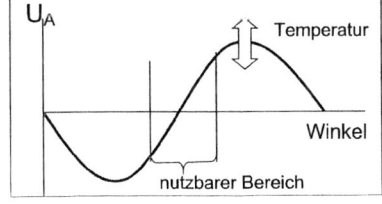

Pysikalisches Prinzip:
Widerstandsänderung in Abhängigkeit vom Winkel zwischen Strom und Magnetfeld

AMR: Anisotropes Magnetoresistives Element.
B: Steuerinduktion des drehbaren Dauermagneten
• : Meßwinkel
U0: Versorgungsspannung
UA: Meßspannung

Bild 21: Getriebetechnik – Magnetoresistiver Effekt

10.2 Vergleich von Sensor-Wirkprinzipen am Beispiel von Weg/Winkelsensoren

Bei der Auswahl des geeigneten Sensorprinzips muss von den Einsatzbedingungen am Getriebe ausgegangen werden. Außerdem ist zu entscheiden, ob ein analoges oder ein digitales Signal verwendet werden soll und welche Genauigkeiten erforderlich sind. Demgegenüber sind die Kosten zu betrachten, wobei aufgrund des immer noch wachsenden Sensormarktes und einiger Kostensenkung versprechender Neuentwicklungen hierbei nicht nur vom heutigen Preisniveau der Sensorelemente ausgegangen werden darf.

Bild 22 zeigt einen Vergleich der wichtigsten für Weg- bzw. Winkelsensoren geeigneten Senorprinzipe und nennt Kriterien hierfür. Diese müssen im Einzelfall anwendungsspezifisch ergänzt werden.

Vorauswahl-Kriterien		Wichtige Sensorprinzipe			
		Hall	Induktiv	Magneto-resistiv	Ohmscher Spannungsteiler
Einbauort	Außenanbau	✓	✓	✓	✓
	im Getriebe	✓	✓	✓	--
Bewegungsart	translatorisch	✓	✓	✓	✓
	rotatorisch	✓	✓	✓	✓
Signalform	digital	✓	--	--	--
	analog	✓	✓	✓	✓
Signalabgriff	schleifend	--	--	--	✓
	berührungslos	✓	✓	✓	--
Temperaturgang		0	+	0	--
Schmutzempfindlichkeit		+	0	0	--
Masse, Bauraum		+	--	+	--
Empfindlichkeit bzgl. Luftspalt		+	0	0	
Kosten		0 ➡ +	0	0	+

Bild 22: Vergleich wichtiger Sensorprinzipe für Weg/Winkelsensoren

11 Ausführungsbeispiele von Getriebesteuerungs-Sensoren

Unter Betrachtung von Kosten und Genauigkeit schneiden Hall-Sensoren im (hier vereinfachten) Vergleich am Besten ab. Deshalb sind hierfür in Bild 23 Anwendungsbeispiele für einen Positionssensor und einen Drehzahlsensor dargestellt, wie sie in mechatronischen Modulen für Automatikgetriebe zum Einsatz kommen können. Sie werden entweder als Einzelkomponenten mit kundenspezifischen Schnittstellen zum Getriebe verwendet, oder können aufgrund ihres Thermoplast-Gehäuses auch direkt in ein Modul integriert werden, woraus sich wiederum eine Kostenreduzierung ergeben kann.

Angle of Rotation Sensor
(Analoger Rotatorischer Positions-Sensor)

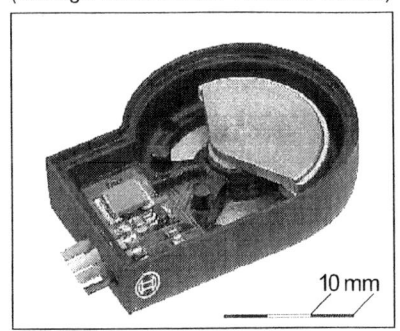

Rotational Speed Sensor
(Drehzahl-Sensor)

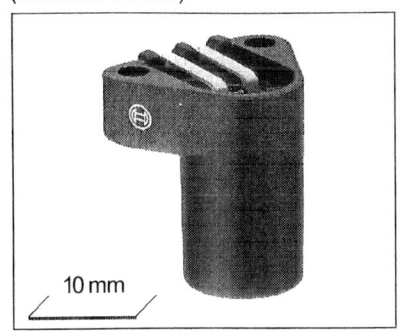

- Berührungsloses Sensorprinzip
- Ausgangsspannung programmierbar
- Temperaturkompensiert
- ATF-beständig, modulintegrierbar

- weiter Drehzahlbereich (1Hz...10kHz)
- Abstandsunempfindlich (0,1...2,5mm)
- ATF-resistent, modulintegrierbar

Bild 23: Anwendungsbeispiele für Hall-Sensoren

11.1 Positionssensor, analog, rotatorisch

Der als Winkelsensor ausgeführte Positionssensor "ARS1" wird eingesetzt, um die Stellung des Handschaltventils im Getriebe zu überwachen, das für die Auswahl der Fahrstufe zuständig ist. Er liefert eine Signalspannung, die über einen Bereich von typischerweise 110 Grad linear ansteigt.

Der Magnetkreis, ein Bosch-Patent, ist in Bild 24 dargestellt:
Ein Permanentmagnet ist fest mit dem Rotor verbunden. Dieser ist drehbar in einem zweigeteilten Stator gelagert. In (mindestens) einem der Luftspalte zwischen den Statorteilen ist ein Hall-IC angeordnet. Abhängig von der Winkelstellung des Rotors unterhalb der Statorteile wird ein mehr oder weniger großer Magnetfluß durch den Luftspalt mit dem Hall-IC geleitet. Dort entsteht die Hall-Spannung.

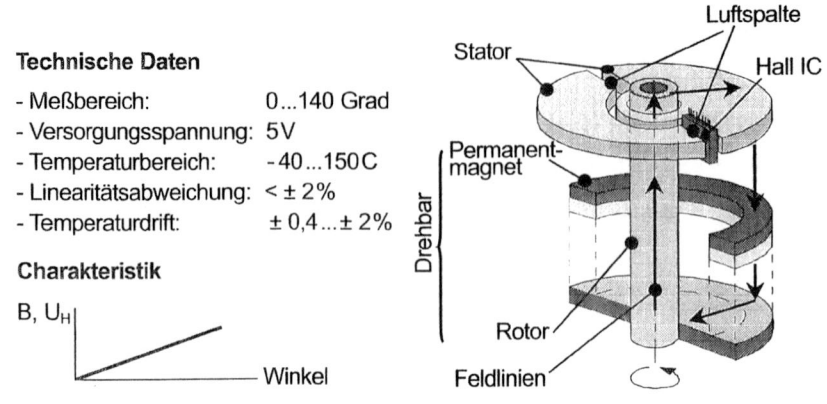

Technische Daten
- Meßbereich: 0...140 Grad
- Versorgungsspannung: 5 V
- Temperaturbereich: -40...150 C
- Linearitätsabweichung: < ± 2 %
- Temperaturdrift: ± 0,4...± 2 %

Charakteristik

B, U_H / Winkel

Stator, Luftspalte, Hall IC, Permanentmagnet, Drehbar, Rotor, Feldlinien

Bild 24: Magnetkreis des analogen rotatorischen Positionssensors ARS1 von Bosch

Werden in beiden Luftspalten Hall-ICs eingesetzt ist über eine geeignete Brückenschaltung eine Auswertung des Differenz-Signals möglich.

Bild 25 zeigt einen an das Getriebesteuerungs-Modul angebauten Sensor. Zu sehen ist auch der Signalabgriff am Rastkamm des Gangwähl-Schiebers.

Positionssensor (ARS1), Rastfeder, Rasthebel, Welle, Getriebesteuerungs-Modul

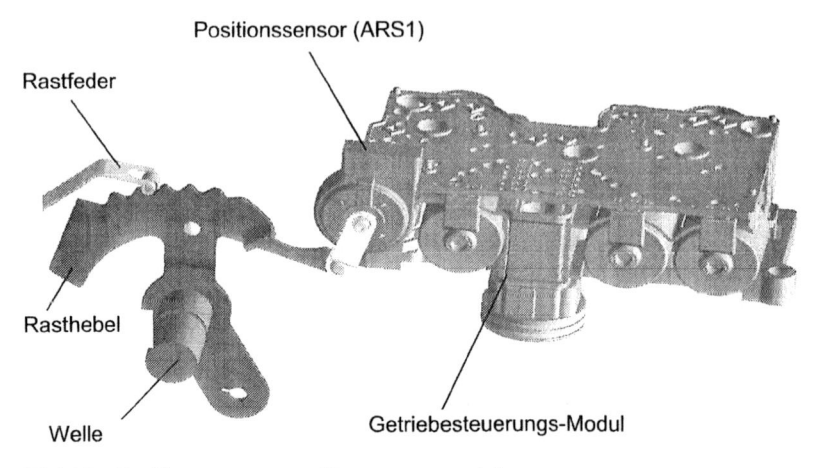

Bild 25: Positionssensor am Steuerungsmodul

11.2 Positionssensor, digital, translatorisch

Liefert der eben diskutierte ARS1 als Winkelsensor aus einer rotatorischen Bewegung ein analoges Ausgangssignal, so kann mit dem in Bild 25 gezeigten translatorischen Wegsensor ein digitales Ausgangssignal erzeugt werden.

Bild 26 zeigt die 7 Schaltstellungen eines 5-Gang-Automatiggetriebes sowie mögliche Zwischenstellungen zwischen einzelnen Stufen. Diese werden auch genützt, um die Richtung zu erkennen, in die ausgehend von einer gewählten Fahrstufe, weitergeschaltet wird.

Dieser Funktionsumfang ist hier mit 4 nebeneinanderliegenden Hallzellen abgedeckt, über die eine ebenfalls 4-reihig codierte Magnetmatrix bewegt wird.
Abhängig von der Stellung der Magnetmatrix werden die Hallzellen unterschiedlich ausgesteuert (high / low). Die Kombination kann der Schaltstellung zugeordnet werden.

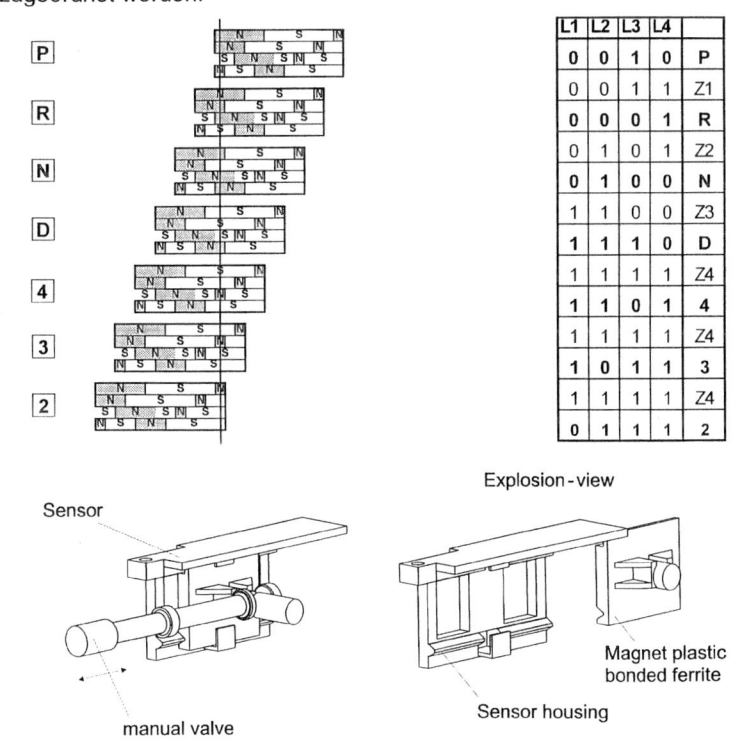

L1	L2	L3	L4	
0	0	1	0	P
0	0	1	1	Z1
0	0	0	1	R
0	1	0	1	Z2
0	1	0	0	N
1	1	0	0	Z3
1	1	1	0	D
1	1	1	1	Z4
1	1	0	1	4
1	1	1	1	Z4
1	0	1	1	3
1	1	1	1	Z4
0	1	1	1	2

Bild 26: Digitaler translatorischer Wegsensor: Codierung und Explosionsdarstellung

11.3 Drehzahlsensor

Typische Spezifikationsdaten der Hall-Drehzahlsensoren RS50 und RS52 von Bosch und einige typische Abmessungen sind in Bild 25 ersichtlich.

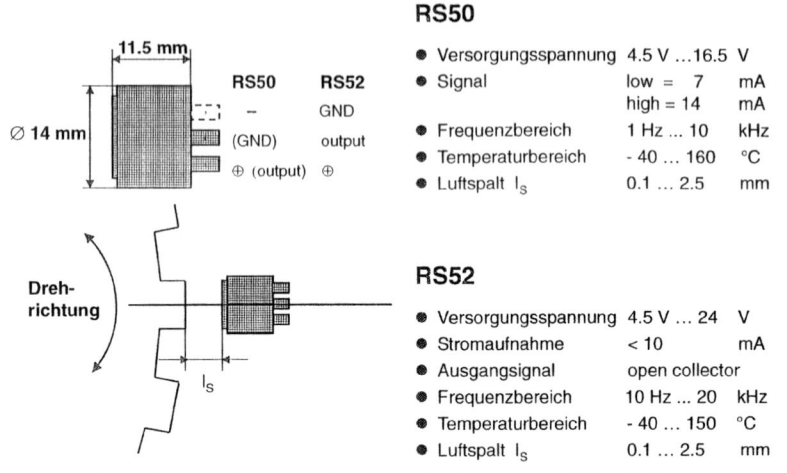

RS50

- Versorgungsspannung 4.5 V ...16.5 V
- Signal low = 7 mA
  high = 14 mA
- Frequenzbereich 1 Hz ... 10 kHz
- Temperaturbereich - 40 ... 160 °C
- Luftspalt l_s 0.1 ... 2.5 mm

RS52

- Versorgungsspannung 4.5 V ... 24 V
- Stromaufnahme < 10 mA
- Ausgangssignal open collector
- Frequenzbereich 10 Hz ... 20 kHz
- Temperaturbereich - 40 ... 150 °C
- Luftspalt l_s 0.1 ... 2.5 mm

Bild 27: Getriebetechnik – Spezifikation der Sensoren RS50/RS52

11.4 Weitere Sensoren

Druckschalter und –sensoren:
Im einfachen Fall werden reine Druck-Schalter verwendet. Diese dienen beispielsweise zur Überwachung von Aktuatoren, da die kalifornische Gesetzgebung (CARB) eine Möglichkeit fordert, abgasrelevante elektrische Bauteile des Antriebstrangs bzgl. ihrer Funktionsfähigkeit zu überwachen.
Sie können auch zum Erkennen von fehlerhaft ausgeführten Schaltungen in der Steuerplatte, das heißt, im Hochdruckbereich, verwendet werden, und ggf. eine Ersatzfunktion auslösen, z.B. ein Notlaufprogramm.
CVT-Getriebe hingegen erfordern teilweise einen geschlossenen Regelkreis mit Drucksensoren, beispielsweise zur Regelung der Bandspannung.

Auf Details einzugehen und weitere Sensoren vorzustellen, würde den Rahmen dieses Überblick gebenden Beitrags jedoch sprengen.

2.3 Mechatronikkonzepte für Getriebesteuerungen

Kurt Engelsdorf

1 Einführung

Die elektronischen Steuerungssysteme in Fahrzeugen nehmen nicht nur an Zahl sondern auch an Komplexität zu. Beides hat zwangsläufig einen Trend zu kompakterer Bauweise und höherer Integration zur Folge, um Schnittstellen, Bauraum und Kosten zu reduzieren. Der Platz im Fahrzeug muß zunehmend dem komfort- und nutzenorientierten Verbraucher zur Verfügung stehen und darf nicht für verzichtbare oder veraltete Aufbau- und Verbindungstechnik verschwendet werden.

Aus diesen Gründen werden mit Hilfe geeigneter Entwicklungswerkzeuge und -prozesse hierarchische Ordnungsstrukturen auf der Software- und mechatronische Modulkonzepte auf der Hardwareseite entwickelt. Softwaremodule werden in übergeordnete Triebstrangsteuerungs- und Gesamtfahrzeug-Strukturen eingebunden, während ASIC- und Mikrohybrid-Technologien die Grundlagen für Mechatronikkonzepte bilden.

Der Einsatz solcher fortschrittlichen Techniken beim Aufbau und bei der Verpackung elektronischer Schaltungen hat das Vordringen der Steuerelektronik im Kraftfahrzeug aus ihren geschützten Einbauräumen hinaus an die Front der Aktuatorik und Sensorik ermöglicht. In mehreren Systemen ging in den letzten Jahren Elektronik-vor-Ort in Serie und ermöglichte so den Aufbau modularer, vorgefertigter und vorab prüfbarer Baueinheiten.

Diesem Trend und den damit verbundenen Vorteilen kann und will sich auch die Getriebesteuerung nicht verschließen. Insbesondere bei der Entwicklung neuer Getriebetypen, wie den Continuously Variable Transmissions (CVT), müssen die Möglichkeiten der Integration, des modularen Aufbaus und der damit erreichbaren Kostenvorteile von allen beteiligten Partnern als Chance verstanden und aufgegriffen werden. Die aus den Einsatzbedingungen sich ergebenden Anforderungen an die Systemkomponenten und ihre Umgebung werden im folgenden beleuchtet.

2 Steuergeräte-Konfigurationen im Triebstrang

Bild 1 veranschaulicht verschiedene Möglichkeiten der Kombination bzw. Integration von elektronischen Steuergeräten im Triebstrang:
- Separate Steuergeräte ("Europäische" Lösung)
- Kombi-Steuergeräte (bisherige "Amerikanische" Lösung)
- Anbau- oder Einbau-Steuergerät (Mechatronische Lösung)

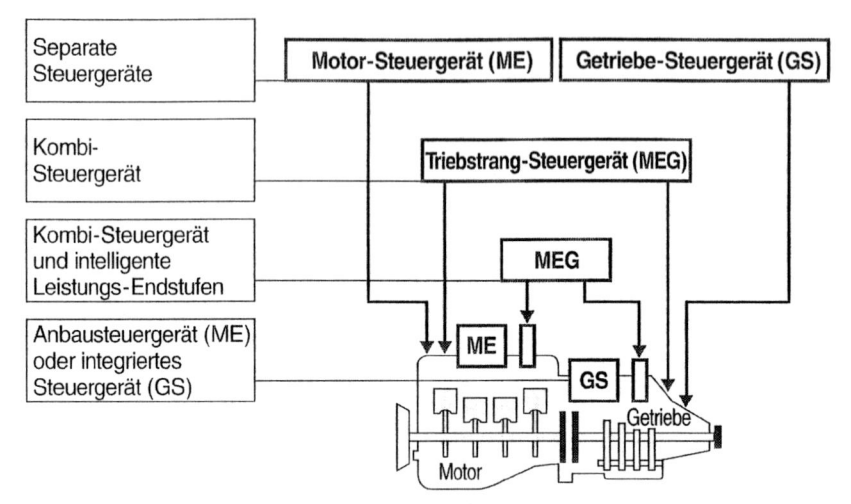

Bild 1: Mögliche Steuergeräteaufteilung im Triebstrang

In Tabelle 1 wird der Versuch einer groben tabellarischen Kostenbewertung der drei Basislösungen gemacht.

Bewertung der Kosten (Systembetrachtung)	Separate Steuergeräte	Kombi-Steuergeräte	Integrierte Steuergeräte
Elektronisches Steuergerät	0	++	0
Aufwand für Logistik	0	+	++
Montage, Kabelbaum	0	+	++
Bandendeprogrammierung	0	–	+
Applikationsaufwand	0	0	–

Kostenvorteile: 0 = neutral, + = mittel, ++ = hoch
Tabelle 1: Kostenbewertung verschiedener Hardware-Konfigurationen

Im Vergleich zum Aufbau mit separaten Steuergeräten lassen sich mit beiden Integrationsvarianten die Kosten des Gesamtsystems Getriebe reduzieren, entweder durch die Kombination der Einzel-Steuergeräte in einem Gehäuse, oder durch die Kombination verschiedener Steuerungskomponenten zu einem Mechatronikmodul. Im zweiten Fall sind besonders die Kosteneinsparungen durch Reduzierung des Logistikaufwandes und der Verkabelung von Bedeutung. Die folgenden beiden Abbildungen (Bilder 2 und 3) veranschaulichen die Vorteile mechatronischer Modulkonzepte mit integriertem Getriebesteuergerät.

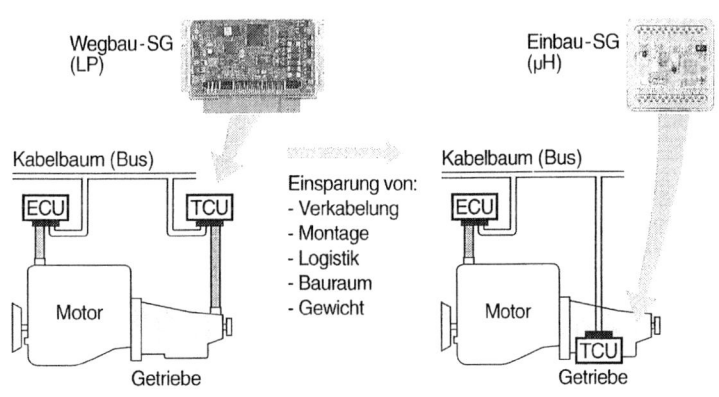

Bild 2: Vorteile der Integration

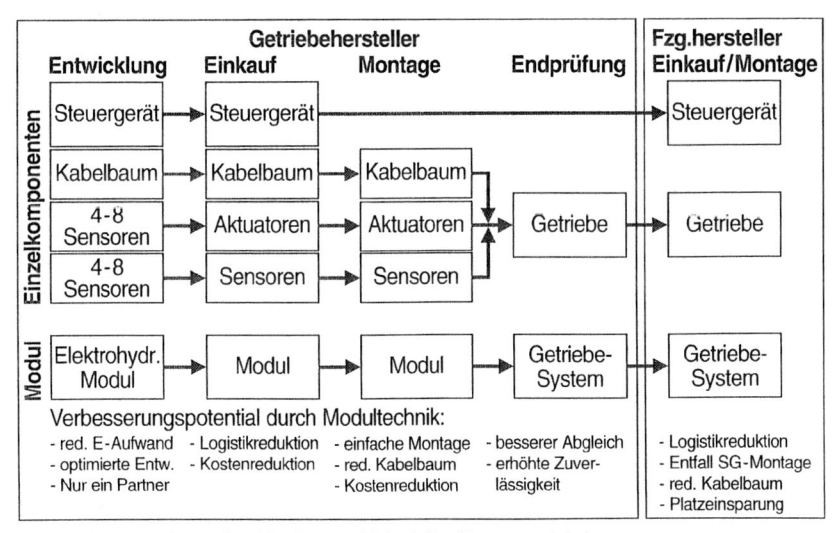

Bild 3: Begründung für Markttrend Module (Systemsicht)

3 Elektronik-vor-Ort im Triebstrang

Elektronik-vor-Ort ist erst durch die rasanten technologischen Entwicklungen auf dem Gebiet der Elektronik innerhalb der letzten Jahre möglich geworden, bei denen bestimmte Grundvoraussetzungen für die Umsetzung mechatronischer Konzepte geschaffen wurden:
Hochintegrierte elektronische Bauelemente (ICs und zunehmend auch ASICs) sowie neue Verbindungstechniken ermöglichen einen sehr kompakten Aufbau von Steuergeräten mit hoher Zuverlässigkeit.
Geeignete Gehäuse schützen gegen rauhe und aggressive Umgebungsbedingungen.
Bussysteme als zukünftige Datenleitungen in Fahrzeugen begünstigen verteilte Steuergeräte und damit eine Dezentralisierung der Signalverarbeitung und Aktuatorsteuerung.

Wie jede neue Technik birgt auch die Integration der Elektronik Chancen und Risiken, wobei letztere durch die schon in Serie produzierten Geräte z. B. ABS- und Motorsteuerung und die damit gewonnenen Erfahrungen gut abgeschätzt werden können.

Die Vorteile sind:
- Reduzierung der Bauteilanzahl (Gehäuse, Stecker, Verbindungen);
- kleineres Gewicht und Bauvolumen
- funktionell abgeschlossene und dadurch separat prüfbare Einheit;
- reduzierter Logistik-, Verkabelungs- und Montageaufwand beim Fahrzeughersteller;
- Paarung von Elektronik und Mechanik/Hydraulik ermöglicht:
  - genauere Abstimmung der Funktionsparameter durch Softwareabgleich am Bandende oder
  - Aufweitung der Fertigungstoleranzen und Kompensation durch Softwareabgleich.

Als Nachteile sind zu nennen:
- Verschärfte Spezifikationsanforderungen durch erhöhte Beanspruchung der Elektronik-vor-Ort aufgrund der dort herrschenden Umgebungsbedingungen (Temperaturen, Vibrationen, Medien).
- Tauschbarkeit einzelner Baugruppen im Servicefall wird erschwert.

Insbesondere die für Elektronikbauelemente wenig erfreulichen Umgebungsbedingungen am Einbauort der Aktuatoren führten zur Entwicklung von Hybrid-Steuergeräten, die den Einsatz der Elektronik vor Ort in vielen Fällen erst möglich machten.

3.1 Mechatronik für Motorsteuerung

Bild 4 zeigt eine Motorsteuerung "Motronic" auf dem Saugrohr eines Ottomotors montiert als Teil eines sogenannten Saugmoduls /1, 2/. Derartige mechatronische Systemlösungen mit elektronischen Steuergeräten, die direkt am jeweiligen Aggregat angebaut werden, sind bei Bosch seit 1995 für ABS-Steuerungen und seit 1996 für Motorsteuerungen in Serie.

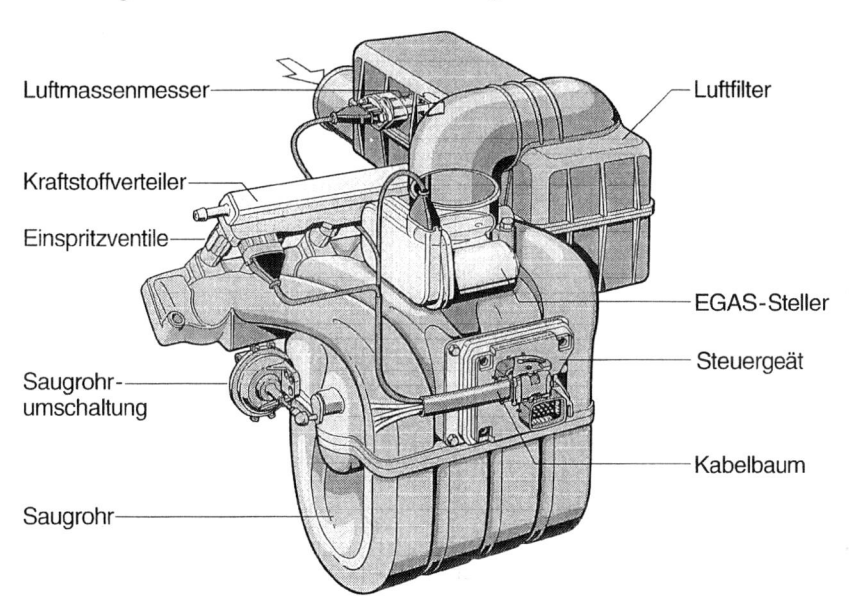

Bild 4: Drosselklappenmodul mit Motronic

3.2 Mechatronik für Dieselsteuerung

Als weiteres Beispiel für ein Mechatroniksystem im Kfz zeigt Bild 5 die Dieseleinspritzpumpe von BOSCH. Die Kombination von Pumpe und Steuergerät erlaubt den Abgleich von kritischen Pumpenkontrollparametern bereits während der Produktion. Dieser Abgleich sorgt für eine hohe Genauigkeit der Einspritzmenge über den gesamten Arbeitsbereich der Pumpe. Durch die Integration von Elektronik, Sensoren und Aktuatoren kann der Motorhersteller die Pumpe als getestetes Gesamtsystem beziehen und einbauen /2/.

Bild 5: Dieseleinspritzpumpe mit Mikrohybrid-Steuergerät

3.3 Mechatronik für Getriebesteuerung

Der Schritt zum mechatronischen System wird durch die Integration der Steuerungs- und Sensorelektronik in das Getriebegehäuse vollzogen /3, 4, 5, 6/. Bild 6 zeigt das elektrohydraulische Steuermodul für ein CVT-Getriebe mit den erforderlichen Aktuatoren (Magnet- und Regelventile) für die elektrohydraulische Vorsteuerung, der Sensorik zur Erfassung von Drehzahl, Position und Druck, dem elektronischen Steuergerät in Mikrohybrid-Technologie, der elektrischen Verbindungstechnik mit Getriebestecker und der hydraulischen Hauptstufe mit dem Schiebergehäuse. Das komplette Steuermodul wird fertig montiert und geprüft von unten an das Getriebegehäuse geschraubt. Im oberen Bereich sind die hydraulischen Anschlüsse zu den übrigen Getriebekomponenten erkennbar.

In Bild 7 sind die Einzelkomponenten zusätzlich zum Gesamtmodul separat dargestellt. Die hydraulische Hauptstufe ist typischerweise ein Erzeugnis, das die Getriebehersteller selbst entwickeln und produzieren, daher ist diese Komponente typischerweise ein Kundenprodukt.

Sensormodul mit Steuergerät   Magnetventile

Stecker

Vorsteuerung

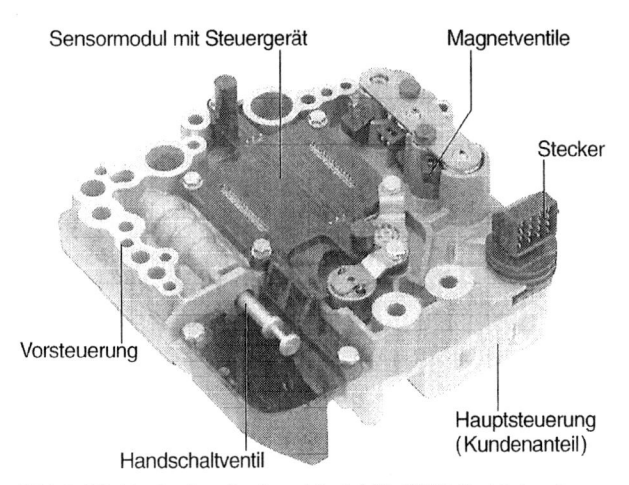

Handschaltventil   Hauptsteuerung (Kundenanteil)

Bild 6: Elektrohydraulisches Modul für CVT-Getriebesteuerung

Komponenten

Sensormodul mit Aufnahme für Steuergerät

Mikrohybrid-Steuergerät

Hydraulisches Modul mit Aktuatoren

Hauptsteuerung mit Hydraulikventilen (Kundenanteil)

Elektrohydraulisches Modul mit Hauptsteuerung

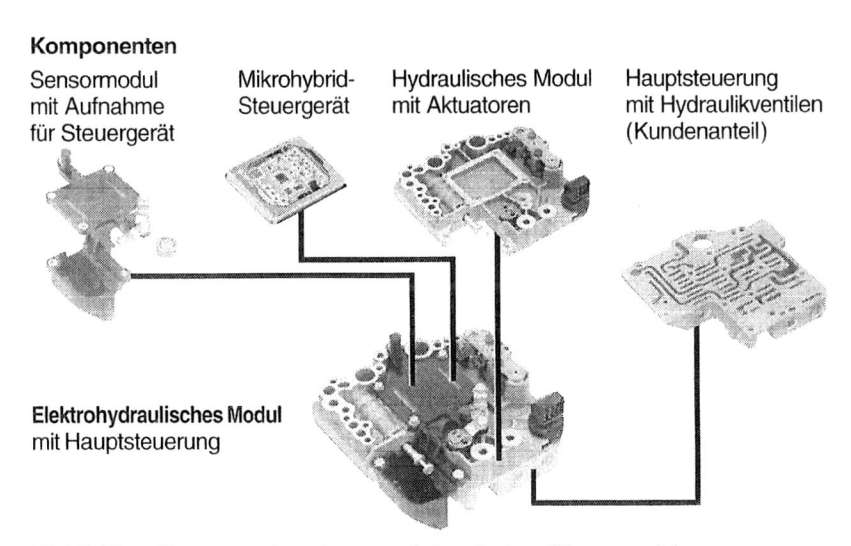

Bild 7: Einzelkomponenten eines mechatronischen Steuermoduls

Die Vielfalt der Getriebegrößen und -bauformen erschwert eine Standardisierung von Komponenten und erst recht von ganzen Modulen, daher sind bei der Umsetzung von Mechatronikkonzepten in der Getriebetechnik zwei Grundsätze zu beachten:

1. Das Moduldesign ist trotz aller notwendigen Standardisierungsbestrebungen so zu gestalten, daß eine hinreichende Flexibilität der Anordnung und Anpassungsfähigkeit an die Wünsche des Getriebekonstrukteurs möglich ist.
2. Getriebeentwickler und Entwickler des mechatronischen Steuermoduls müssen in einem möglichst frühen Entwurfsstadium zusammenarbeiten, um die Schnittstellen festzulegen und ihre Ausführung zu optimieren.

Kennzeichnend für die nachfolgend gezeigten modularen Designkonzepte ist die flexible Kombination von Elektronik, Aktuatorik und Sensorik, die es ermöglicht, auf die spezifischen Anforderungen, Auslegungskonzepte und Entwicklungsstände des Getriebeherstellers individuell zu reagieren. In Bild 8 sind beispielhaft drei typische Ausführungsformen von Steuermodulen dargestellt.

Hydraulisches Modul (HM)	Elektronisches Modul (EM)	Elektrohydraulisches Modul (EHM)
Aktuatoren	Elektronik	Elektronik
Sensoren	Sensoren	Aktuatoren
		Sensoren

Bild 8: Modulkonzepte für Getriebesteuerung

Der mechatronische Ansatz ist grundsätzlich in jedem automatisch gesteuerten Getriebe mit der gleichen Argumentation vorteilhaft einsetzbar:
- Erhöhte Zuverlässigkeit durch Lieferung einer komplett montierten und vorgeprüften Baueinheit mit weniger Steck- und Leitungsverbindungen
- Reduzierte Systemkosten durch Einsparung von Komponenten, Montageaufwand, Logistik und Bauraum
- Toleranzabgleich durch Bandendeprogrammierung (EoL-programing).

Um möglichst frühzeitig und anschaulich mit Kunden über die technischen Konzepte, Bauraum- und Schnittstellenfragen sprechen zu können, wurde mit Hilfe von Rapid-Prototyping-Verfahren ein Anschauungsmodell des elektrohydraulischen Steuermoduls hergestellt (siehe Bilder 9 bis 11 und Tabelle 2).

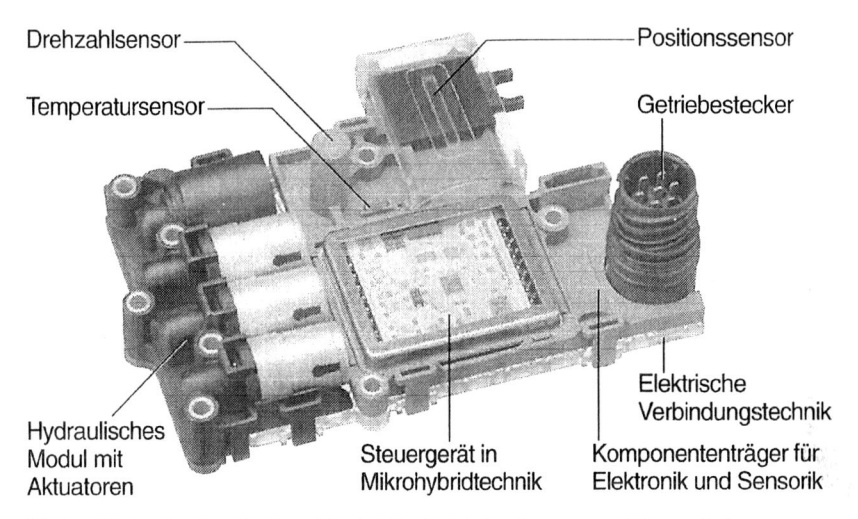

Bild 9: Elektrohydraulisches Modul für Getriebesteuerung (Oberseite)

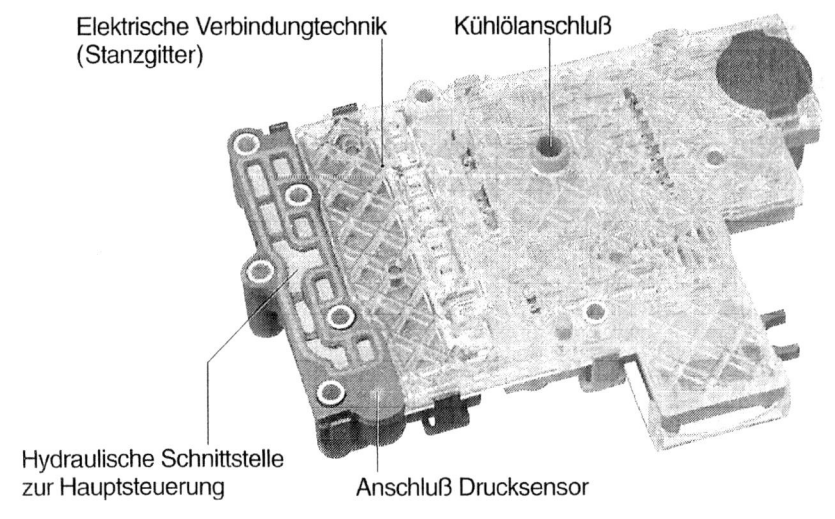

Bild 10: Elektrohydraulisches Modul für Getriebesteuerung (Unterseite)

Drehzahlsensor

Hydraulisches Modul
mit Aktuatoren

Drucksensor

Filter- und
Dichtungsplatte

Positionssensor
Steuergerät
Getriebestecker

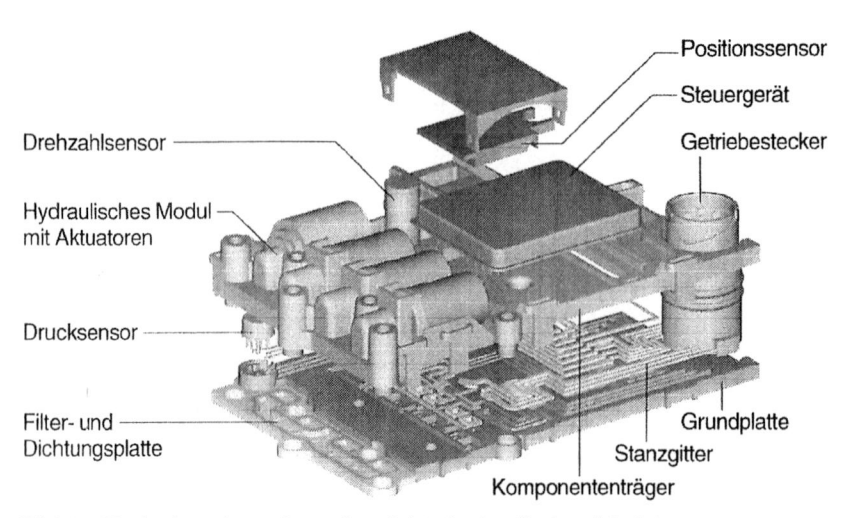

Grundplatte
Stanzgitter
Komponententräger

Bild 11: Explosionsdarstellung des elektrohydraulischen Moduls

Konstruktion	- Vorsteuermodul mit Schnittstelle zur Hauptsteuerung - Integriertes Steuergerät, Aktuatoren, Sensoren, Stecker und Verbindungstechnik - Dreiteiliges Kunststoffgehäuse, vormontiert durch Schnappverbindungen - Für den Einbau in das Getriebegehäuse geeignet - Einbaumaße ca. 190 x 110 x 35 (L x W x H in mm)
Hydraulik, Aktuatoren	- Hydraulisches Teilmodul mit Druckregel-, PWM- und Schaltventilen - Schnittstelle zur Hauptsteuerung mit Dichtungsplatte und integrierten Filterelementen
Elektronik, Elektrik	- Mikrohybrid-Steuergerät in hermetisch dichtem Metallgehäuse - Stanzgitter als elektrische Verbindung zwischen den Komponenten - Getriebestecker mit Flachstiften und O-Ring-Dichtungen
Sensoren	- Drucksensor mit mikromechanischem Meßelement - Drehzahlsensor mit Hall-Element - Wählschieber-Positionssensor mit Hall-Elementen - Temperatur-Sensor - Stecksockel für zusätzlichen Drehzahlsensor

Tabelle 2: Komponenten und Konstruktionselemente des elektrohydraulischen Moduls

Bild 12 zeigt das Foto eines für den Serieneinsatz entwickelten elektronischen Moduls. Es wird in dem neuen 6-Gang-Stufenautomatgetriebe von ZF eingesetzt, das auf der IAA 1999 in Frankfurt vorgestellt wurde.

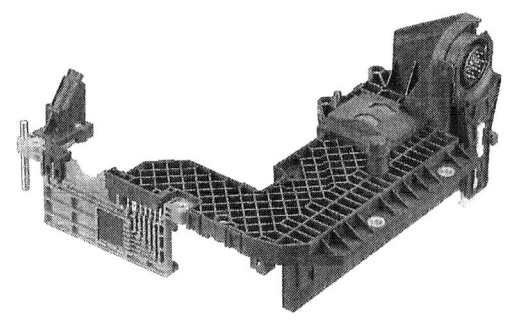

Bild 12: Elektronisches Steuermodul für das ZF-Getriebe 6HP26

4 Komponenten mechatronischer Systeme

4.1 Aktuatoren und hydraulische Module

In der Getriebesteuerung sind zweistufige elektrohydraulische Steuer- oder Regelkreise Stand der Technik. Für die Vorsteuerung werden verschiedene Arten von Ventilen in unterschiedlichen Ausführungsformen verwendet:
- Schaltende oder pulsweitenmodulierte Magnetventile
- Druckregelventile mit Schieber- oder Flachsitzkolben

Welche dieser Aktuatoren der Getriebehersteller verwendet, hängt von mehreren Faktoren ab: vom Getriebetyp, den Spezifikationen, Erfahrungen, Gewohnheiten, Kosten, Bauraum usw. Die Aktuatoren werden üblicherweise in den Steuergehäusen der Hauptstufen untergebracht. In letzter Zeit zeichnet sich jedoch zunehmend ein Trend zu modularen Aufbaukonzepten ab. Die Aktuatoren werden dabei nicht mehr einzeln im Steuerkasten untergebracht sondern in ein Vorsteuermodul integriert, das außerdem die elektrischen Verbindungen zu dem ebenfalls integrierten Getriebestecker sowie die hydraulischen Anschlüsse zur Hauptstufe enthält. Bild 13 zeigt verschiedene Bauformen von Aktuatoren und eine beispielhafte Ausführungsform eines hydraulischen Moduls.

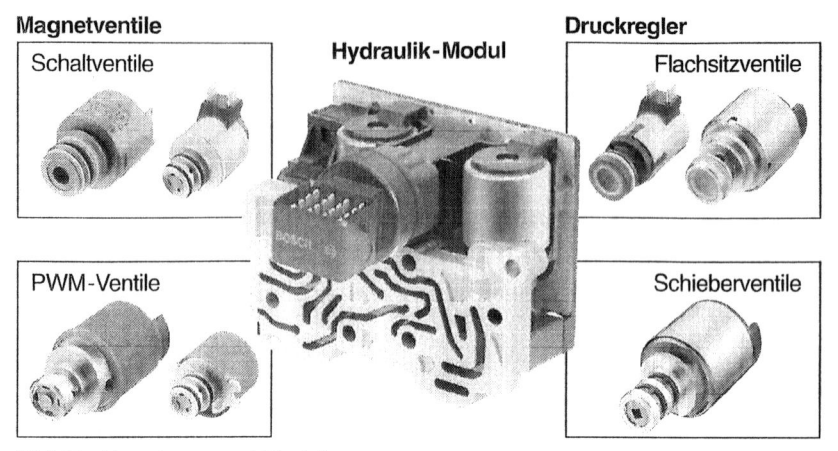

Bild 13: Aktuatoren und Module

4.2 Elektronische Steuergeräte

Um mit dem Preisverfall in der Automobiltechnik Schritt zu halten, sind ständig Maßnahmen zur Kostensenkung erforderlich. Durch Verwendung von eigen entwickelten ASICs und durch Verbesserung des Fertigungsprozesses konnten in den letzten Jahren entsprechende Ratioschritte durchgeführt werden.

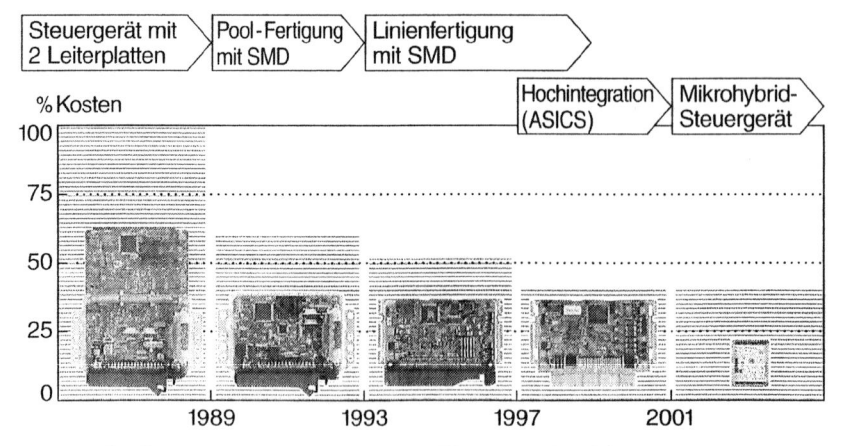

Bild 14: Größen- und Kostenentwicklung Elektronik Getriebesteuerung

Den größten Innovationsschritt bei der Umsetzung mechatronischer Konstruktionen bildet zweifellos die vollständige Integration der Elektronik in das Getriebe hinein. Das Steuergerät muß auf engstem Raum absolut öldicht verpackt und gegen thermische Überlastungen geschützt werden. Die Verpackung der Mikrohybrid-Elektronik erfolgt in einem verschweißten Metallgehäuse mit Glasdurchführungen für die Kontaktstifte (Bild 15). Das Steuergerätgehäuse ist somit nach außen hermetisch dicht und schützt die Elektronik gegen jegliche Medieneinflüsse und den Hydraulikrestdruck im Getriebesumpf. Das Mikrohybrid-Steuergerät wird mechanisch, elektrisch und thermisch so in das Modul eingebunden (siehe Bilder 9 bis 11), daß die Vorteile des Mechatronikansatzes voll umgesetzt werden: Veringerung der Steckverbindungen und Kabel, der Baugröße und der Systemkosten. Auf die verwendete LTCC-Aufbautechnologie des Keramiksubstrats wird später noch eingegangen.

Als typische Spezifikationsdaten der Steuergeräte für den Einsatz im Automatikgetriebe gelten folgende Angaben:
- Öltemperaturen zwischen -40 und 140 °C
- Schüttelbelastungen bis zu 60 g
- Belastungen durch Schmutz- und Abriebpartikel sowie chemische Additive im Getriebeöl.

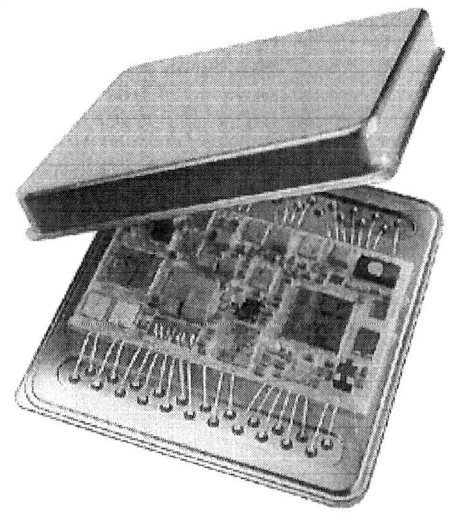

Bild 15: Mikrohybridsteuergerät im verschweißten Metallgehäuse

4.2.1 Mikrohybrid-Technik (LTCC)

Seit vielen Jahren wurden bei der Getriebesteuerung Hybride in Dickschichttechnik für den Aufbau der Stromregler verwendet. Dabei profitierte man von der Reduzierung der Leiterplattenfläche und den kurzen Verbindungsleitungen auf dem Hybrid.

Die Weiterentwicklung zur Mikrohybridtechnologie wurde notwendig, um die hohen Umgebungsanforderungen an die Elektronik zu beherrschen. Zugleich wird die benötigte Substratfläche für die gleiche Funktionalität deutlich verringert (Bild 16). Dies ermöglicht die Integration komplexer Steuerungen in die Systemmodule und Aggregate.
Steuergeräte auf Basis der LTCC-Technologie (**L**ow **T**emperature **C**ofired **C**eramic) werden bei Bosch seit 1995 in Serie produziert.

Die Mikrohybridtechnik zeichnet sich durch eine hohe Widerstandsfähigkeit gegen Temperatur und Vibration aus. Die Zuverlässigkeit wird durch die direkte Montage der elektronischen Bauteile ohne separate Verpackung erhöht, weil sich dadurch die Gesamtzahl der Verbindungen verringert, und weil die Verlustleistung von den Bauelementen direkt auf das Substrat abgeführt wird. Wegen der angepaßten Ausdehnungskoeffizienten des Keramiksubstrats und der elektronischen Komponenten ist diese Art der Bauelementemontage besonders stressarm.

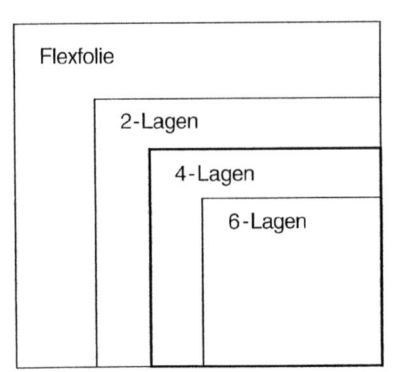

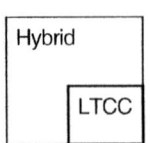

Bild 16: Vereinfachter Vergleich der Substratflächen für gleiche Funktionalität

Im Unterschied zur wenig flexiblen seriell ablaufenden Hybridfertigung erfolgt die Fertigung des Mikrohybrids in parallelen Prozessen (Bild 17). Zuerst werden die Löcher für die Verbindungen zwischen den einzelnen Lagen gestanzt. Anschließend werden die einzelnen keramischen Isolationsfolien in ungebranntem Zustand mit Leiterbahnen bedruckt und die Löcher ("Vias") mit leitender Paste (Silber) gefüllt um die verschiedenen Schichten zu verbinden.

Lage wird vor der Weiterverarbeitung geprüft und erst nach ihrer Stapelung werden alle Lagen gemeinsam bei 890 °C gebrannt. Im letzten Arbeitsschritt werden dann die elektronischen Bauelemente auf die Substrat-Oberfläche geklebt und gebondet.

Fertigungsprozeß

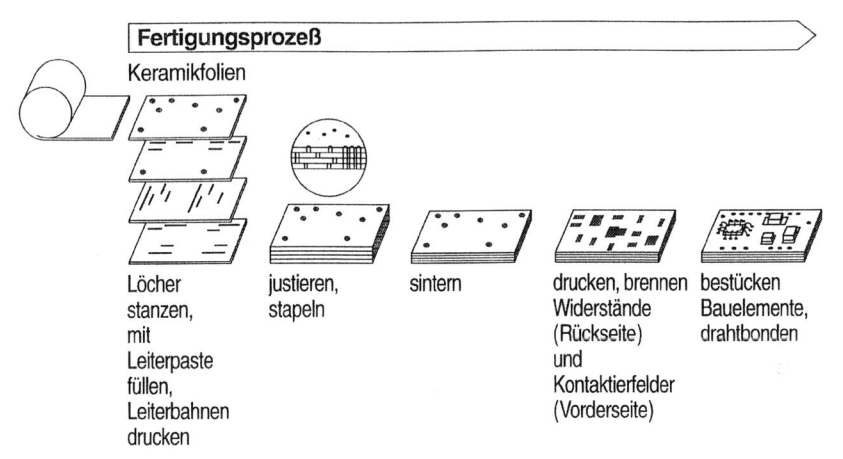

Keramikfolien

| Löcher stanzen, mit Leiterpaste füllen, Leiterbahnen drucken | justieren, stapeln | sintern | drucken, brennen Widerstände (Rückseite) und Kontaktierfelder (Vorderseite) | bestücken Bauelemente, drahtbonden |

Bild 17: Fertigungsablauf des Mikrohybridsubstrats

Bild 18 zeigt den anschließenden Montageprozess eines Mikrohybrid-Steuergerätes für Getriebesteuerung. Nach dem Vereinzeln der Substrate werden die Mikrohybride auf die Bodenplatten aufgeklebt. Dann werden die Steckerpins am Gehäuse mit dem Hybrid durch Bonddrähte verbunden. Anschließend wird der Gehäusedeckel auf die Bodenplatte geschweißt.

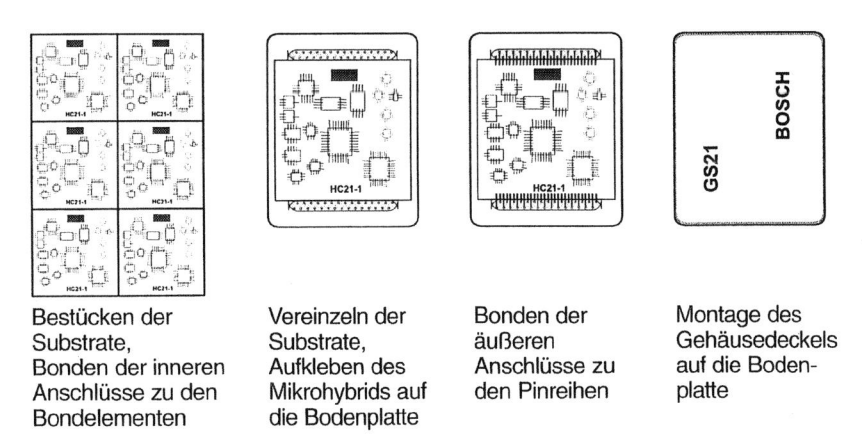

| Bestücken der Substrate, Bonden der inneren Anschlüsse zu den Bondelementen | Vereinzeln der Substrate, Aufkleben des Mikrohybrids auf die Bodenplatte | Bonden der äußeren Anschlüsse zu den Pinreihen | Montage des Gehäusedeckels auf die Bodenplatte |

Bild 18: Montageablauf eines Steuergerätes in Mikrohybrid-Technologie

4.2.2 Anwenderspezifische ICs (ASICs)

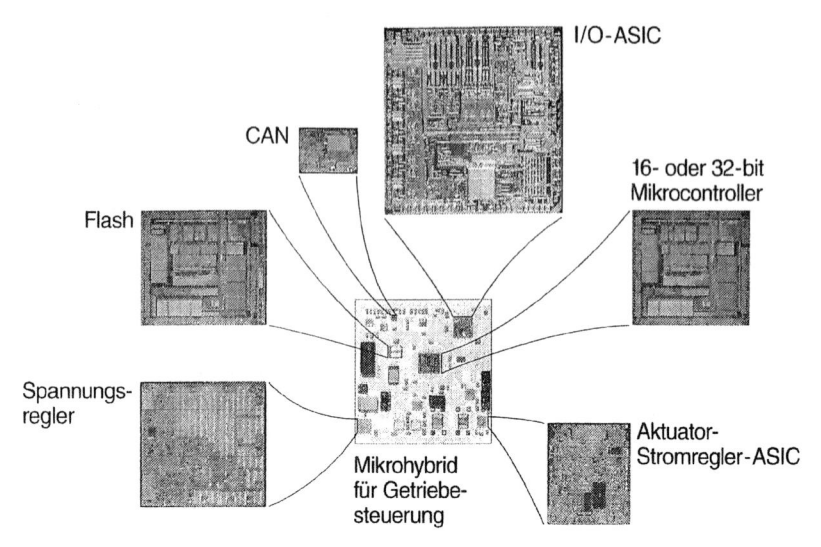

Bild 19: Bauelemente eines Mikrohybrids für Getriebesteuerung

Anwenderspezifische integrierte Schaltkreise bilden neben den Rechner- und Speicherbausteinen einen sehr wesentlichen Anteil der Elektronik-Komponenten in den Steuergeräten. In Bild 19 sind einige wichtige Bauelemente eines Mikrohybrid-Steuergerätes, in diesem Fall für eine CVT-Steuerung, hervorgehoben. Zur Senkung der Kosten und Vereinheitlichung des elektronischen Designs der Getriebesteuerung wurden verschiedene Funktionen in ASIC-Bausteinen zusammengefaßt. Diese ASICs stehen verpackt und unverpackt zur Verfügung und werden sowohl für Hybrid als auch für Leiterplatten-Steuergeräte eingesetzt. In der Getriebesteuerung befinden sich derzeit drei verschiedene ASICs mit den in Tabelle 3 beschriebenen Funktionalitäten im Serieneinsatz.

ASIC-Bezeichnung	CG 202	CG 100	CG 110
Bild (verpacktes Bauteil)			
Funktion	Stromregler	Watchdog	Peripherie Baustein
Beschreibung	- Hohe Genauigkeit (1%) - Strombereich und Timing durch externe Bauteile einstellbar	- Spannungsüberwachung - Stand-By-Versorgungsmöglichkeit	- Watchdog, Ausgangstreiber - Eingänge für Analog-, Digital- und Sensorsignale - ISO 9141 Interface - Programmierbare I/Os

Tabelle 3: Anwenderspezifische integrierte Schaltkreise

Thermo-Management

Der Abtransport der in den Steuergeräten erzeugten Verlustleistung ist ein Kernthema bei der Konzipierung mechatronischer Module, insbesondere dann wenn es durch sogenannte "Hotspots" zu einer stark ungleichmäßigen Verteilung der Verlustwärme kommt. Bild 20 zeigt das Modell des Wärmetransportes in einem Steuergerät bis zu einer Wärmesenke, hier dem Ventilgehäuse der Getriebesteuerung. Der LTCC-Mikrohybrid ist, wie oben beschrieben, in einem verschweißten Metallgehäuse eingebaut.

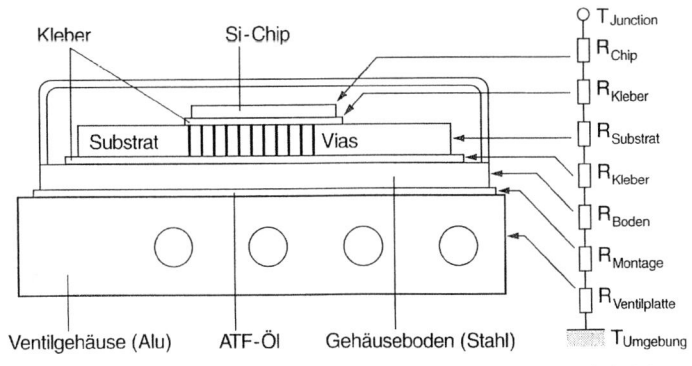

Bild 20: Modell des Wärmetransports im Gehäuse eines Mikrohybrid-Steuergerätes

Für ein gutes Wärmemanagement der ICs ist ein enger Kontakt zwischen den Chips und dem Gehäuse durch Materialien mit einer hohen thermischen Leitfähigkeit erforderlich.
Wie auch aus anderen Untersuchungen /3/ zu den verschiedenen Trägermaterialien (Substraten) für den Hochtemperatureinsatz zu entnehmen ist, haben diese eine sehr unterschiedliche Wärmeleitfähigkeit. Bei der LTCC-Glaskeramik ist sie gegenüber der Aluminiumoxydkeramik (Al_2O_3) zunächst um fast den Faktor 10 schlechter. Dies wird aber durch den Einsatz von "Thermal vias" im Mikrohybrid ausgeglichen, so daß mit der LTCC-Technik eine gleich gute Wärmeleitfähigkeit wie mit der Aluminiumoxyd-Technik erreicht wird. Dieser Vergleich ist in Bild 21 veranschaulicht.

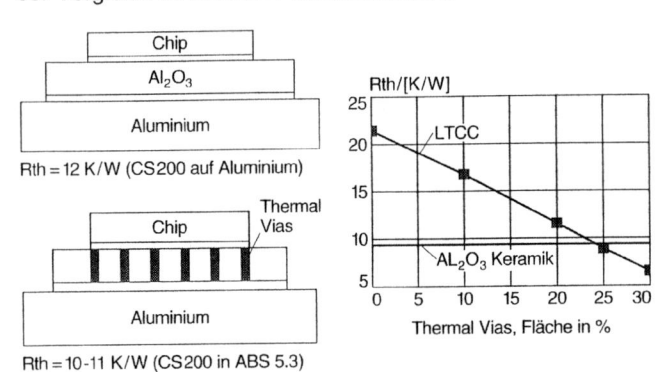

Bild 21: Vergleich des thermischen Widerstandes von Aluminiumoxid- und Glaskeramik

In Bild 22 ist ein Feld von "Thermal vias" dargestellt, die im Fertigungsprozess parallel zu den elektrischen Verbindungen erzeugt werden und zur Wärmeableitung dienen (Heatspreader).

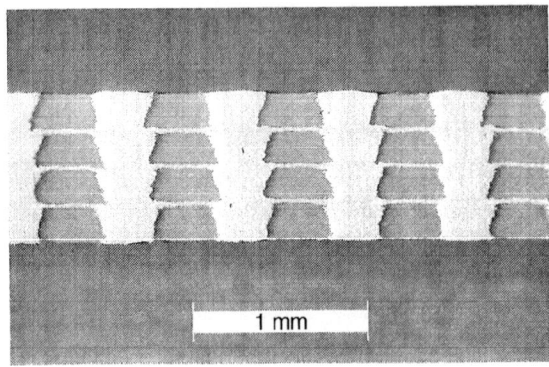

Bild 22: Querschnitt durch einen 4-lagigen Mikrohybrid mit "Thermal vias"

Die Grenzen für ein Mikrohybrid-Steuergerät werden im wesentlichen durch die Begriffe "Verlustleistung", "Sperrschicht-/Junction-Temperatur" und "Wärmeableitung" gekennzeichnet. Die Verlustleistung P_V läßt sich vereinfacht für den stationären Betrieb folgendermaßen beschreiben:

$$P_V = (T_j - T_u)/R_{jth}$$

T_j Junction-Temperatur
R_{jth} thermischer Innenwiderstand
T_u Umgebungstemperatur

Der thermische Widerstand R_{th} (Hilfsgröße!) ist von den geometrischen Parametern und der spezifischen Wärmeleitfähigkeit des Materials abhängig und wird aus Messungen ermittelt. Die maximal zulässige Verlustleistung $P_{V\,max.}$ wird von der maximal zulässige Sperrschichttemperatur T_j bestimmt, wobei T_j vom Material abhängig ist. (für Silizium ist T_j max = 150 °C bis 200 °C). Aktuelle Spezifikationen von Mikrokontroller-Herstellern legen eine Obergrenze von T_j max = 150 °C fest.

Da T_j auch vom Design abhängig ist, ist für eine Optimierung bezüglich der Junction-Temperatur die Berücksichtigung von Design-Regeln von Bedeutung, z.B.:

1. Thermisch belastete Schaltungsanteile nicht nach den sonst geltenden Minimalkriterien auslegen, sondern z.B. betroffene Endstufenbereiche (Transistoren / pn-Übergänge) geometrisch vergrößern.
2. "Hotspots" nicht in den Ecken des ICs plazieren, damit das Substratmaterial des ICs nach allen Seiten hin als "Heat-spreader" wirken kann.

In Bezug auf das Gesamtsystem Mikrohybrid muß auf eine Optimierung hinsichtlich des Aufwandes zwischen der Vergrößerung des ICs, dem Einsatz von "Thermal Vias" und der Montage auf speziellen Substraten wie DBC (Direct Bonded Copper: kupferbeschichtete Keramik) oder LBS (Leistungs-Bau-Steine. Chips auf Kupferplättchen gelötet) hingearbeitet werden.

5 Literatur

[1] Electronic Control Systems in Microhybrid Technology;
Schleupen R., Reichert W., Tauber P., Walter G.; Robert Bosch GmbH
SAE 950431, Detroit, Michigan, 27.2.-2.3.1995

[2] Microhybrid technology, a contribution to save space, weight and cost for ECUs;
Goebel U.; Robert Bosch GmbH
Vortrag: European Congress Lightweight and small cars: The answer to future need;
Cernobio, Como, 2.-4.7.1997

[3] Electronic transmission control - From stand alone components to mechatronic systems;
Neuffer K., Engelsdorf K., Brehm W.; Robert Bosch GmbH
SAE 960430, Detroit, Michigan, 26.-29.2.1996

[4] Mechatronische Steuerungen im Getriebe;
Girres G.; Daimler-Benz AG; Loibl J., Ulm M.; Siemens AG
VDI-Berichte Nr. 1393, Getriebe in Fahrzeugen "98, Friedrichshafen, 16.-17.6.1998

[5] Erfahrungen bei der Entwicklung integrierter Steuerelektronik für hohe Einsatztemperaturen in Getrieben; Genzel M., Schmid Th., Schuch B., Hettich G.; Temic mikroelectronic GmbH
VDI-Berichte Nr. 1393, Getriebe in Fahrzeugen "98, Friedrichshafen, 16.-17.6.1998

[6] Getriebesteuerung im Trend der Mechatronik;
Engelsdorf K., Danner R., Kühn W., Meißner M., Müller T.; Robert Bosch GmbH
VDI-Berichte Nr. 1415, Elektronik im Kraftfahrzeug, Baden-Baden, 8.-9.10.1998

[7] Elektronik mitten im Getriebe; preiswert aufgrund "teurer Technologien"
Goebel U., Engelsdorf K., Danner R.; Robert Bosch GmbH
IMAPS-Deutschland Seminar, FHTE Göppingen, 17.2.2000

2.4 Entwicklungstools und Cartronic®

Marko Poljanšek

1. Zusammenfassung

Die Entwicklung der Steuerungen einzelner Komponenten im Fahrzeug erreicht einen sehr hohen Komplexitätsgrad. Um in der Zukunft die weitersteigende Komplexität beherrschen zu können, ist bei BOSCH unter dem Namen CARTRONIC® Ordnungskonzept für die Steuerungs- und Regelungsaufgaben eine Funktionsanalyse ausgearbeitet worden, die ohne Hardwaretopologie zu betrachten logische Funktionskomponenten definiert hat.

In der Serienentwicklung gibt es zwei Vorgänge – Funktionsentwicklung für einen Einsatz in z. B. neuen Prototypgetrieben oder Funktionsentwicklung zum Einbau in Serienfahrzeugen. Die Funktionsentwicklung für neue Prototypen erfordert sehr große Flexibilität der Entwicklungsumgebung und muß die Möglichkeit bieten, dargestellte Funktionen direkt am Erprobungsort (z.B. Fahrzeug) überarbeiten zu können. Die große Flexibilität steht im Widerspruch mit dem Serienentwicklungsprozess, wo große Variantenanzahl ähnlicher Funktionen in verschiedenen Projekten unter Betrachtung der Qualitätssicherungsmaßnahmen sowie des Zeit- und Kostendrucks zu realisieren ist. Die Vorgehensweisen werden im folgenden Beitrag betrachtet.

- **CARTRONIC®**
  - Strukturierungsregeln
  - Struktur Gesamtfahrzeug
- **Entwicklungsprozeß**
  - Prototypentwicklung
    - Funktionsprototyping mit ASCET-SD
  - Serienentwicklung
    - Coderahmengenerierung mit Rational ROSE
- **Ausblick**

Die Bedeutung der Elektronik im Kraftfahrzeug wuchs in den letzten Jahren sehr. Die weitere Entwicklung läßt darauf schließen, dass sich dieser Trend auch in den nächsten Jahren fortsetzen wird. Gleichzeitig steigt auch der Bedarf an Sicherheits-, Komfort-, Kommunikations- und Informationssystemen. Mit wachsender Anzahl elektronischer Systeme im Fahrzeug steigt auch der Aufwand zur Entwicklung dieser Systeme überproportional an.

Um diese Komplexität zu beherrschen und verteilte Entwicklung in sehr vielen Entwicklungsbereichen unterstützen zu können, einwickelte Bosch eine Systematik unter dem Namen CARTRONIC®. CARTRONIC® bietet sowohl eine Strukturierungssystematik als auch deren Umsetzung in eine konkrete Struktur. Diese Struktur ermöglicht schnellere Einbindung verbesserter und neuer Funktionalitäten. Folge daraus ist die Verkürzung der Entwicklungszeiten und eine Kostenreduzierung in der Entwicklung.

2. CARTRONIC® Strukturierungsregeln

Wie eine Umsetzung in der Entwicklung aussehen kann wird im folgenden Absetzen am Beispiel der Entwicklung von Getriebesteuergeräten vorgestellt.

CARTRONIC® ist ein *Ordnungskonzept* für alle Steuerungs- und Regelungs-Aufgaben eines Kraftfahrzeugs. Es besteht aus:

⊃ *Strukturierungsregeln* und einer vereinbarten, regelkonformen

⊃ *Struktur* mit
- *Komponenten* und definierten
- *Schnittstellen*.

CARTRONIC® strukturiert Aufgaben, keine Bauteile oder Steuergeräte!

Die Entwicklung der Steuerungsaufgaben in der Automobilindustrie stellt weitere Anforderungen an:
- Sicherheit, Zuverlässigkeit, Beherrschbarkeit
- Wachsender Funktionsumfang
- Wachsende Komplexität
- Fahrzeugweiter Steuergeräte Verbund
- Verteilte Entwicklung

Aus den Anforderungen leitet sich für die Softwareentwicklung Bedarf nach:
- Modellierungsregeln
- Ausgearbeiteter Struktur
- Standardisierung der Komponenten und Kommunikationen

Die Berücksichtigung der CARTRONIC® in der Entwicklung von Funktionen im Systemverbund liefert eine transparente Architektur, die als Grundlage für weitere Arbeiten dient. Zusätzlich ist die unabhängige Optimierbarkeit der Soft- und Hardwarekomponenten zu erwähnen, die für verschiedene Steuergeräte, ohne Beeinflussung der Funktionsarchitektur, möglich ist.

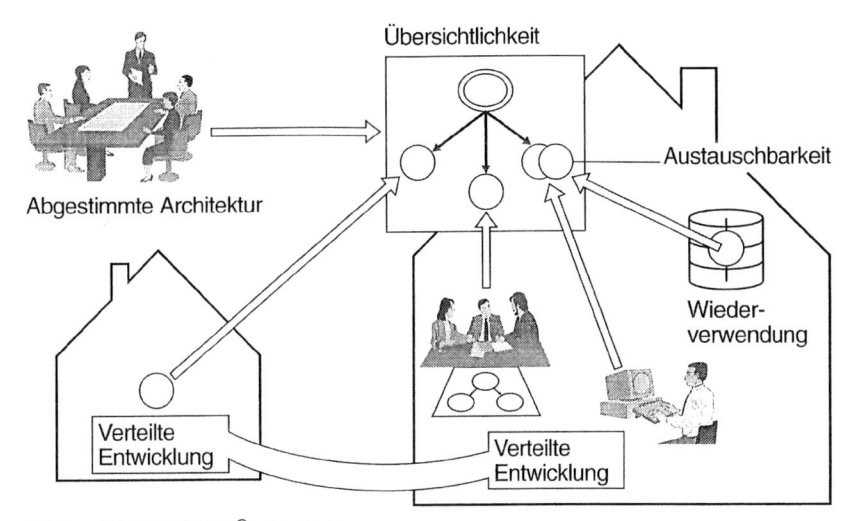

Bild 1: CARTRONIC® – Definition

Die aktuelle Entwicklung läuft in Zusammenarbeit verschiedener Entwicklungspartner, die nicht unbedingt in der gleichen Firma zu finden sind. Immer öfter werden nur Teilumfänge realisiert, die restlichen Umfänge werden in anderen Firmen erledigt. Die Gründe dafür sind auf einer Seite eigener Know How Schutz, auf der Anderen sind die kurzen Entwicklungszeiten nur unter diesen Bedingungen einzuhalten.

Um diesen Anforderungen gerecht zu werden, ist es nötig, die Schnittstellen zwischen Entwicklungspartnern genau zu definieren und sie natürlich auch konsequent einzuhalten.

Bei den Diskussionen über Schnittstellen ist es wichtig, dass alle Teilnehmer auf dem gleichen Informationsstand sind. Dafür ist eine übersichtliche und leicht verständliche Struktur die Voraussetzung. Mit der Definition konkreter Komponenten und dazugehöriger Kombinationen und Aufgaben ist zusätzlich eine Stufe erklommen, die zu Wiederverwendbarkeit führt.

Die Wiederverwendung muß richtig organisiert sein, die Verwaltung vom Pool mit Funktionsmodulen und Programmen muß kontrolliert ablaufen, alle enthaltenen Module müssen den Qualitätsrichtlinien entsprechen.

Nach CARTRONIC® strukturierte Systeme bestehen aus Komponenten und Kommunikationsbeziehungen.

Komponenten können als Subsysteme aufgefaßt werden, die ihrerseits wie Systeme aufgebaut sind.

Kommunikationsbeziehungen gehen immer von genau einer Quell- zu genau einer Zielkomponente.

Arten von Kommunikationsbeziehungen und deren Darstellung:
- Auftrag   Q ⟶ Z
- Rückmeldung   Z ⟵ Q
- Auskunftsabfrage Q ·····? ·····▶ Z
- Anforderung   Q ·····! ·····▶ Z

Die Elemente der Funktionsarchitektur sind Systeme, Komponenten und Kommunikationsbeziehungen. Als System verstehen wir eine Zusammenstellung von Komponenten mit dazugehörigen Kommunikationen. Der Begriff Komponente ist nicht zwangsweise als eine physikalische Einheit zu verstehen (ein Steuergerät), sondern stellt eine Funktionseinheit mit definierten Aufgaben dar. In der Regel läßt sich eine Komponente weiter verfeinern und stellt ein weiteres System (Subsystem) dar.

Bei Kommunikationsbeziehungen unterscheiden wir:
- Ein *Auftrag* ist eine Vergabe von Zielen und Randbedingungen unter der Berücksichtigung der Zielerreichbarkeit. Die Auftragstellung erfolgt durch genau einen Auftraggeber an genau einen Auftragnehmer. Innerhalb eines Systems darf nur ein Auftragsbaum existieren, wobei jede Komponente mindestens einen Auftrag erhält.
- Eine *Rückmeldung* ist eine Information, die ein Auftragnehmer seinem Auftraggeber in Bezug auf einen konkreten Auftrag mitteilt.
- Die *Auskunftsabfrage* dient der Informationsbeschaffung und ist auf der gleichen Strukturierungsebene in allen Richtungen möglich.
- Eine *Anforderung* unterscheidet sich von einen Auftrag derart, dass die mit einem Auftrag verbundene Pflicht zur Ausführung nicht gegeben ist. Die stellende Komponente hat ein großes Interesse, dass die von ihr gestellten Anforderungen berücksichtigt werden.

```
┌─────────────────────────────────┐      ┌─────────────────────────────────┐
│ Koordinator                     │  ?   │ Informationsgeber               │
│ • Ressourcenverwaltung          │--→   │ • Informationsbereitstellung    │
│ • Konflikterkennung             │      │                                 │
│ • Konfliktlösung                │      └─────────────────────────────────┘
│ • Auftragsvergabe               │
│ • Informationsbereitstellung    │
└─────────────────────────────────┘
             │           │
             ▼           ▼
┌─────────────────────────────────┐      ┌─────────────────────────────────┐
│ Komponente 1                    │      │ Komponente n                    │
│ • Auftragsbearbeitung           │      │                                 │
│ • Ressourcenbedarf              │      │                                 │
│ • ggf. Ressourcenbereitstellung │      │                                 │
│ • ggf. Auftragsvergabe          │      │                                 │
│ • Informationsbereitstellung    │      │                                 │
└─────────────────────────────────┘      └─────────────────────────────────┘
```

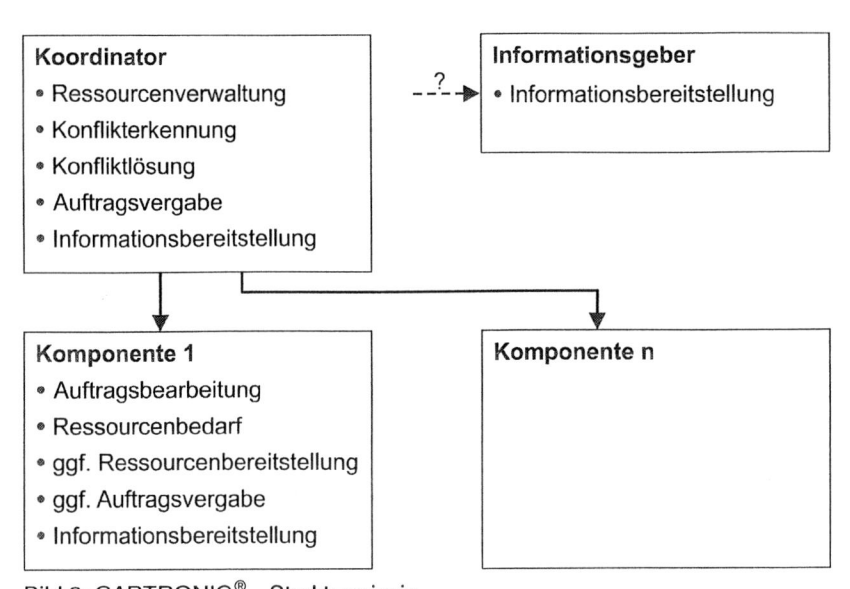

Bild 2: CARTRONIC® – Strukturprinzip

Bei Anwendung der Strukturierungs- und Modellierungsregeln lassen sich in einer Struktur verschiedene Typen von Komponenten identifizieren:

- *Koordinator* ist eine Komponente mit überwiegend koordinierenden Aufgaben.
- *Komponenten 1...n* sind Komponenten mit hauptsächlich operativen Aufgaben
- *Informationsgeber* sind Komponenten, die sich ausschließlich mit Generierung und Bereitstellung von Informationen beschäftigen.

3. CARTRONIC®: Strukturierung Gesamtfahrzeug

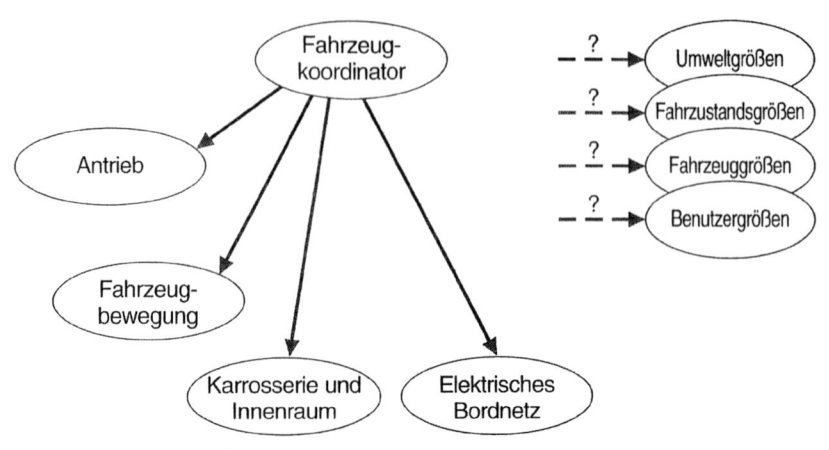

Bild 3: CARTRONIC® – Strukturierung Gesamtfahrzeug

Mit Anwendung der CARTRONIC® Strukturierungs- und Modellierungsregeln wurde die Gesamtfahrzeugstruktur ausgearbeitet.

Der *Fahrzeugkoordinator* ist der Auftraggeber der operativen Komponenten "Antrieb", "Fahrzeugbewegung", "Karosserie und Innenraum" und "Elektrisches Bordnetz".

Die Komponenten "Antrieb" und "Elektrisches Bordnetz" haben die primäre Aufgabe als Quelle einer Ressource (elektrische, mechanische Leistung) im Fahrzeug zu fungieren.

Auf dieser Abstraktionsebene befinden sich noch die *Informationsgeber*, die die Aufgabe haben, zentrale Informationen bereitzustellen.

- *"Fahrzeuggrößen"*, darunter sind Größen zu verstehen, die sich auf das Gesamtfahrzeug beziehen wie Fahrzeugmasse, Fahrzeuggeschwindigkeit, usw.
- *"Umweltgrößen"*, hierunter sind Größen zu verstehen, die unabhängig vom Vorhandensein eines Fahrzeugs die Umwelt beschreiben wie Fahrbahnbelag, Fahrbahnneigung, Kurvenradius, usw.
- *"Fahrzustandsgrößen"*, hierunter sind Größen zu verstehen die das Zusammenwirkung von Fahrzeug und Umwelt betreffende Größen darstellen wie Aquaplaning, Abstand zu vorfahrendem Fahrzeug, usw.
- *"Benutzergrößen"*, hierunter sind Größen zu verstehen, die eine Benutzeridentifikation zur Einstellung von individuell beeinflußbaren Funktionen ermöglichen (Fahrertyp für Schaltstrategien, Sitzpositionseinstellung, usw.).

Diese begrenzte Anzahl der Komponenten ist gewählt worden, um die Gesamtfunktionalität des Fahrzeugs handhabbarer zu halten. Einzelne Komponenten werden im Sinne einer Top-down-Vorgehensweise weiter strukturiert.

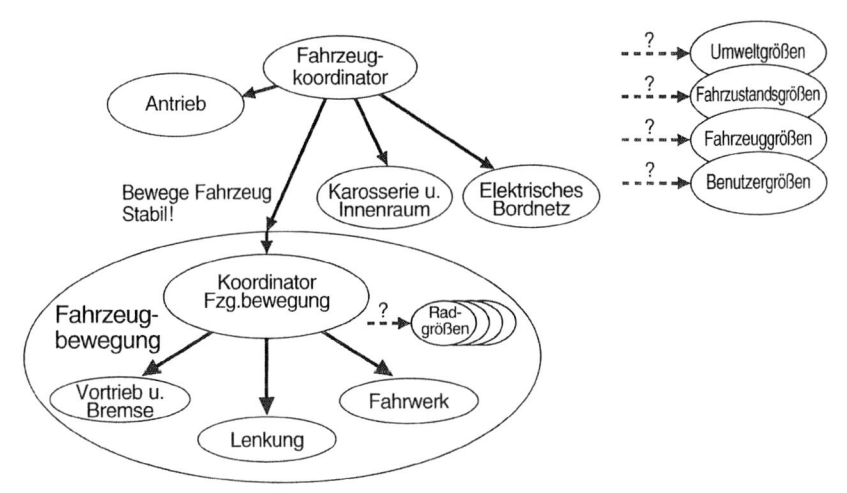

Bild 4: CARTRONIC® – Strukturierung Fahrzeugbewegung

Verfeinerung der Komponente *"Fahrzeugbewegung"*

Die Aufgabe der Komponente "Fahrzeugbewegung" ist das Fahrzeug gemäß den Wünschen des Fahrers bei gleichzeitiger Gewährleistung der Fahrzeugstabilität zu bewegen.

Der "Koordinator Fahrzeugbewegung" beauftragt die zu koordinierenden operativen Komponenten "Vortrieb und Bremse", "Lenkung" und "Fahrwerk". Das sind die drei Bewegungsfreiheitsgrade des Fahrzeugs, die zur Kontrolle der Gesamtbewegung abgestimmt zu beeinflussen sind. Der "Koordinator Fahrzeugbewegung" enthält somit alle Komponenten, welche die Fahrzeugbewegung unter Berücksichtigung der Verkoppelung der einzelnen Freiheitsgrade überwachen und steuern bzw. regeln. Darunter fallen beispielsweise große Teile des elektronischen Stabilitätsprogramms ESP und diejenigen Teile eines ABS, die Auswirkungen auf die Fahrzeugbewegung über die reine Längsdynamik hinaus haben.

Weiterhin werden auch Aufgaben einer Traktionsregelung und einer Motor-Schleppmoment-Regelung, die Beeinflussung der Radmomente auf der Antriebsachse, weitgehend vom "Koordinator Fahrzeugbewegung" übernommen.

Bisher realisierte Systeme greifen nur über Vortrieb oder Bremssystem ein; es erfolgt keine Beeinflussung von Lenkung oder Fahrwerk. An entsprechenden Entwicklungen wird aber derzeit gearbeitet.

Eine weitere Aufgabe der Fahrzeugbewegung ist die Erfassung und Auswertung des Fahrerwunsches bezüglich der Längsbewegung des Fahrzeugs. Dafür werden Fahrpedal und Fahrgeschwindigkeitsregler erfaßt und ausgewertet.

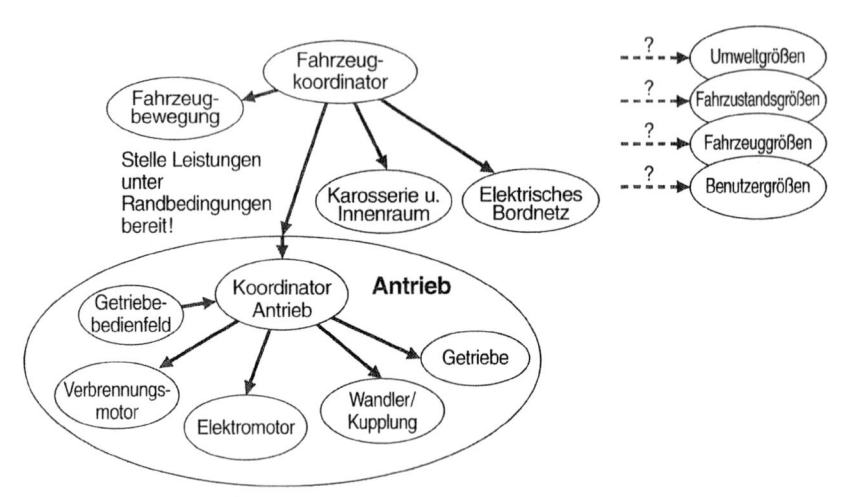

Bild 5: CARTRONIC® – Strukturierung Antrieb

Verfeinerung der Komponente *"Antrieb für ein Fahrzeug mit Verbrennungs- und Elektromotor"*

Die Aufgabe der Komponente Antrieb ist die Bereitstellung von mechanischer und thermischer Leistung des Fahrzeugs für verschiedene Verbraucher. Somit agiert die Komponente Antrieb als die zweite Ressource im System. Die mechanische Leistung wird sowohl zur Bewegung des Fahrzeugs als auch zum Antrieb der Nebenaggregate eingesetzt. Die Komponente Antrieb enthält unter anderem Motor, das Getriebe, sowie die elektronischen Subsysteme zu deren Steuerung.

Ein entsprechender Auftrag wird vom "Fahrzeugkoordinator" erteilt. Der "Antrieb" kann nun selbständig die Art und Weise entscheiden, wie der Auftrag zur Leistungsbereitstellung erfüllt wird. Hierunter ist z.B. die Auswahl einer geeigneten Elektromotor/Motor-Drehzahl-Kombination und Getriebeübersetzung zu verstehen. Diese Strategieauswahl ist die Aufgabe des "Antriebskoordinators".

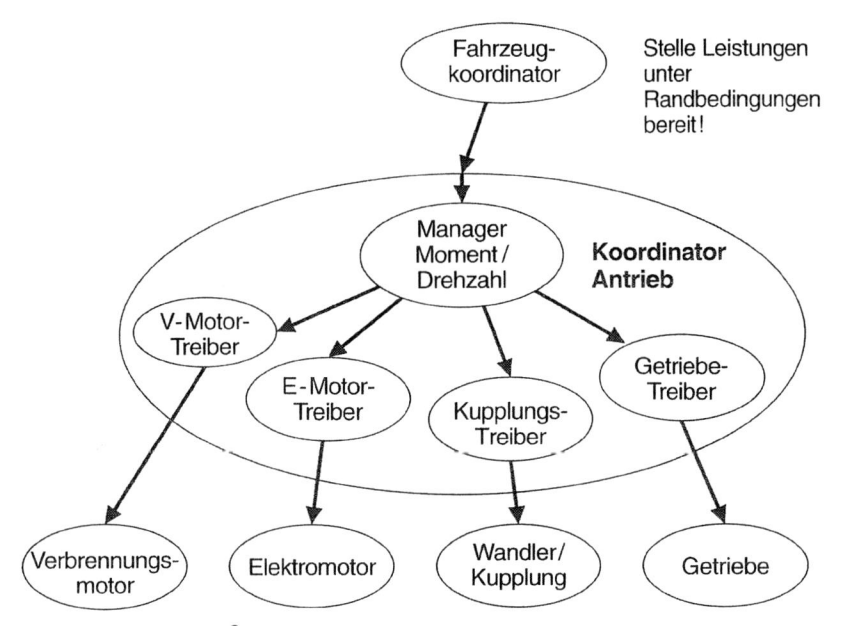

Bild 6: CARTRONIC® – Strukturierung Koordinator Antrieb

Verfeinerung *"Koordinator Antrieb"*

Um die implementierte Strategie zur Stellung der mechanischen und thermischen Leistung zu erfüllen beschaffen sich der "Koordinator Antrieb" und seine Komponenten die nötigen Informationen durch Abfragen. Die implementierten Strategien können unterschiedlich sein, was aber nicht zu Änderungen an der gesamten Struktur führt. Es ist lediglich zu gewährleisten, dass die nötigen Informationen bereit gestellt werden.

Die innere Struktur von "Koordinator Antrieb" bleibt stabil, wenn sich in der realen Implementierung eine einzelne Komponente, wie z. B. Motor (Diesel/Benzin) oder Getriebe (Stufenautomat, Stufenloses Getriebe, etc.) ändert.

Beispiel: Der Auftrag für die Komponente Getriebe lautet Stelle_Übersetzung und ist für jegliche Getriebeart gleich. Die Komponente Getriebe kennt seine internen Informationen und seinen mechanischen Aufbau und ist so in der Lage, diesen Auftrag zu erfüllen.

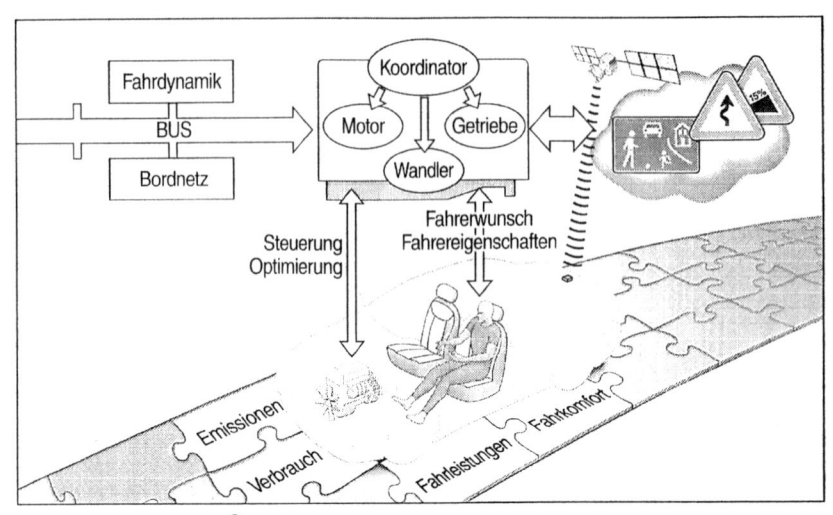

Bild 7: CARTRONIC® – Koordinierter Antriebsstrang

Die Strukturierungs- und Modellierungsarbeiten CARTRONIC® dienten in mehreren Projekten als Grundlage. Eines davon ist die koordinierte Antriebsstrangsteuerung. Der Einsatz der koordinierten Antriebsstrangsteuerung wurde bei Fa. BOSCH für mehrere Getriebetypen dargestellt:

- Stufenautomat (AT)
- Stufenloses Getriebe (CVT)
- Automatisiertes Schaltgetriebe (ASG)

Zielsetzung der koordinieren Antriebstrangssteuerung ist es, den optimalen Fahrzeugbetrieb unter Berücksichtigung von

- Fahrbarkeit
- Verbrauch und
- Emission

durch Adaption an

- Fahrertyp
- Fahrsituation und
- Fahrzeugzustand

zu erreichen.

Die bisher beschriebene Fahrzeugstruktur ist noch unabhängig von der Steuergerätetopologie. Für eine konkrete Realisierung in einem Versuchsfahrzeug wird die Struktur den Gegebenheiten im Fahrzeug gerecht umgesetzt. Bei der Funktionspartitionierung auf Steuergeräte ist neben Sicherheitsaspekten auch der Kommunikationsbedarf auf den Fahrzeugbussen zu betrachten.

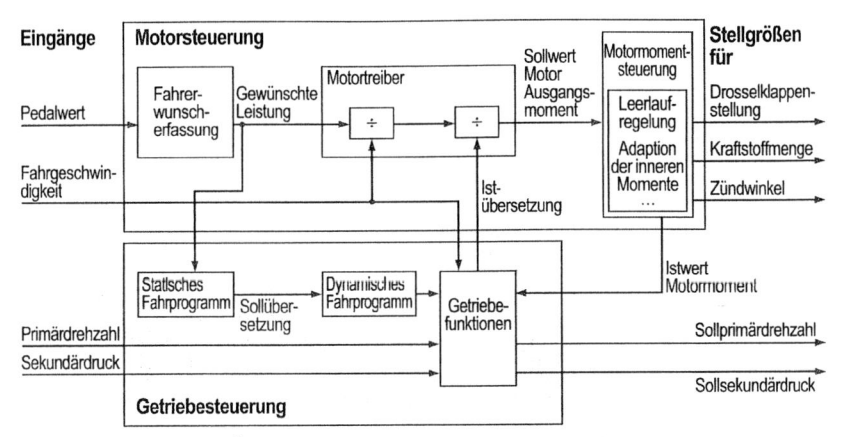

Bild 8: CARTRONIC® – Mögliche Aufteilung auf Steuergeräte

Im dargestellten Beispiel sind die Komponenten "Antrieb" und "Fahrzeugbewegung" auf ein Motor- und Getriebesteuergerät aufgeteilt. Wegen des Sicherheitsaspektes und der Verfügbarkeit wurde diese Aufteilung gewählt.

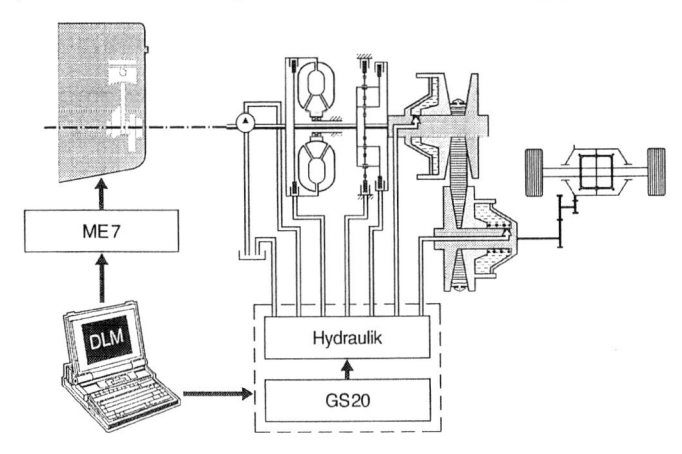

Bild 9: CARTRONIC® – Antriebsstrang mit CVT

Für eine schnelle Darstellung des Konzepts in einem Versuchsfahrzeug wurde die koordinierte Antriebsstrangsteuerung auf einem Entwicklungssystem mit ASCET-SD realisiert. Die Steuergeräte und Entwicklungssysteme kommunizieren über CAN [Bild 9].

Bei einer der Darstellungen wurde ein CVT Golf aufgebaut mit einem P930 Prototypgetriebe von VDT (Van Doorne´s Transmissie) und einem GS20 Getriebesteuergerät. Das Motorsteuergerät ME7 enthielt die notwendige Momentenschnittstelle zur Realisierung der Antriebskoordination.

4. Entwicklungsprozess: Prototypentwicklung

Die wichtigsten Anforderungen die in der Prototypenentwicklung zu erfüllen sind:

- Schnelle Funktionsdarstellung
- Schneller Einsatz im Fahrzeug
- Weiterentwicklung im Fahrzeug

In der Entwicklung neuer Produkte ist Analyse und Strukturierung der Aufgaben nur ein Teil des kompletten Serienentwicklungsvorgangs. Sehr große Bedeutung hat eine frühe Erprobung neuer Funktionalitäten in der Simulation und im Fahrzeug. So eine Plattform bietet das bei der Fa. ETAS entwickelte Werkzeug ASCET-SD. Für die Modellierung stehen folgende Funktionen zu verfühgung:

➢ *Funktionen zur Spezifikation:*
- Interaktive Erstellung von Funktionsbeschreibung und Funktionsmodell auf grafischer Oberfläche
- Unterstützung der Eingabe von Blockdiagrammen, Zustandsautomaten und Funktionsbeschreibungssprache ESDL

➢ *Funktionen zur Simulation :*
- Simulation des Funktionsmodells in Echtzeit
- Float- und Integer-Größen

➢ *Funktionen für Rapid Prototyping :*
- ASCET-SD ist Bypass-Rechner zum Seriensteuergerät
- Kopplung über CAN oder ETK (**E**mulatinos**T**ast**K**opf)
- Prototyping in Fahrzeug
- Float- und Integer-Arithmetik

ASCET-SD unterstützt sehr viele Möglichkeiten zur Modellierung der Funktionen. Programmieren auf grafischer Oberfläche, Zustandsautomaten und Ein-

gabe oder Einbindung von C-Code. Die eingegebenen Modelle sind unabhängig von der Ziel-Hardware.
Die Simulation ist „online" und auch „offline" möglich, so dass die ersten Tests schon vor der Fertigstellung der Hardware möglich sind. Simulation der eingegebenen Modelle läuft in Echtzeit mit dem gleichen OSEK konformem Betriebssystem, das auch auf der Zielhardware eingesetzt wird. Die Simulation ist mit Float- oder Integergrößen rnöglich,.

ASCET - SD Modelle werden auf einen Bypass-Rechner zum Steuergerät ausgeführt. Die Kopplung zwischen einen Steuergerät und den Bypass-Rechner ist über CAN oder INCA-ETK möglich. Dadurch ergeben sich verschiedene Einsatzgebiete. Die Kopplung über CAN hat große Vorteile in Steuergeräten, bei denen eine Kombination mit ETK nicht möglich ist – z. B. in µHybrid Steuergeräten, die direkt im Getriebe verbaut sind und nur schwer zuggängig. In dieser Variante ist der Aufwand, den man für die Überarbeitung bestehende Software (ausschneiden der bestehenden Funktionen) einsetzen muß, größer als beim Einsatz eines Steuergeräts mit ETK. Die Informationen die für die neue Funktionen notwendig sind, müssen über CAN kommuniziert werden und dafür neue CAN Botschaften eingefügt. In einem Steuergerät mit ETK stehen alle messbaren Informationen zu Verfügung, so dass man sie ohne zusätzlichen Aufwand in den Modellen benutzen kann. Die Simulationsauswirkung auf die Aktorik muß in bereits bestehende Software zusätzlich neu implementiert werden.

Der Einsatz von ASCET - SD bietet leichte Portierbarkeit der ausgearbeiteten Funktionen und Modelle auf verschiedene Steuergeräteplattformen. Die Generierung von C-Kode für Einsatz in Getriebeteuergeräten ist in der Erprobungsphase.

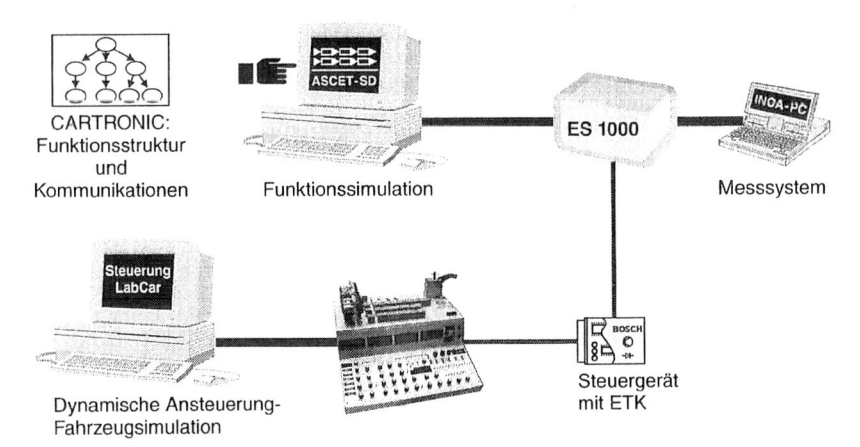

Bild 10: Entwicklungsprozess – Funktionsprototyping mit ASCET-SD

Die ausgearbeitete CARTRONIC® Struktur wird in ASCET - SD modelliert. Vor dem Einsatz im Fahrzeug werden die ersten Tests der Funktionen im Labor durchgeführt. Im sehr frühen Erprobungsstadium stehen selten Fahrzeuge mit komplettem CAN Verbund und der ganzen Aktuatorik zur Verfügung. Die fehlende Umgebung wird nachgebildet und simuliert. In der Getriebeentwicklung wird ein eigenentwickeltes Laborauto SIMUTEC eingesetzt. Das Laborauto verfügt über eine Schnittstelle zur Fernsteuerung. Dadurch ist es möglich, alle im Fahrzeug zur Verfügung stehenden Signale statisch oder dynamisch zu simulieren.

Mit dem Einsatz von ETK Steuergeräten ist es möglich, parallel zur Bypasssymulation im Steuergerät auch zu messen und die Funktionen abzustimmen. Mit dieser Konfiguration ist ein gleichzeitiger Test der Funktionen im Seriensteuergerät und ASCET - SD Modell durchführbar, die Gegenwirkungen können betrachtet werden und die Abstimmungen der neuen Funktionen sind durchführbar.

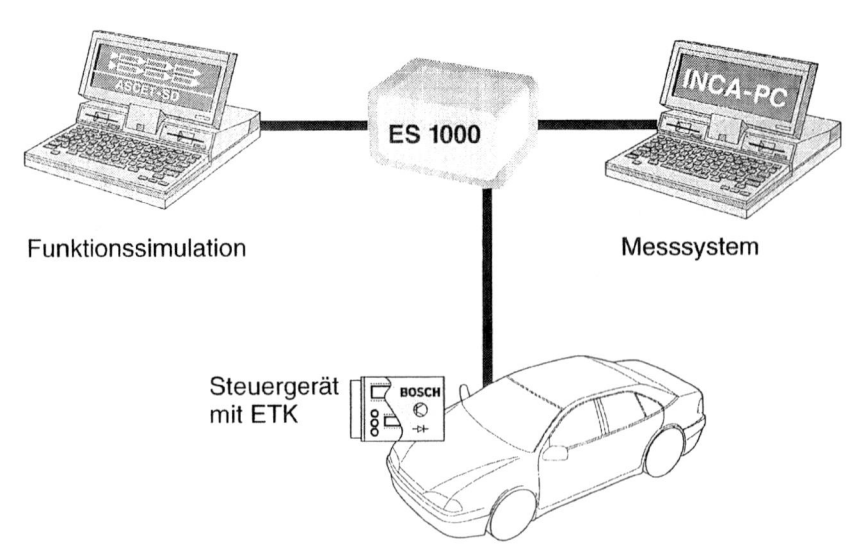

Bild 11: Entwicklungsprozess – Funktionsprototyping mit ASCET-SD

Nach den erfolgreichen Erprobungen im Labor wird die bekannte Entwicklungsumgebung im Versuchsfahrzeug eingebaut. Mit der bekannten Umgebung aus dem Labor ist die Inbetriebnahme im Fahrzeug möglich. Sehr wichtig dabei ist, dass auch die Weiterentwicklung direkt im Fahrzeug möglich ist.

Im Fahrzeug abgestimmte Daten sind natürlich später auf andere Entwicklungswerkzeuge übertragbar. ASCET - SD ermöglicht die Daten in einem normierten Format abzuspeichern und sie so automatisch in den gesamten Serienentwicklungsprozess einzubinden.

Nach der abgeschlossenen Erprobungsphase von in ASCET – SD enthaltenen C - Codegenerator, wird nicht mehr notwendig die verifizierten Funktionen noch einmal in C handzukodierend, sondern möglich C-Code automatisch zu generieren. Dadurch wird die Fehlerwahrscheinlichkeit reduziert und der Entwicklungsprozess beschleunigt.

5. Entwicklungsprozess: Serienentwicklung

Im Widerspruch zu Rapid Prototyping steht der für die Serie eingesetzte Entwicklungsprozess. Besonderes Augenmerk muss der Softwarewiederverwendung, der Variantenvielfalt und den Qualitätsmaßnahmen gewidmet werden

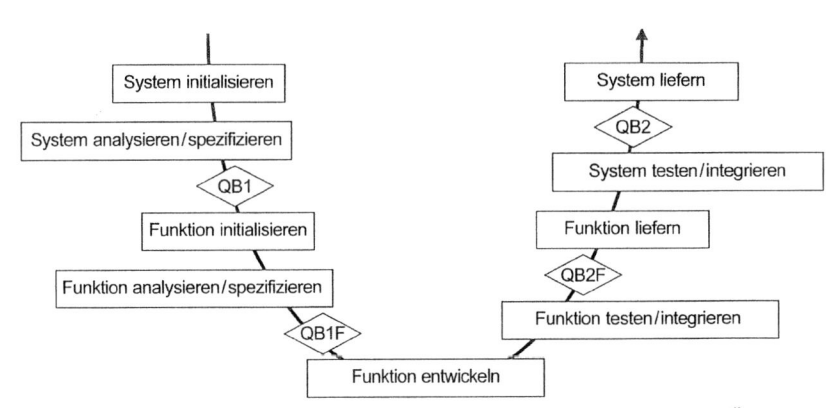

Bild 12: Entwicklungsprozess: Serien-Softwareentwicklungsprozess - Überblick

In der Serienentwicklung wird ein Entwicklungsprozess mit definierten Phasen und Meilensteinen nach dem V-Modell eingesetzt.
- QS-Reviews (QB1, QB2,..) sind Gateways zwischen den Prozess-Phasen
- Prozess-Unterstützung und -Verbesserung in Organisation und Technik wird durch definiertes Team geleistet
- Wichtige Betrachtungspunkte im Entwicklungsprozess sind
  - Variantenbildung
  - Wartbarkeit

Eine Anpassung verschiedener Funktionalitäten an verschiedene Bedürfnisse der Fahrzeughersteller und Fahrzeugvarianten steigert die Notwendigkeit für die Softwarewiederverwendung. Dafür wurden objektorientierte Techniken eingesetzt und ein Konzept OMOS ausgearbeitet (OMOS = Objektorientiertes Modellierungskonzept für Steuergerätesoftware).

Warum OMOS:
Objektorientierte Technik unterstützt die Bildung von Varianten in der Softwareerstellung. Werden aber die Standardmechanismen der Objektorientierung nicht genutzt, führt dies zu einem großen Overhead, den man in der Steuergeräteserienentwicklung nicht vertreten kann. Grund dafür sind die knappen Speicher-Resuorcen, die durch Preis/Leistung Verhältnis der Steuergeräte gefordert werden. Um diesen Overhead zu vermeiden und da der Einsatz von objektorientierten Sprachen (z.b. C++, Java,..) in der Steuergeräteserienentwicklung vorerst noch nicht möglich ist, setzen wir C als Entwicklungssprache ein und bilden die nötigen Mechanismen der OOT nach. Das Resultat wurde als OMOS gekennzeichnet.

Die wichtigsten Merkmale von OMOS sind:

- Modellierung in UML
- Variantenbildung und -auswahl
- Effiziente Umsetzung SW-Architektur in C-Coderahmen
- Entkopplung der Kodierung und Konfiguration
- Fokus auf Wiederverwendung, sowie effiziente Implementierung

Um die Konfiguration zu automatisieren und den durchgängigen Prozeß von Analyse bis Softwareerstellung zu unterstützen, wurde das Tool Rational Rose ausgewählt.

Rose ist ein Analyse und Design Werkzeug, das für objektorientierte Analyse und Design entwickelt wurde. Es unterstützt alle Schritte der Analyse mit Use Cases, Klassenfindung und Message Sequence Chart Diagrammen. Im Tool wird mit UML-Notation gearbeitet.

Das Rational ROSE bietet:

- *OO Analyse und Design*
  - Analyse durch Use Cases
  - Objektdefinition
  - Klassendefinition
  - Message sequence chart (MSC)

- *Volle Unterstützung der UML*
- *Round-Trip Enginiering*
- *Codrahmenenginierung*
- *Dokumentationsübertragung*

Rose unterstützt Dokumentengenerierung mit konfigurierbaren Templates und bietet die Möglichkeit externe Dokumente zu integrieren. Die Dokumente können in HTML generiert werden was den Einsatz moderner Browser ermöglicht.

Bei BOSCH entwickelte Skripte für Rose ermöglichen automatische Coderahmengenerierung nach den OMOS - Konzept in C.

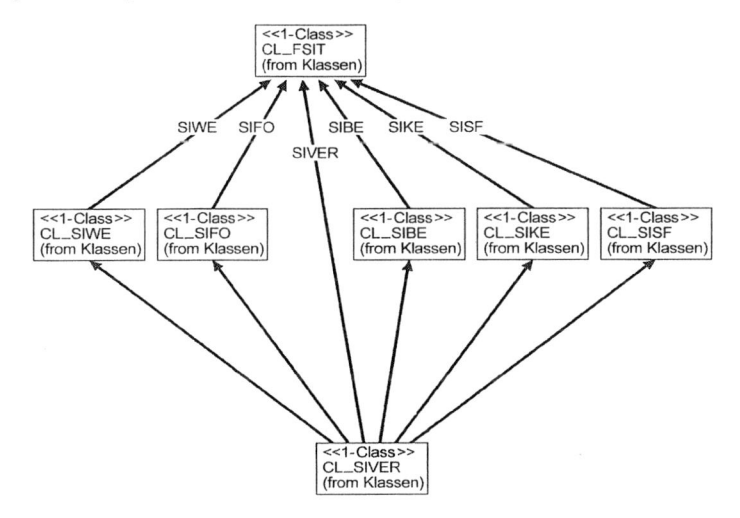

Bild 13: Entwicklungsprozess – Darstellung in Rational Rose

Mit dem Klassendiagramm werden Systeme mit deren Komponenten und Beziehungen modelliert.

Auf Bild 14 ist als Beispiel der CARTRONIC® Informationsgeber "Fahrereigenschaften" mit dazugehörigen "Fahrertypbewertungen" dargestellt.

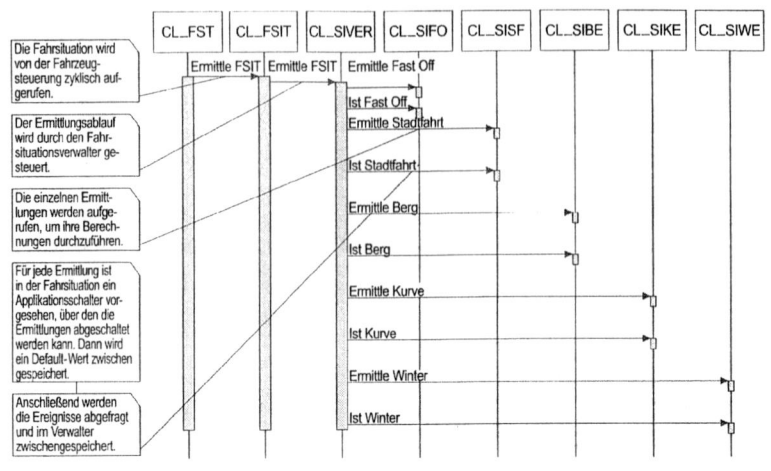

	CL_FST	CL_FSIT	CL_SIVER	CL_SIFO	CL_SISF	CL_SIBE	CL_SIKE	CL_SIWE
Die Fahrsituation wird von der Fahrzeugsteuerung zyklisch aufgerufen.		Ermittle FSIT	Ermittle FSIT	Ermittle Fast Off				
Der Ermittlungsablauf wird durch den Fahrsituationsverwalter gesteuert.				Ist Fast Off, Ermittle Stadtfahrt Ist Stadtfahrt				
Die einzelnen Ermittlungen werden aufgerufen, um ihre Berechnungen durchzuführen.				Ermittle Berg Ist Berg				
Für jede Ermittlung ist in der Fahrsituation ein Applikationsschalter vorgesehen, über den die Ermittlungen abgeschaltet werden kann. Dann wird ein Default-Wert zwischengespeichert.				Ermittle Kurve Ist Kurve Ermittle Winter				
Anschließend werden die Ereignisse abgefragt und im Verwalter zwischengespeichert.				Ist Winter				

Bild 14: Entwicklungsprozess – Darstellung in Rational Rose

In Message sequence chart werden die Aufgaben in der zeitlichen- und Aufrufreihenfolge beschrieben. Die Darstellung kann mit Kommentaren versehen werden und bietet eine Grundlage zur Dokumentationsausarbeitung. Die Begleitung der Analyse mit dem Tool und Generierung der Dokumente aus dem gleichen Repository, aus dem auch der Coderahmen generiert wird, steigert die Wahrscheinlichkeit, dass die Projektdokumentation auf dem neuesten Stand ist und dass nach einer Überarbeitung die Anpassung der Dokumentation nicht in Vergessenheit gerät.

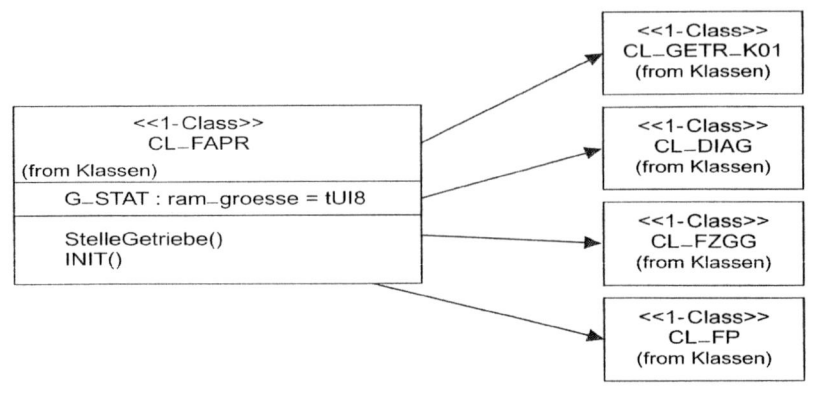

```
<<1-Class>>
CL_FAPR
(from Klassen)
─────────────────────
G_STAT : ram_groesse = tUI8
─────────────────────
StelleGetriebe()
INIT()
```

→ <<1-Class>> CL_GETR_K01 (from Klassen)
→ <<1-Class>> CL_DIAG (from Klassen)
→ <<1-Class>> CL_FZGG (from Klassen)
→ <<1-Class>> CL_FP (from Klassen)

Bild 15: Entwicklungsprozess – Darstellung in Rational Rose

- Volle Unterstützung der UML
- Round-Trip Enginiering
- Codrahmenenginierung
- Dokumentationsübertragung

Rose unterstützt Dokumentengenerierung mit konfigurierbaren Templates und bietet die Möglichkeit externe Dokumente zu integrieren. Die Dokumente können in HTML generiert werden was den Einsatz moderner Browser ermöglicht.

Bei BOSCH entwickelte Skripte für Rose ermöglichen automatische Coderahmengenerierung nach den OMOS - Konzept in C.

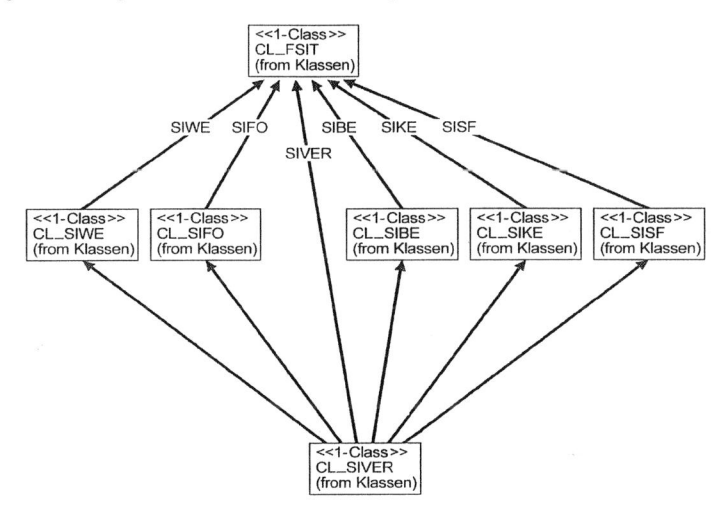

Bild 13: Entwicklungsprozess – Darstellung in Rational Rose

Mit dem Klassendiagramm werden Systeme mit deren Komponenten und Beziehungen modelliert.

Auf Bild 14 ist als Beispiel der CARTRONIC® Informationsgeber "Fahrereigenschaften" mit dazugehörigen "Fahrertypbewertungen" dargestellt.

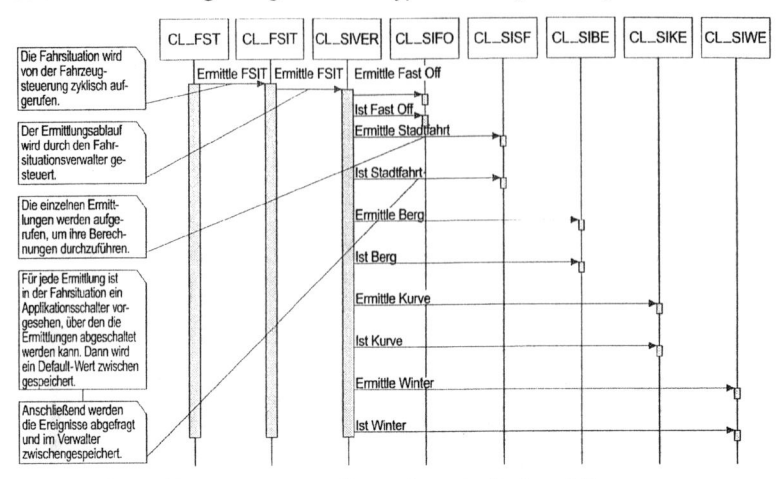

	CL_FST	CL_FSIT	CL_SIVER	CL_SIFO	CL_SISF	CL_SIBE	CL_SIKE	CL_SIWE
Die Fahrsituation wird von der Fahrzeugsteuerung zyklisch aufgerufen.	Ermittle FSIT	Ermittle FSIT	Ermittle Fast Off					
Der Ermittlungsablauf wird durch den Fahrsituationsverwalter gesteuert.				Ist Fast Off, Ermittle Stadtfahrt				
Die einzelnen Ermittlungen werden aufgerufen, um ihre Berechnungen durchzuführen.				Ist Stadtfahrt Ermittle Berg				
Für jede Ermittlung ist in der Fahrsituation ein Applikationsschalter vorgesehen, über den die Ermittlungen abgeschaltet werden kann. Dann wird ein Default-Wert zwischengespeichert.				Ist Berg Ermittle Kurve Ist Kurve Ermittle Winter				
Anschließend werden die Ereignisse abgefragt und im Verwalter zwischengespeichert.				Ist Winter				

Bild 14: Entwicklungsprozess – Darstellung in Rational Rose

In Message sequence chart werden die Aufgaben in der zeitlichen- und Aufrufreihenfolge beschrieben. Die Darstellung kann mit Kommentaren versehen werden und bietet eine Grundlage zur Dokumentationsausarbeitung. Die Begleitung der Analyse mit dem Tool und Generierung der Dokumente aus dem gleichen Repository, aus dem auch der Coderahmen generiert wird, steigert die Wahrscheinlichkeit, dass die Projektdokumentation auf dem neuesten Stand ist und dass nach einer Überarbeitung die Anpassung der Dokumentation nicht in Vergessenheit gerät.

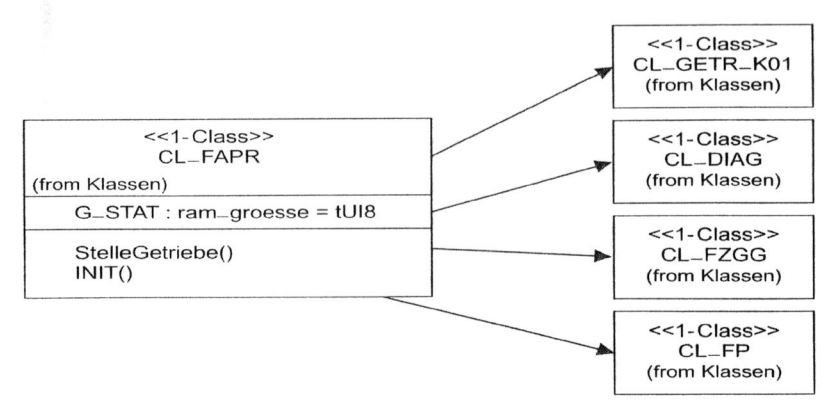

```
                                                       <<1-Class>>
                                                       CL_GETR_K01
                                                       (from Klassen)

        <<1-Class>>                                    <<1-Class>>
        CL_FAPR                                        CL_DIAG
(from Klassen)                                         (from Klassen)
─────────────────────────────
  G_STAT : ram_groesse = tUI8                          <<1-Class>>
                                                       CL_FZGG
  StelleGetriebe()                                     (from Klassen)
  INIT()
                                                       <<1-Class>>
                                                       CL_FP
                                                       (from Klassen)
```

Bild 15: Entwicklungsprozess – Darstellung in Rational Rose

Die Beherrschung der jetzigen Komplexität eines Systemverbunds im Fahrzeug bleibt eine Grundvoraussetzung der Entwicklung auch in der Zukunft. Eine übersichtliche Architektur, wie sie CARTRONIC® bietet, trägt zu Steigerung der Entwicklungseffizienz bei. Neben der Komplexitätssteigerung bleiben die Anforderungen an Verkürzung der Entwicklungszeiten bestehen. Alle Anforderungen werden sich durch verteilte Entwicklung nicht verringern. Das alles sind Gründe, um einen durchgängigen Entwicklungsprozess, von der Analyse bis zum automatisierten Test, für die Serienentwicklung, zu etablieren.

In diesem Beitrag wurden neben den CARTRONIC® Strukturierungsvorgängen zwei unterschiedliche Entwicklungsvorgänge gezeigt. Die Entwicklungszeit läßt sich durch Annäherung der beiden Vorgänge in der Zukunft nicht nur verkürzen, sondern steigert auch die Qualität des ganzen Systems.

7. Literatur

[1] Bertram, T., Schröder, W., Dominke, P., Volkart, A.
CARTRONIC® – ein Ordnungskonzept für die Steuerungs- und Regelungssysteme in Kraftfahrzeugen, VDI Berichte 1374, Tagung Systemengineering in der Kfz-Entwicklung, S 369 – 397, Nov. 1997

[2] Bolz, M.-P., Senger, K.-H.., Streib, H.-M.
Integrierte Triebstrangsteuerung mit CVT, VDI Berichte 1393,
S 3645 – 658, 1998

[3] Kytölä,T.,Mathony, H.-J.
Einsatz objektorientierter Methoden in der Entwicklung von Systemen der Karosserieelektronik, Industrielle Software-Produktion 1998, Okt. 1998

[4] Quatrani, T.
Visual Modeling with Rational Rose and UML, Addison-Wesley,
ISBN 0-201-31016-3

[5] Hermsen, W., Mäurer , M
C-Implementierungskonzept fur Steuergeräte-Software,
Bosch interner Bericht, Mär. 1997

[6] Hermsen, W., Mäurer , M
Darstellung von OMOS-Modellen in UML-unterstützten Tools,
Bosch interner Bericht, Sep. 1997

[7] Hülser, H., Benninger, K., Gerhardt, J., Glas, H.-J.
CARTRONIC® - Das Ordnungskonzept zur flexiblen Konfiguration der elektronische Subsysteme im Kraftfahrzeug, AVL Tagung "Motor und Umwelt" 1998

2.5 Funktionen von Automatgetriebesteuerungen

Wolfgang Runge, Joachim Burmeister, Manfred Bek, Harald Deiss

Übersicht

Elektronische Steuerungen auf der Basis von Mikroprozessoren sind seit 1982 Standard in ZF-Automatgetrieben. Innovationen wie Lastreduzierung in Verbrennungsmotoren mittels Zündverzögerung, intelligente Schaltprogramme und das Tiptronic-System, haben alle einen wesentlichen Beitrag zur Popularisierung von Automatgetrieben geleistet. Weitere Verbesserungen beim Verbrauch, Fahrverhalten und der Schaltqualität sind von höchster Bedeutung für die weitere Durchdringung der europäischen Märkte mit Automatgetriebe. Um ein wünschenswertes Niveau der Funktionalität auf dem Gebiet der Elektronik zu erreichen, sind 32-Bit-Hochleistungs-Mikroprozessoren notwendig. Die Software ist in ANSI C geschrieben. Es kommt ein Echtzeit-Betriebssystem zum Einsatz.

1. Einleitung

Schon 1990 führte die ZF Getriebe GmbH als erster Getriebehersteller ein elektrohydraulisch gesteuertes 5-Gang-Automatik-Getriebe ein. Verschärfte Anforderungen hinsichtlich kundenrelevanter Kriterien wie Fahrleistung, Kraftstoffverbrauch und Umweltfreundlichkeit führten 1994 zur Entwicklung des 5 HP 19. Das neue Aggregat soll die Vorteile des 5 HP 18 mit seit kurzem verfügbaren neuen produkt- und prozesstechnischen Möglichkeiten kombinieren.

Parallel zur Mechanik ist mittlerweile die Elektronik funktionsbestimmend geworden. Getriebesteuerungen zählen zu den komplexesten und umfangreichsten Elektroniken im Fahrzeug und haben aus diesem Grund einen sehr hohen Innovationsgrad bezüglich Funktionalität und Softwaretechnologie.

Zusammen mit einem neuentwickelten Hallsensor, der die Messung der Turbinendrehzahl durch einen metallischen Topf hindurch ermöglicht, sind zahlreiche Funktionen und Regelungen zur Verbesserung der Schaltqualität eingeführt worden. Dies sind zum Beispiel:

- Komfortables, fehlertolerantes Gangeinlegen durch eine Gradientenregelung
- Entfall Freilauf durch ein neues geregeltes Verfahren zur Lastübernahme
- Komfortable Lastschaltung durch Gradientenregelung

Besonders die neue Generation der elektronischen Steuerungen für ZF 5-Gang-Getriebe ist durch die folgenden innovativen Hardware- und Softwaremerkmale gekennzeichnet:

- 32-Bit-Prozessor, der allein für die Getriebefunktionalität verantwortlich ist,
- 256 Kbyte Programm -und Datenspeicher (Flash EPROM),
- 15 Kbyte RAM,
- Spezifische hochintegrierte ASICs für E/A-Funktionen,
- Kooperatives Echtzeitbetriebssystem,
- Programmierung in prozessor-unabhängigem ANSI C,
- Objektorientierung und Kapselung von Funktionen und Software.

Für einen Serieneinsatz wurde erstmalig bei Getriebesteuerungen die Software von verschiedenen Partnern erstellt (SW-Sharing). Jeder Partner konzentriert sich auf sein eigenes Fachgebiet, wo er das größte Know-How besitzt. ZF entwickelte und programmierte alle Getriebefunktionen. Es wurde klar, dass Software-Sharing trotz anfänglicher Skepsis ein Weg ist, der nicht nur realistisch ist, sondern auch eine wesentliche Verbesserung der Qualität mit sich bringt. Programmstrukturen und Schnittstellen wurden in einer frühen Phase definiert. Auf Kapselung und Rückwirkungsfreiheit der einzelnen Module wurde geachtet.

Um die Ressourcen, das Know-How und die Möglichkeiten im Simultaneous Engineering optimal zu nutzen wurden firmenübergreifende Systemengineering-Teams (SE-Teams) gebildet. Diese neue Form der Zusammenarbeit in Verbindung mit dem Software-Sharing hat gezeigt, dass dadurch Entwicklungszeiten, bei gleichzeitiger Qualitätsverbesserung, deutlich reduziert werden können.

2. 5 HP 19 Getriebe

Das 5HP19 ist für ein maximal zulässiges Nenndrehmoment von 300 Nm ausgelegt. Es sind maximale Motordrehzahlen von 6450 U/min und Schaltdrehzahlen von 6400 U/min zulässig. Das Getriebe ist für Leerlaufdrehzahlen von 500 U/min geeignet. **Bild 1** enthält eine Übersicht der technischen Daten.

Das 5HP19 Getriebesystem basiert wie das 5 HP 18 auf einem Ravigneaux-Radsatz mit nachgeschalteter Radsatzgruppe. Die Vorgaben führten zu einer umfassenden Überarbeitung nahezu aller Baugruppen. Die wichtigsten Modifikationen waren die direkte Aufzeichnung der Turbinendrehzahl und die Ausführung der 3-4-Schaltung als Überschneidungs- statt einer Freilaufschaltung. **Bild 2** zeigt einen Querschnitt durch die Mitte des Getriebes. Der folgende Abschnitt enthält eine kurze Beschreibung der wichtigsten Baugruppen.

2.1. Drehmomentwandler

Verschärfte Anforderungen hinsichtlich der Emissionen und des Kraftstoffverbrauchs führten zur Weiterentwicklung der geregelten Wandlerkupplung, die bereits in anderen ZF-Getrieben eingesetzt wird. Diese kann bereits ab Geschwindigkeiten von 30 km/h eingesetzt werden. Voraussetzung hierfür war eine wesentlich verbesserte thermische Belastbarkeit der Wandlerkupplung, welche höhere Reibleistung und somit einen entsprechend größeren Regelbereich zulässt. Dies wird durch eine zusätzliche Belagkühlung, welche das Öl direkt durch die Wandlerkupplung führt, erreicht. Zur Gewährleistung einer ausreichenden Übertragungsfähigkeit und Kühlung der Wandlerkupplung auch bei niedrigen Motordrehzahlen wurde die Pumpenförderleistung erhöht.

Technische Daten	
Getriebetyp	Pkw-Automatgetriebe, 5 Gänge Standardanordnung
Übertragungsfähigkeit	T_{max} Motor bei 3500 1/min = 300 Nm P_{max} bei 6000 1/min = 150 kW (204 PS) n_{max} im 1. - 4. Gang = 6540 1/min n_{max} im 5. Gang = 5000 1/min n_{max} KD-Schaltung = 6400 1/min T_{max} Turbine = 540 Nm
Wandler	W 254 S GWK (HWK) T_p = 90 - 230 Nm bei n_p = 2000 1/min
Übersetzungen	3,67 - 2,0 - 1,41 - 1,0 - 0,74; R = 4,1
Positionen	P, R, N, D, 4, 3, 2
Steuerung	Elektrohydraulisch Verschiedene Schaltprogramme möglich
Gewicht	Getriebe = 61,7 kg Wandler = 10,4 kg Öl = 6,9 kg Gesamt = 79,0 kg

Bild 1:   5 HP 19 - Technische Daten

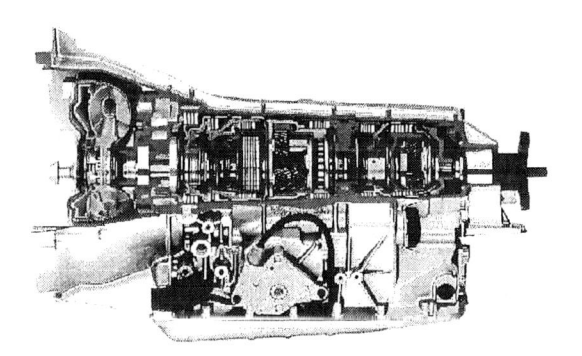

Bild 2:   5 HP 19 Getriebequerschnitt

2.2. Pumpe

Die Auslegung der Mondsichelpumpe war bestimmt durch die Forderung nach einer niedrigen Leerlaufdrehzahl (500 U/min) sowie eines breiten Regelbereichs der Wandlerkupplung zu niedrigen Motordrehzahlen hin. Das bei hohen Motordrehzahlen geförderte Überschussöl wird über ein Mengenregelventil direkt in die Ansaugseite zurückgeführt. Dies reduziert die Kavitation auf Grenzdrehzahlniveau.

2.3 Schaltelemente

Um eine konstant hohe Schaltqualität zu erreichen, wurden sämtliche Schaltelemente grundlegend überarbeitet. Einige Schaltkupplungen wurden so modifiziert, dass sie 100% dynamischen Druckausgleich liefern. Die Bandbremse und der Freilauf des 5 HP 18 wurden durch eine Lamellenkupplung ersetzt, was sich bei den Schaltungen 1-2/2-1, 4-5/5-4 positiv auf die Schaltqualität auswirkt. Durch die geregelte Lastübernahme waren neue Reibbeläge mit einem höheren Reibwert notwendig. Toleranzeinschränkungen bei den Kräftetoleranzen der Tellerfedern reduzieren ebenfalls die Schwankungen der Qualität über die Lebensdauer.

Bild 3 zeigt das Getriebediagramm und das Aktivierungssystem der Schaltelemente.

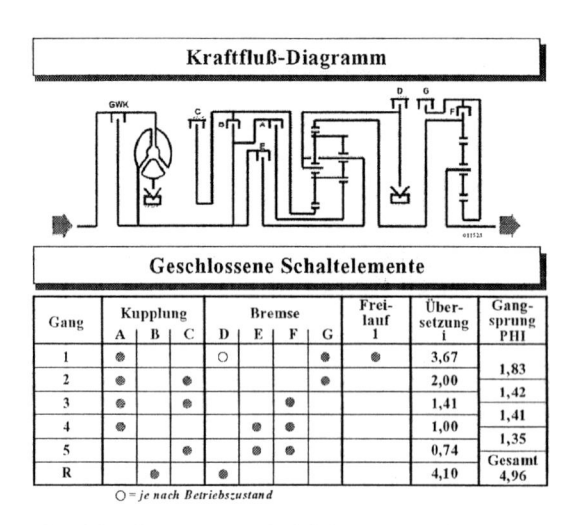

Kraftfluß-Diagramm								
Geschlossene Schaltelemente								
Gang	Kupplung			Bremse			Frei-lauf 1	Über-setzung i	Gang-sprung PHI
	A	B	C	D	E	F	G			
1	●			O			●	●	3,67	
2	●	●							2,00	1,83
3	●	●				●			1,41	1,42
4	●				●	●			1,00	1,41
5			●		●	●			0,74	1,35
R		●		●					4,10	Gesamt 4,96

O = je nach Betriebszustand

Bild 3: Getriebediagramm und Aktivierung von Schaltelementen

2.4 Turbinendrehzahlerfassung

Ein wesentlicher Entwicklungsschwerpunkt war die direkte Erfassung der Trubinendrehzahl als Grundvoraussetzung einer ausgezeichneten Schaltqualität und der Regelung der Wandlerkupplung. Das Getriebesystem ermöglichte keine direkte Erfas-

In Rose wird nicht nur die Struktur beschrieben, sondern werden auch die Funktionsparameter definiert. Für die applizierbaren und messbaren Größen werden alle nötigen Informationen z.b. Quantisierung und Umrechnung eingegeben.

Die speziellen Skripte liefern in der Generierungsphase einen Coderahmen. An den vorgesehenen Stellen des Coderahmens erfolgt die eigentliche Implementierung der Methoden von Hand in C. Wenn es sich um eine Weiterentwicklung der Funktion handelt, werden in der Generierungsphase die schon implementierte Methoden beibehalten und neue eingefügt.

Neben dem Coderahmen werden auch Steuerdateien, die bei der Ausführung des Entwicklungsprozesses notwendig sind, erzeugt. Mit Hilfe dieser Dateien werden alle Spezifikationen der Mess- und Applikationsparameter für die Messumgebung durchgeführt.

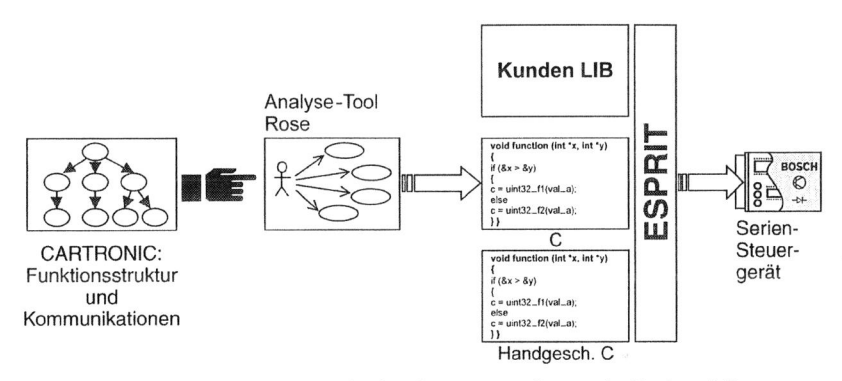

Bild 16: Entwicklungsprozess – Coderahmengenerierung in Rational Rose

In den sehr kurzen Entwicklungszeiten ist es nicht möglich, gleich den ganzen Umfang einer Steuerung neu zu kodieren. So ist es notwendig, dass bestehende Software, die nicht nach neuesten Erkenntnissen geschrieben ist, weiterhin eingesetzt wird. Ein Entwicklungsprozeß in einer Serienabteilung muß flexibel genug sein, alle Komponenten zusammen zu binden.

Bei der Programmintegration werden nicht nur die Funktionen aus einem Entwicklungsort und der gleichen Entwicklungsabteilung zusammengebunden. Heute gewinnt das Softwaresharing immer mehr an Bedeutung. Dafür sind gut definierte Schnittstellen und abgestimmte Softwarearchitektur von großer Bedeutung. In der Getriebesteuerung arbeiten wir schon seit mehreren Jahren mit anderen Softwareherstellern zusammen. Das sind teilweise Fahrzeughersteller selbst, unsere Entwicklungspartner, die Getriebe entwickeln oder externe Stellen - Ingenieurbüros etc. Austausch der Software ist auf verschiedenen Ebenen möglich - Sourcecode, Libraries, etc..

Mit dem Tool Esprit (Bosch Eigenentwicklung) werden durch Benutzung von Standard-Compiler und -Linker Kunden Librarie, handerzeugtes C-Code, "ASCET-SD-C" und "ROSE C" zu einen gesamt Programm zusammengeführt und in Seriengeräte programmiert.

6. Ausblick

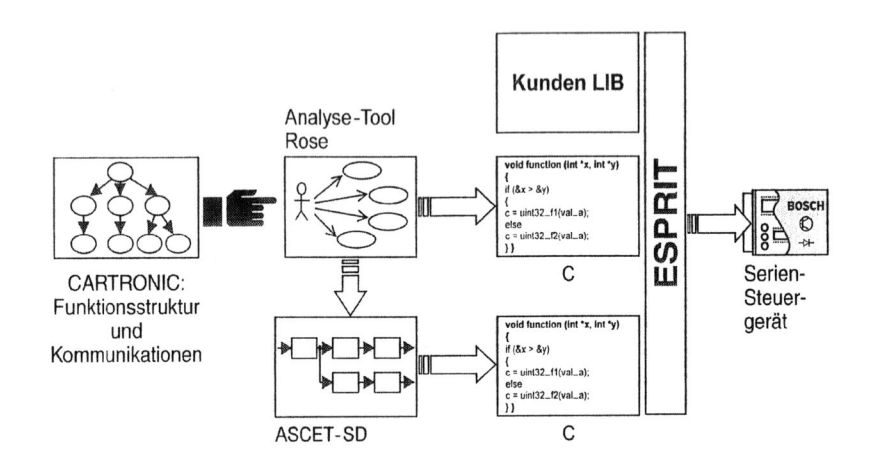

Bild 17: Ausblick – Softwareentwicklung Soll

In der Zukunft wird sich der Anteil von handcodiertem C-Code stets reduzieren. Die Einführung von graphischen Editoren oder Simulationswerkzeugen mit Codegenerierung ist im Kommen. Die Anbindung von ASCET - SD an Analyse und Design Werkzeuge wird momentan bearbeitet und bald in Erprobung gehen.

Aufgaben die in der Zukunft zu bearbeiten sind:
- Entwicklungseffizienz steigern durch übersichtliche Struktur
- Beherrschung der Komplexität jetzt und in der Zukunft
- Verteilte Entwicklung unterstützen
- Wiederverwendbarkeit und Austauschbarkeit vorantreiben

Um diese Aufgaben lösen zu können ist es notvendig:
- Einheitliche modulare Systemarchitektur mit definierten Schnittstellen - CARTRONIC® auszuarbeiten und
- Entwicklungsprozess mit Tool - Unterstützung in allen Phasen einzusetzen

sung. Es musste also ein Sensorsystem gefunden werden, das die Erfassung der Drehzahl direkt durch ein rotierendes Bauteil hindurch ermöglichte. Die gewählte Lösung basiert auf einem aktiven Zählring und einem Hall-Sensor. Der Topf zwischen dem Zählring und dem Hall-Sensor besteht aus einem nicht magnetischen Material, das das Magnetfeld zwischen Sensor und Zählring nicht beeinflusst. Über den gesamten Drehzahlbereich wird somit eine hohe Genauigkeit des Drehzahlsignals garantiert.

2.5 Hydraulisches Schaltgerät

Um eine exzellente Schaltqualität zu erreichen, wurde das hydraulische Schaltgerät in wesentlichen Punkten neu konzipiert. Das Schaltgerät wurde als sogenannte Niederdrucksteuerung ausgeführt, in der, um einen günstigen Kraftstoffverbrauch und Wirkungsgrad zu erreichen, der Systemdruck in allen wesentlichen Betriebsbereichen um 2,5 bar reduziert ist. Mit Ausnahme der Schaltung 1-2 werden alle Schaltungen als Überschneidungsschaltungen ausgeführt. Mit dem hier gewählten Konzept ist es möglich, ein Schaltelement jeweils direkt und das zweite über ein elektrohydraulisches Dämpfersystem anzusteuern. Die Direktsteuerung erfolgt über 4 elektrische Drucksteuerventile, mit denen der Schaltübergang und der Schaltablauf elektronisch geregelt werden können. Zur Erreichung eines konstanten Füllvolumens und somit auch eines konstanten Ansprechverhaltens erhielten die zwei Vorwärtskupplungen A und F eine Vorbefüllung.

3. Funktionen

Die Funktionalität der ZF-Getriebe wird von Generation zu Generation nahezu verdoppelt. Dies beruht zu einem Teil darauf, dass immer mehr mechanische Komponenten durch Elektronik ersetzt werden, zum anderen aber auf einer immer stärkeren Adaption an spezifische Betriebsbedingungen und Sonderfälle.

3.1 Ersatz mechanischer Komponenten durch Elektronik

Es ist die klare Tendenz erkennbar, dass die Wertschöpfung in der Mechanik reduziert wird. Immer mehr mechanische Bauelemente werden durch elektronischhydraulische Steuerungen oder elektrische Stellantriebe ergänzt beziehungsweise ersetzt. Ausschlaggebend sind dafür im wesentlichen folgende Gründe:

- Die Anforderungen an das Automobil widersprechen sich zum Teil. Eine gleichzeitige Erfüllung aller Parameter, sowie Anpassungen an spezifische Betriebsbedingungen sind nicht möglich, da viele Funktionen und Steuerungsabläufe durch mechanische oder hydraulische Bauelemente fest vorgegeben sind.
- Bauraum und Gewicht der Aggregate müssen reduziert werden.
- Die gesteigerten Anforderungen hinsichtlich der Funktionalität können nur elektronisch realisiert werden.

Folgende sind einige Beispiele für mechanische Komponenten, die in Getrieben durch Elektronik ersetzt wurden:
- Ersatz von Freiläufen in Planetengetrieben durch elektronisch gesteuerte Überschneidungssteuerung
- Vereinfachung hydraulischer Getriebesteuerungen durch den Einsatz von Druckreglern.

Die Aktivierung einzelner Kupplungen in den Getrieben 5HP19 und 5HP24 durch Proportionalventile erlaubte den Einsatz von geschlossenen Regelkreisen an mehreren Stellen. So ist es So ist es möglich, hohe Erwartungen an die Schaltqualität und die Reduzierung des Kraftstoffverbrauchs zu erfüllen.

3.2 Freilaufersatz - Geregelte Lastübernahme

Eine bei ZF realisierte Umsetzung der gemeinsamen Entwicklung von Mechanik und Elektronik ist die Funktion des Freilaufes. In Automatgetrieben herkömmlicher Bauweise übernimmt der Freilauf die Aufgabe, während des Gangwechsels die Drehmomentübernahme des neuen Ganges zu steuern. Sobald das Reibmoment der zuschaltenden Kupplung groß genug ist, um das Eingangsmoment über diesen neuen Leistungszweig zu übertragen, hebt der Freilauf ab und unterbricht den bisherigen Leistungszweig. Der Freilauf übernimmt somit eine der für den Momentenfluss und die Schaltqualität zentralen Funktionen eines Automatgetriebes, indem er am Übernahmepunkt des neuen Ganges den Momentenfluss über den alten Gang abschaltet.

Der Freilauf ist in idealer Art und Weise für diese Funktion geeignet, er übernimmt seine Aufgabe unabhängig von Temperatur, Drehzahl und dem zu schaltenden

Drehmoment. Den funktionalen Vorteilen dieses mechanischen Bauteils stehen jedoch einige Nachteile gegenüber, die gerade für die neueren Fahrzeugentwicklungen von immer größerer Bedeutung sind. Der Freilauf stellt ein zusätzliches Element im Getriebe dar, das Bauraum beansprucht, Mehrgewicht verursacht und mit erheblichen Kosten verbunden ist (**Bild 4**). Abgesehen von dem Kostendruck, unter dem die Automobil-Zulieferindustrie seit einigen Jahren steht, ist die Optimierung von Bauraum und Gewicht ein zentraler Aspekt der Automobilentwicklung der letzten Jahre, von dem keine Komponente des Gesamtsystems Fahrzeug ausgenommen werden kann.

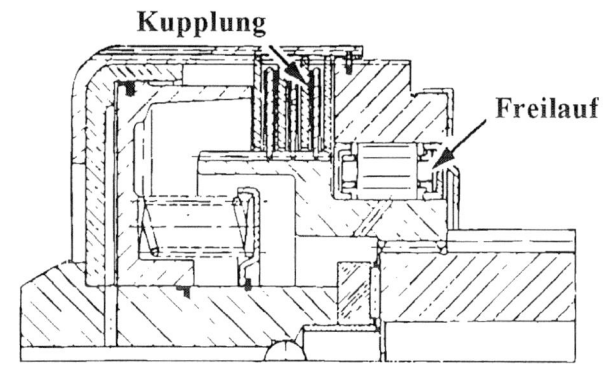

Bild 4: Kupplung und nachgeschalteter Freilauf

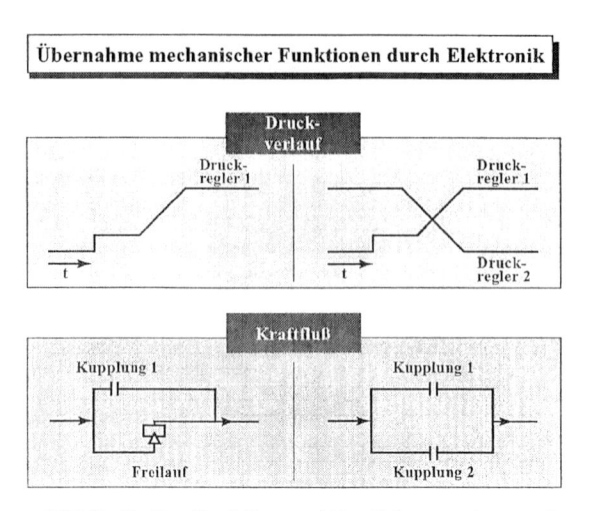

Bild 5: Freilauffunktion und Realisierungskonzept

So wurde durch die elektronische Regelung der Schaltelemente eine Möglichkeit gefunden, die Funktionalität des Freilaufs durch die Elektronik nachzubilden. Das mechanische Element des Freilaufes kann gänzlich entfallen und wird durch die Elektronik übernommen, die noch weitere Regelungsfunktionen ausführen muß (**Bild 5**).

Zusätzlich zu der Steuerung des Druckverlaufes der zuschaltenden Kupplung muß eine Regelung des Druckverlaufes der abschaltenden Kupplung erfolgen. Die Regelung muß so aufgebaut sein, daß an dem Punkt, an dem die zuschaltende Kupplung des gesamt zu schaltende Moment übertragen kann, die abschaltende Kupplung keine Kraft auf das Kupplungspaket ausübt. Ein zu spätes Abschalten der alten Kupplung führt zu einer positiven Überschneidung und damit zu Einbußen im Schaltkomfort, ein zu frühes Abschalten der Kupplung führt zu einem unerwünschten Drehzahlverlauf des Motors, der eine erhöhte Belastung der zuschaltenden Kupplung nach sich zieht.

Wurden noch vor 10 Jahren bei allen Gangwechseln Freiläufe beansprucht, konnte die Anzahl der Freiläufe in allen Getrieben seither deutlich reduziert werden. Ausgehend von 3 Freiläufen bei dem 4-Ganggetriebe 4HP22 wurden die Nachfolgegetriebe 5HP18 und 5HP30 mit einem Gang mehr, aber gleichzeitig einem Freilauf weniger ausgestattet. Das für die Einbaulage front-quer-konzipierte 4-Ganggetriebe 4HP20 war das erste Getriebe bei ZF, das komplett ohne Freilauf 1996 mit Erfolg in Serie gebracht wurde. Dieser Entwicklungstrend wird auch bei den für den Standardantrieb vorgesehenen 5-Ganggetrieben durchgeführt.

Bei der Nachbildung der Funktion des mechanischen Freilaufes müssen die Spezialisten der Mechanik, Hydraulik und Elektronik eng zusammenarbeiten, um alle Anforderungen an konstanten Schaltkomfort unabhängig von Temperatur, Drehzahl, Toleranz und zu schaltendem Moment zu erfüllen.

3.3. Geregelte Wandlerkupplung (GWK)

Eine proportionale Einstellung des Drucks an der Wandlerkupplung (**Bild 6**) ermöglicht eine kontinuierliche Momentübertragung und damit eine wesentliche Erweiterung der Funktionalität gegenüber dem rein geschalteten Betrieb (WK auf oder zu). Zwei Effekte tragen dazu bei, dass der Betriebsbereich der Wandlerüberbrückung deutlich vergrößert werden kann.

Zum einen können die Zuschaltvorgänge weicher und komfortabler ausgeführt werden, wodurch ein Aktivieren der WK auch dann möglich ist, wenn noch große Differenzdrehzahlen zwischen Pumpe und Turbine bestehen. Zum anderen kann man durch Einregeln einer minimalen Differenzdrehzahl von ca. 40 U/min Drehungleichförmigkeiten des Motors vom Antriebsstrang abkoppeln und Lastwechselstöße dämpfen. Bild 7 zeigt den erweiterten Einsatzbereich der WK, wenn zusätzlich der geregelte Betrieb eingeführt wird. Je nach Festlegung der WK-Kennlinien lässt sich der Kraftstoffverbrauch um bis zu 3 % reduzieren.

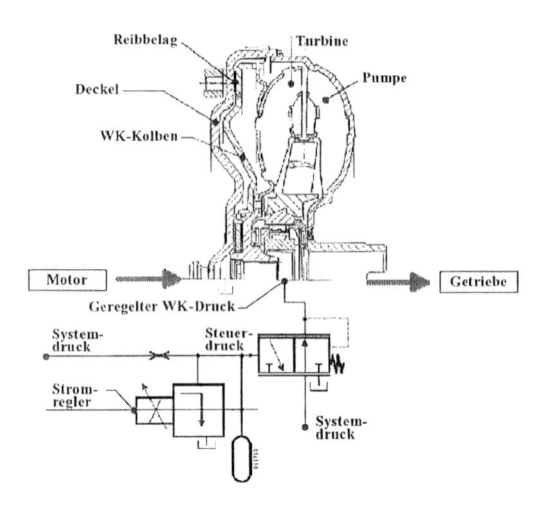

Bild 6: Schnitt durch einen Drehmomentwandler mit Steuerung

Das Regel- und Steuersystem für die GWK enthält neben dem Grundregelkreis mit der Differenzdrehzahl als Regelgröße auch eine Störgrößenaufschaltung, welche die Einflüsse der Motorlast gesteuert kompensiert. Dies ist insbesondere im Falle schneller Gaspedaländerungen hilfreich, um große temporäre Regelabweichungen zu vermeiden. Weitere Sonderfunktionen dienen zum Beherrschen von Lastwechseln, der Regelung des Systems im Schub und von Bereichsübergängen.

Betriebszustände

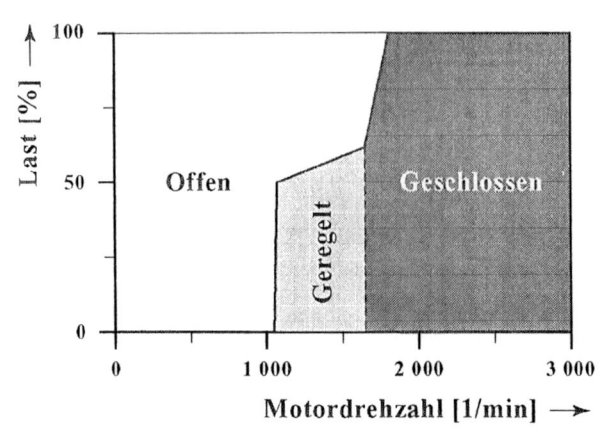

Bild 7: Anwendungen einer Drehmomentwandlerkupplung

3.4 Geregelte Lastschaltung

Die kontinuierliche Ansteuerung der einzelnen Schaltkupplungen verbessert den Komfort von Lastschaltungen sowohl bei Hoch- als auch bei Rückschaltungen.

Der wichtigste Vorteil gegenüber früheren, adaptiv gesteuerten Schaltvorgängen liegt darin, dass die geregelte Lastschaltung den korrigierenden Eingriff bereits während des eigentlichen Schaltvorgangs vornimmt.

Bild 8 zeigt das Funktionsprinzip anhand einer Zughochschaltung. Hier wird die Drehzahldifferenz der zuschaltenden Kupplung vom Anfangswert mit Hilfe des Kupplungsdrucks auf Null reduziert. Der Turbinendrehzahlgradient wird als Regelgröße genommen, da dieser durch den Kupplungsdruck direkt beeinflusst werden kann. Dies verbessert den Verlauf des Abtriebsmoments erheblich mit spürbaren Vorteilen der Schaltqualität für den Fahrer.

Die geregelte Lastschaltung besteht aus eine Grundregelkreis mit einer Lastaufschaltung. Die letztere Funktion ist so ausgelegt, dass der Einfluss des Eingangsmoments (Motorlast) auf die Regelgröße kompensiert wird. Kleine Verzögerungen im Drehmomentenaufbau werden nicht berücksichtigt, sodass mit einer statischen Aufschaltung gearbeitet werden kann. Dieser gesteuerte Teil ist bei Lastschaltungen ohne Regelung stets vorhanden und muß auch bei geregelten Schaltungen realisiert werden (**gesteuerte Rampe in Bild 8**). Bei der geregelten Lastschaltung führt diese Rampe eine Voraussteuerfunktion aus und erhöht so die Geschwindigkeit der Reaktion der Regelung.

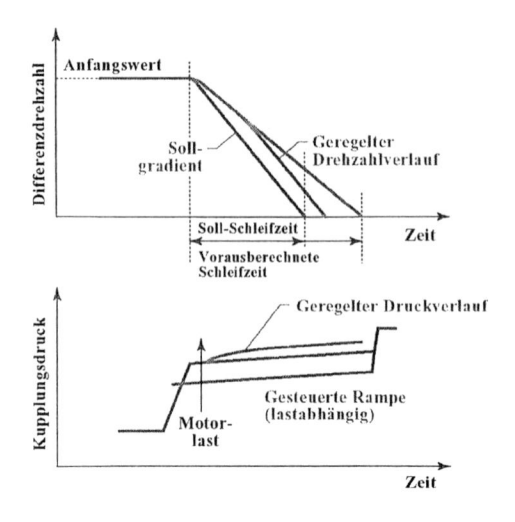

Bild 8: Geregelte Lastschaltung

Die Regelung kompensiert nicht messbare Effekte wie Veränderungen des Reibbeiwertes. Bild 8 zeigt, dass bei einer anfänglichen Abweichung des Drehzahlgradienten der Kupplungsdruck durch die Regelung erhöht wird, um den Sollgradienten zu erreichen. Dies wird für jeden Schaltvorgang auf Grund des Anfangwertes, der Drehzahldifferenz und der Sollschlupfzeit berechnet.

Zusätzliche Überlegungen hinsichtlich Komfort und Kupplungsbelastung führen zu einer überlagerten Schleife und damit zu einer Kaskadenregelung. Nach einer Anfangsabweichung der Drehzahl muß selbst dann eine Veränderung der Schleifzeit hingenommen werden, wenn der Gradient anschließend wieder seinen Sollwert erreicht. Es macht nämlich physikalisch keinen Sinn, unter allen Umständen die Sollschleifzeit einzuhalten, wenn damit ein steiler Gradient und infolgedessen eine schlechtere Schaltqualität verbunden ist. Dieses Verfahren ist allerdings nur bis zu einem bestimmten Grad zulässig, was wiederum von der erlaubten Kupplungsbelastung abhängt. Zu diesem Zweck wird die Sollschleifzeit mit einem Toleranzband versehen, was in dem äußeren Regler realisiert ist. Außerdem wird die tatsächliche Schleifzeit während der Schaltung mittels des aktuellen Gradienten laufend vorausberechnet. Bleibt die Schleifzeit im Toleranzbereich, gilt als Sollwert der Nominalwert, bei Überschreitungen wird dieser entsprechend nach oben oder unten verändert. Als Nebenprodukt erhält man am Ende der Schaltung die gemessene Istschleifzeit.

Die Ausführungen zeigen, daß Regelkreise, die aufgrund physikalischer Überlegungen, gepaart mit getriebespezifischen Erkenntnissen, entworfen werden, zu erfolgreichen Serienlösungen gebracht werden können. Damit werden Funktionalität und Komfort der Automatgetriebe deutlich verbessert.

3.5 Ausblick Stand-by-Control

In der Pkw-Automatgetriebeentwicklung hat es in den vergangenen Jahren wichtige technische Neuerungen gegeben, die die gesteigerten Anforderungen in Hinblick auf Komfort, Kraftstoffverbrauch und Anpassung an individuelle Fahrervorgaben erfüllen. Einen weiteren wichtigen Beitrag zur Optimierung des Systems Automatgetriebe stellt die neue Funktion "Stand-by-Control" dar.

Während des Fahrbetriebs werden die Verluste des Drehmomentenwandlers durch die Wandlerkupplung minimiert, bei Fahrzeugstillstand wird die Funktion "Stand-by-Control" aktiv. Dabei wird durch geregeltes Schlupfen einer Kupplung das Getriebe in Neutral geschaltet und dadurch die Wandlerverluste minimiert. Der für das Getriebe und die Steuerung entstehende Mehraufwand für die Realisierung ist gerechtfertigt, sieht man die erreichte Kraftstoffeinsparung und den Komfortgewinn für den Fahrer.

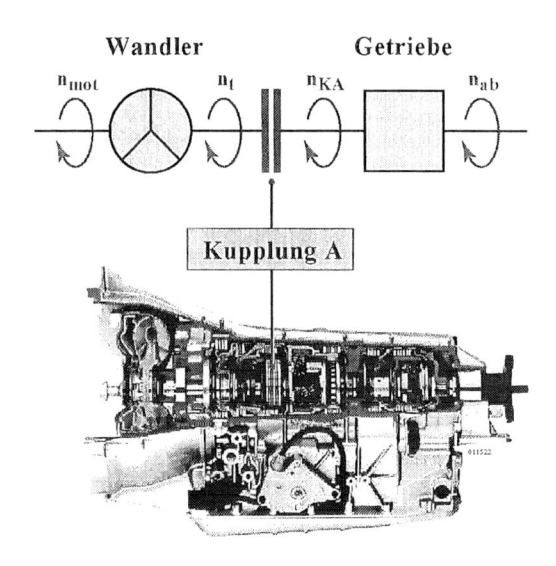

Bild 9: Stand-by-Control Systemübersicht

Die Funktion Stand-by-Control wird bei Fahrzeugstillstand aktiv und schaltet dann das Getriebe ohne Eingreifen des Fahrers in einen Zustand mit verringertem Kraftschluss. Das für die Darstellung der Funktion verwendete Getriebe 5HP19/24 von ZF verwendet die Getriebeeingangskupplung (Kupplung A) als Anfahrkupplung. Durch die Verwendung der Getriebeeingangskupplung als schlupfgeregeltes Kraftschlusselement wird erreicht, dass außer dem Drehmomentenwandler und der damit verbundenen Eingangsseite der Kupplung A keine weiteren Bauteile im Getriebe während der Funktion als rotierende Massen umlaufen (**Bild 9**).

An die Regelgüte werden hohe Anforderungen gestellt, da sich Abweichungen von der Sollvorgabe direkt in Schwankungen am Abtriebsmoment übertragen. Durch die nahe Motordrehzahl umlaufende Turbine ist eine günstige Drehzahlauflösung für die Regelung gewährleistet, die für die Regelung auf möglichst geringes Restmoment benötigt wird. Um die geforderten Vorgaben zu erreichen, wurde eine modellbasierte Regelung verwendet. Bei der Modellbildung wird ein Streckenmodell verwendet, das auf einem gekoppelten Differentialgleichungssystem beruht.

Diese Funktion minimiert Wandlerverluste bei stehendem Fahrzeug. Im Vergleich zu den Leistungsverlusten, die auftreten, wenn der Drehmomentwandler mit Festbremsdrehzahl läuft, reduziert die Funktion die Verluste um bis zu 2,5 kW. Die zusätzlichen Kosten des Getriebes und der Steuerung für die Implementierung dieser Funktion sind durch den geringeren Kraftstoffverbrauch und den größeren Komfort für den Fahrer gerechtfertigt.

4. Elektronische Getriebesteuerung

Bild 10 zeigt das 5-Gang-Automatgetriebe mit integrierter Wandlerüberbrückungskupplung und einen Systemüberblick mit den wichtigsten elektrischen und elektronischen Komponenten.

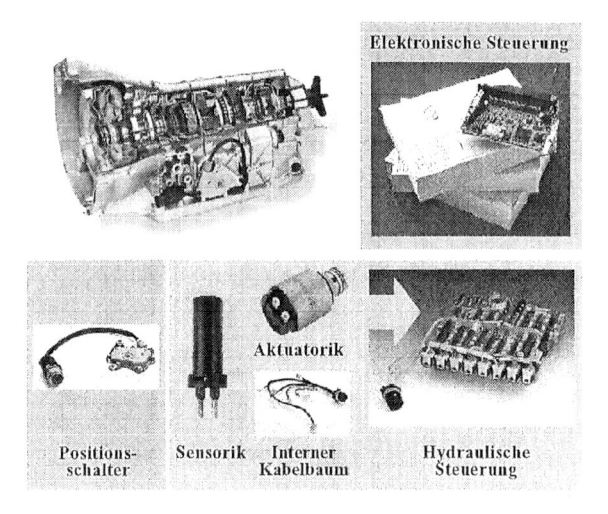

Bild 10: Elektronische Getriebesteuerung
System-Übersicht

4.1 ECU - Hardware

Das elektronische Getriebesteuergerät (ECU) stellt einen wesentlichen Bestandteil des Sytsems Automatgetriebe dar. Die Anforderungen an die elektronische Steuerung sind seit Einführung des ersten elektronisch-hydraulisch gesteuerten Automatgetriebes in 1983 (ZF-Getriebe 4HP22 EH) ständig gestiegen.

Während das System für das neue 5-Gang-Getriebe entwickelt wurde, wurde bald klar, dass die bisher eingesetzten 8-Bit-Mikroprozessoren nicht in der Lage sein würden, den Umfang des Programms, den Speicherbedarf für Anwendungsdaten und insbesondere die Echtzeit-Anforderungen zu bewältigen. Es war eine neue Generation notwendig. Die ECU ist in **Bild 11** und das zugehörige Blockdiagramm in **Bild 12** dargestellt.

① μC 68336   ④ CAN
② Flash 256 K   ⑤ Input ASIC
③ RAM 8K   ⑥ Output ASIC

Bild 11: Elektronische Steuerung für 5 HP 19/24

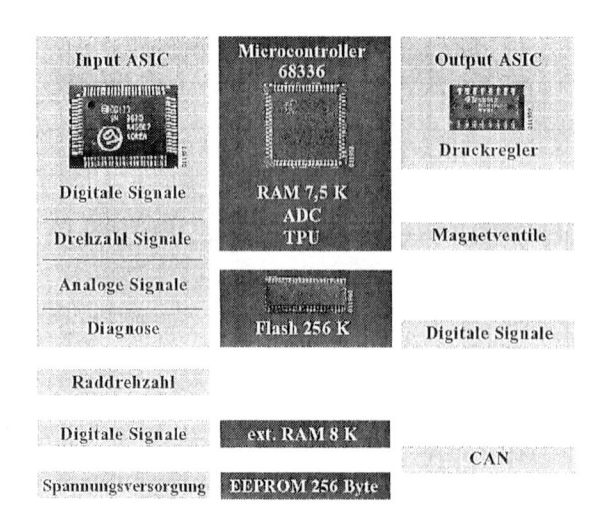

Input ASIC	Microcontroller 68336	Output ASIC
		Druckregler
Digitale Signale	RAM 7,5 K	
Drehzahl Signale	ADC	Magnetventile
	TPU	
Analoge Signale		
Diagnose	Flash 256 K	Digitale Signale
Raddrehzahl		
Digitale Signale	ext. RAM 8 K	
		CAN
Spannungsversorgung	EEPROM 256 Byte	

Bild 12: Elektronische Steuerung
Blockdiagramm

4.1.1 Mikrocontroller

Die Rechnerleistung ist durch den Einsatz eines 16/32-Bit Mikroprozessors der Motorola 6833x-Familie erheblich gestiegen. Verglichen mit früheren Steuerungen werden die Softwarefunktionen, die den Schaltkomfort bestimmen, jetzt mit fester Taktgeschwindigkeit verarbeitet, etwa 3,5 Mal schneller als vorher. Im Vergleich mit früheren Getrieben ist der Umfang der Funktionen und Daten seit der Einführung moderner Regelungsfunktionen für den Schaltablauf um den Faktor 2,5 gewachsen.

4.1.2 Speicher

Eine der wichtigsten Neuerungen stellt der als FLASH-EPROM ausgeführte Programm- und Datenspeicher dar. Der elektronisch programmier- und löschbare Speicher erlaubt es Programm- und Datenupdates ohne Austausch der Getriebesteuerung vorzunehmen. Dies bedeutet, dass wir Bedingungen geschaffen haben, die es erlauben, auf Kundenprobleme flexibel und kostengünstig zu reagieren. Weitere Vorteile leiten sich aus der Verringerung der Zahl der Varianten ab.

4.1.3 Peripherie-ICs

Der Einsatz spezieller ASICs (Peripherie-Eingangs-ASIC und Stromregler-ASIC) hat die Zahl der eingesetzten Komponenten reduziert und die Zuverlässigkeit gesteigert. Der Peripherie-Eingangs-ASIC bereitet Eingangssignale auf, die dann im Digitalteil (Mikrocontroller) weiterverarbeitet werden können. Der Regelkreis für die Ansteuerung der Druckregelventile ist in einem weiteren ASIC zusammengefaßt. Die Vernetzung mit anderen elektronischen Fahrzeugsteuerungen geschieht über CAN.

4.2 Software

Die Komplexität und der Umfang der Software verdoppeln sich alle 2-3 Jahre. **Bild 13** zeigt die wichtigsten Tendenzen anhand der Entwicklung der Speichergröße.

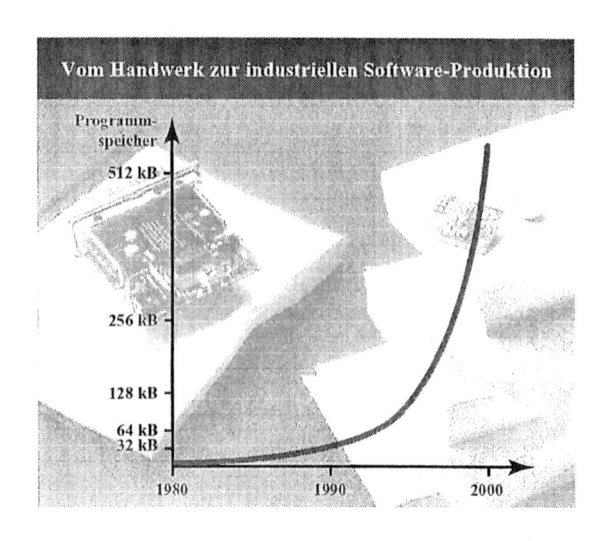

Bild 13: Elektronische Getriebesteuerung - Trends

Diese Entwicklung wurde durch die folgenden Randbedingungen getrieben:

- Eine steigende Zahl von Funktionen werden heute durch Software ausgeführt. Dies führte zu einem ständigen Wachsen des Umfangs und der Komplexität der einzelnen Funktionen.
- Mit dem Wachsen dieses Umfangs sind weitere Anstrengungen bei den strukturellen und modularen Aspekten der Programmierung notwendig, wenn das Programm alle qualitativen Anforderungen erfüllen soll. Dies kann auch zu einem Wachstum der Größe der Speicher-Einheiten führen.
- Programme werden heute nur in ANSI-C statt in prozessorspezifischem C geschrieben, und Standard-Betriebssysteme werden verbreitet eingesetzt.
- SW-Sharing führt zu eindeutigen Schnittstellen und rückwirkungsfreien Strukturen.

4.2.1 Software-Sharing

Für einen Serieneinsatz wurde erstmals die Software von einer Reihe verschiedener Partner erstellt. Diese Form der Zusammenarbeit wird als Software-Sharing bezeichnet. In der Zukunft wird der Fahrzeug-Hersteller ebenfalls in diesen Prozess integriert.

Jeder Partner konzentriert sich auf sein Fachgebiet, d.h. auf das Gebiet seines größten Know-How **(Bild 14)**.

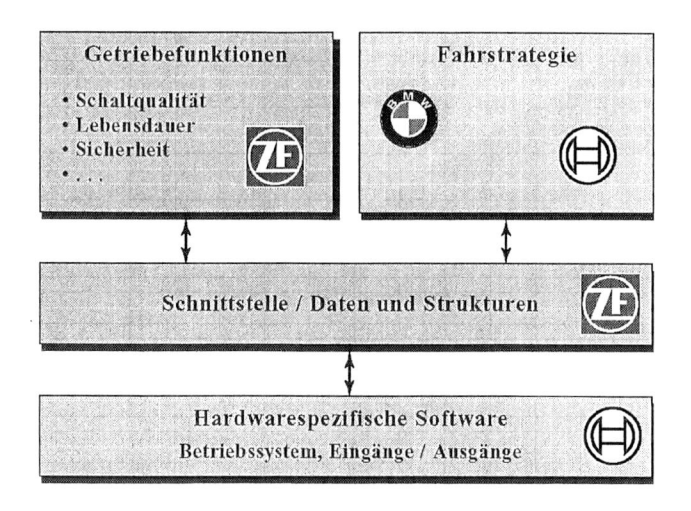

```
┌─────────────────────────────┬─────────────────────────────┐
│   Getriebefunktionen        │      Fahrstrategie          │
│  • Schaltqualität           │                             │
│  • Lebensdauer              │         [BMW]      [H]      │
│  • Sicherheit       [ZF]    │                             │
│  • ...                      │                             │
└─────────────────────────────┴─────────────────────────────┘
                ↕                           ↕
┌───────────────────────────────────────────────────────────┐
│       Schnittstelle / Daten und Strukturen     [ZF]       │
└───────────────────────────────────────────────────────────┘
                            ↕
┌───────────────────────────────────────────────────────────┐
│           Hardwarespezifische Software                    │
│         Betriebssystem, Eingänge / Ausgänge    [H]        │
└───────────────────────────────────────────────────────────┘
```

Bild 14:   **Aufteilung und Bearbeitung nach Kernkompetenz**

Die Modularisierung und Aufgabenverteilung berücksichtigte die Kernkompetenzen der verschiedenen Firmen. Die Treiber auf Hardwareebene und das Betriebssystem wurden von den Elektroniklieferanten bearbeitet. Alle Getriebefunktionen wurden von ZF entwickelt. Die Schaltstrategien wurden vom Fahrzeughersteller geplant und vom Elektroniklieferanten implementiert.

Die Schnittstellen wurden so definiert, dass die Betriebssoftware objektorientiert strukturiert werden konnte. Es wurde darauf geachtet, dass die Funktionen kein Feedback entwickeln und dass sie alle sicher gekapselt sind. Dadurch können die Entwicklungspartner ihre jeweiligen Aufgaben parallel zueinander abarbeiten.

Um die Ressourcen und das Know-How optimal zu nutzen, wurden firmenübergreifende Systemengineering-Teams (SE-Teams) gegründet. Diese neue Form der Zusammenarbeit in Verbindung mit SW-Sharing hat gezeigt, dass dadurch Entwicklungszeiten bei gleichzeitiger Qualitätsverbesserung deutlich reduziert werden können.

Die Erfahrung hat auch gezeigt, dass das alte Paradigma, dass die Verantwortung für eine Software nur dann übernommen werden kann, wenn sie aus einer Hand stammt, aufgrund der geänderten Randbedingungen nicht mehr gerechtfertigt ist. Wesentliche Funktionssteigerungen konnten dadurch erreicht werden, dass der gesamte Prozess der Funktionsentwicklung in der Hand der ZF war.

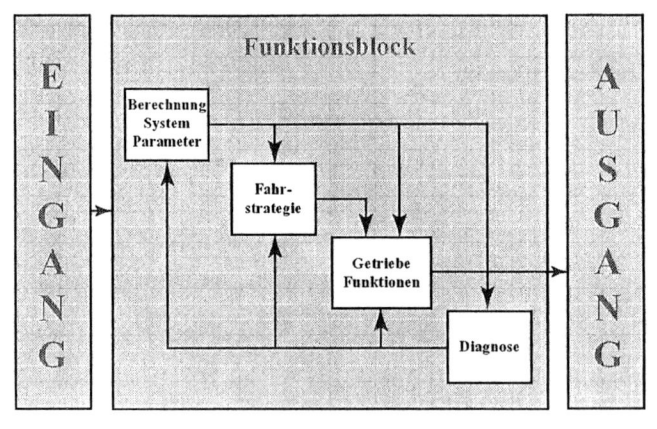

Bild 15: Funktionsstruktur

Es wurde offensichtlich, dass trotz anfänglicher Skepsis das Software-Sharing nicht nur eine realistische Möglichkeit ist, sondern auch eine wesentliche Verbesserung des Qualitätsstandards mit sich bringt. Einer der Gründe hierfür ist, dass die Programmstrukturen und Schnittstellen frühzeitig klar definiert wurden.

4.2.2 Strukturierung und Modularisierung

Die Wiederverwendung von Software ist ein entscheidender Faktor der modernen Softwareentwicklung, ein Faktor, dessen Bedeutung in den nächsten Jahren wachsen wird. Modulare Softwarestrukturen mit klar definierten Schnittstellen sind eine unabdingbare Voraussetzung für die Wiederverwendbarkeit von Software.

Aufgrund der Erfahrung mit mehreren Softwareprojekten der Vergangenheit benutzen wir eine optimierte Funktionsstruktur, die in **Bild 15** dargestellt ist.

Nahezu alle Module für Signaleingang und Signalausgang sind nicht getriebespezifisch und können in erheblichem Umfang wiederverwendet werden. Das "Fahrstrategie"-Modul zeigt einen Zielzustand für das gesteuerte System auf, z.B. für den einzulegenden Gang. Das Modul "Getriebefunktionen" benutzt den Zielzustand zur Berechnung der Parameter für die Stellglieder.

4.2.3 Programmiersprachen

Ein weiterer Beitrag zur hohen Softwarequalität basiert auf dem Konzept der objektorientierten Programmierung, Modularisierung, Kapselung usw. und auf dem durchgehenden Einsatz einer Hochsprache, die nicht nur auf einen Prozessor beschränkt ist. In diesem Falle wurde ANSI C benutzt **(Bild 16)**.

Neben der Verbesserung der Qualität hat der Einsatz einer hardwareunabhängigen Hochsprache die Wiederverwendbarkeit von Software und Funktionen erheblich verbessert. Darüber hinaus hat eine solche Wiederverwendung die Entwicklungszeiten von Folgeprojekten erheblich verkürzt. Weitere Erfolge wurden durch den Einsatz grafischer Programmiersprachen erzielt (z.B. Zustandsdiagramme) in Verbindung mit modernen CASE-Tools. Die Strukturierung von Funktionen und Software mit Hilfe grafischer Sprachen macht sie leichter verständlich und verbessert die Transparenz insgesamt. In Zukunft wird C-Code mit Hilfe von Code-Generatoren erzeugt. Die Programmierung von Funktionen der Steuerung wird auf einer anderen "Ebene" durchgeführt - jener der grafischen und problembezogenen Programmierung.

Graphische Programmierung wird Standard
ZF-Erfahrung seit 1985

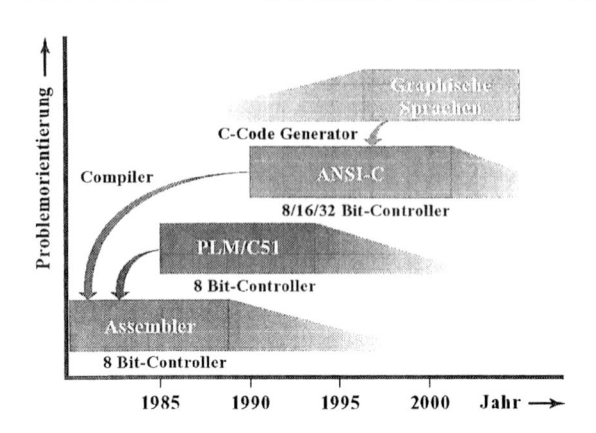

Bild 16: Controller-Sprachen - Verwendung bei ZF

4.2.4 Spezifikationssprache

Das hier diskutierte Prinzip der Modularisierung dient dem Ziel der Erstellung problembezogener Softwarestrukturen. Dies ist der Schlüssel für die Wiederverwendbarkeit von Softwarekomponenten. Weiterhin bietet eine grafische, problembezogene Funktionsbeschreibung dem Entwickler weitere Vorteile bei der Formulierung einer möglichen Lösung.

Für die Entwicklung grafischer Funktionen in der Getriebesteuerung haben sich zwei dominante Beschreibungsmethoden in den letzten Jahren etabliert. Regelfunktionen werden mit Blockdiagrammen und reaktive Funktionen werden als Zustandsmaschinen beschrieben. Reaktive Funktionen sind durch ihre Fähigkeit charakterisiert, zwischen verschiedenen Verhaltensmodi in Reaktion auf Veränderungen von Systemparametern zu wechseln. Ein Beispiel einer reaktiven Funktion ist die Wählschalterauswertung eines Automatgetriebes. Hier muss das Getriebe unterschiedliche Reaktionen auf Fahrer-Anforderungen zeigen.

Eine Zustandsmaschine besteht aus einer Reihe von Systemzuständen und einer Reihe von Übergangspunkten zwischen diesen Zuständen. Beispiele für Systemzustände eines Automatgetriebes sind "Rückwärts" und "Drive (Fahren)". Die für Zustandsmaschinen angewendete Methode hilft dem Entwickler, das Systemverhalten klar zu verstehen. Die wichtigsten für die Entwicklung von Funktionen in der Automobilelektronik verwendeten Werkzeuge stellen diese Methode heute zur Verfügung, was wiederum die Bedeutung dieser Methode steigert.

Um als Ergebnis einer grafischen Beschreibung einen klaren funktionalen Entwurf zu erhalten, müssen Richtlinien für die Strukturierung (bekannt als "Style Guides") angewendet werden. Diese Style Guides stellen sicher, dass Entwickler die Methode der Beschreibung mit optimalem Nutzen anwenden und gleichzeitig aus der Erfahrung anderer Benutzer lernen können. Um optimale Anwendungsbedingungen zu erreichen ist es notwendig, Faktoren wie die Leichtigkeit, mit der eine grafisch entwickelte Funktion in einem Echtzeitprogramm implementiert werden kann, zu betrachten.

Diese Richtlinien betreffen die grafische Anordnung von Zuständen und Funktionsblöcken. Sie stellen durch eine transparente Methode der Übertragung von Übergangszuständen und Datenströme bereit. Dies erlaubt es unter anderem, Rückschlüsse über funktionelle Beziehungen aus dem Zusammenhang von Zuständen und Modulen zu ziehen.

5. Zusammenfassung und Ausblick

5.1 Mechanik

Das Potential bei der Entwicklung von Automatgetrieben ist noch nicht ausgeschöpft. Hinsichtlich des mechanischen Teils des Systems laufen mehrere Entwicklungen zur Reduzierung von Gewicht und Größe des Getriebes bei gleichzeitiger Steigerung der Leistungsfähigkeit. Dies steht nicht nur für höhere Drehmomente, sondern auch für einen besseren Wirkungsgrad sowie die Verringerung des Ressourcen-Verbrauchs.

5.2 Funktionen

Es ist offensichtlich, dass Funktionen auf elektronischer Basis nicht nur die Mechanik ergänzen, sondern auch wesentlich und homogen zur Funktionalität des Systems insgesamt beitragen. Automatische Getriebe befinden sich auf dem Weg von rein mechanischen Aggregaten zu wissensbasierten Systemen.

5.3 Software

Der Umfang der Software wird weiter exponentiell wachsen. Während vor wenigen Jahren angenommen wurde, dieses Wachstum werde eine Sättigung erreichen, sehen wir heute sogar eine Beschleunigung dieses Trends. Strukturierung der Software, besonders mit objektorientierten Techniken, wird in der Zukunft wichtiger werden.

5.4 Entwicklungsprozess

Wesentliche Veränderungen werden wegen der Forderung einer um 30 % - 50 % verkürzten Entwicklungszeit erzwungen. Vor allem im Kontext des Systemengineering müssen neue Verfahren und Werkzeuge eingesetzt werden. Themen wie "virtuelle Prototypen", "schneller Prototypbau" und "automatische Code-Erzeugung", die heute nur in der Vorentwicklung eingesetzt werden, werden auch in der Serienentwicklung zum Stand der Technik werden.

5.5 Mikrocontroller

In Pkws und Lkws sind die Steuerungen für die Komponenten des Antriebsstrangs diejenigen, welche die höchsten Anforderungen an Leistung, Sicherheit und Verfügbarkeit stellen. Die Getriebesteuerung steht oben auf der Liste im Hinblick auf Komplexität und Umfang der erforderlichen Funktionen und Software. Obwohl heute die leistungsfähigsten verfügbaren Prozessoren für Fahrzeuge verwendet werden, plant ZF bereits den Einsatz von Prozessoren auf der Basis des Power PC für die nächste Generation der elektronischen Steuerungen nach dem Jahre 2001.

5.6 Verpackung, Montage, Anschluss

Miniaturisierung und High-Level-Integration haben bereits zu Kosteneinsparungen geführt. Steuerungen werden in Zukunft dank neuer Technologien wie der Mikrohybridtechnik noch kleiner sein. Die positiven Merkmale der Hybridtechnologie sind hohe Stabilität unter Hitze und Beschleunigung, kombiniert mit verbesserter elektromagnetischer Kompatibilität und kleinerer Baugröße. Dies wiederum bedeutet, dass diese

Steuerungen im Getriebegehäuse selbst untergebracht werden können. Die Integration der Elektronik mit Aktuatoren, Sensoren und Hydraulik als mechatronisches Modul wird bei den meisten Getrieben verwirklicht werden.

Literatur:

/1/ H.Deiss, G.Gierer, W.Runge

Neue Wege der Entwicklungspartnerschaft zwischen Fahrzeughersteller, Zulieferer und Elektroniklieferant

Systemengineering in der KFZ-Entwicklung 3.-5.12.1997 Wolfsburg
New forms of development partnership between vehicle manufacturer, supplier and electronics supplier

System engineering in automotive development 3.-5.12.1997 Wolfsburg

/2/ W.-D. Gruhle, F. Jauch, T. Knapp, C. Rüchardt

Modellgestützte Applikation einer "Geregelten Wandlerüberbrückungskupplung" in Pkw-Automatgetrieben

VDI-Berichte Nr. 1175, 1995

Autorenverzeichnis

Prof. Dipl.-Ing. Mathias Oberhauser
Fachhochschule Esslingen
Hochschule für Technik

Prof. Dipl.-Ing. Hermann Vetter
Fachhochschule Esslingen
Hochschule für Technik

Dipl.-Ing. (FH) Manfred Bek
ZF Friedrichshafen AG
Friedrichshafen

Dr. Joachim Burmeister
ZF Friedrichshafen AG
Friedrichshafen

Dipl.-Ing. Harald Deiss
ZF Friedrichshafen AG
Friedrichshafen

Dipl.-Ing. Bernhard Drerup
ZF Friedrichshafen AG
Friedrichshafen

Dr.-Ing. Kurt Engelsdorf
Robert Bosch GmbH
Stuttgart

Toshifumi Hibi, B.S.M.E.
JATCO TransTechnology Ltd.

Dipl.-Ing. Hans Hillenbrand
DaimlerChrysler AG
Stuttgart

Masamichi Kijima, B.S.M.E., M.S.M.E.
JATCO TransTechnology Ltd.

Dr.-Ing. Ralf Kischkat
AUDI AG
Ingostadt

Prof. Dipl.-Ing. Werner Klement
Fachhochschule Esslingen
Hochschule für Technik

Dr.-Ing. Lutz Paulsen
DaimlerChrysler AG
Stuttgart

Dipl.-Ing. Marko Poljanšek
Robert Bosch GmbH
Stuttgart

Dr.-Ing. Stephan Rinderknecht
GETRAG GmbH & Cie KG
Untergruppenbach

Dipl.-Ing. (FH) Günter Rühle
GETRAG GmbH & Cie KG
Untergruppenbach

Dr.-Ing. Wolfgang Runge
ZF Friedrichshafen AG
Friedrichshafen

Dipl.-Ing. Steffen Schumacher
Robert Bosch GmbH
Stuttgart

Yasuo Sumi, M.S.M.E., B.S.M.E.
JATCO TransTechnology Ltd.

Tohru Takeuchi, M.S.M.E., B.S.M.E.
JATCO TransTechnology Ltd.

Dipl.-Ing. Ralf Vorndran
ZF Getriebe GmbH
Kressbronn

Takeshi Yamamoto, B.S.M.E.
JATCO TransTechnology Ltd.

expert verlag

Prof. Dr.-Ing. Günter Schmitz (Hrsg.) und 55 Mitautoren

Mechatronik im Automobil II

Aktuelle Trends in der Systementwicklung für Automobile

2003, 383 S., € 54,00 SFR 93,00

ISBN 3-8169-2139-6

Ständig steigende Anforderungen an die Kraftfahrzeuge hinsichtlich Emissionen, Verbrauch, Sicherheit und Komfort bedingen immer komplexere Systeme, die in der Regel aus einer Kombination von Mechanik und Elektronik bestehen. Wurden solche Systeme in der Vergangenheit bisher meist noch getrennt nach elektronischem und mechanischem System entwickelt, steht heutzutage immer stärker der mechatronische Ansatz im Vordergrund, bei dem eine gemeinsame Entwicklung mechanischer und elektronischer Komponenten für eine optimal zielgerichtete Lösung sorgt.
Das Buch stellt einen Querschnitt bezüglich der eingesetzten Entwicklungsmethoden, der aktuell verwendeten und künftig verfügbaren Komponenten sowie der Anwendungsgebiete in der Automobilindustrie dar.

Inhalt:
Intelligente Sensoren und Aktoren – Funktionale Integration elektronischer Komponenten in mechanische Bauteile – Mixed Simulation mechanischer und elektronischer Komponenten – HIL-(Hardware in the loop)-Simulation – Rapid Controller Prototyping – Beispiele anhand von Vollvariabler Ventilsteuerung, Getriebsteuerung, Fahrzeugsimulation, Karosserie- und Komfortkomponenten

Die Interessenten:
Fachleute, die direkt oder indirekt mit dem Kraftfahrzeugwesen in Verbindung stehen, insbesondere
– Entwicklungsingenieure in Automobilfirmen
– Entwicklungsingenieure bei Automobilzulieferern
– Führungskräfte aus den entsprechenden Entwicklungsabteilungen
  und Forschung/Vorausentwicklung

**Fordern Sie unsere Fachverzeichnisse an!
Tel. 07159/9265-0, FAX 07159/9265-20
e-mail: expert @ expertverlag.de
Internet: http://www.expertverlag.de**

expert verlag GmbH · Postfach 2020 · D-71268 Renningen

expert verlag

Prof. Dr.-Ing. Klaus Becker (Hrsg.) und 23 Mitautoren

Subjektive Fahreindrücke sichtbar machen II

2002, 224 Seiten, EUR 39,00, SFR 68,00

ISBN 3-8169-2034-9

Der Kaufentscheid und die Zufriedenheit von Automobilkunden ist in hohem Maße von den subjektiven Eindrücken beim Fahren abhängig. Die Fahrzeughersteller bieten daher den Kunden in den verschiedenen Marken und Baureihen definierte Profile bezüglich der Fahrattribute an. Dem subjektiven Fahreindruck kommt somit ein sehr hoher Stellenwert zu.
Im Rahmen der Fahrzeugentwicklung stellt sich somit stets die Frage, welches die subjektiven Empfindungen des Kunden bezüglich der verschiedenen Attribute sind, welches Verhalten vom Kunden bewusst oder unbewusst gewünscht wird und wie die Fahrattribute zu entwickeln sind. Dabei ist es unerlässlich, die Fahrattribute objektiv durch Messungen oder Berechnungen abzubilden und mit den subjektiven Beurteilungen zu korrelieren. Dies bietet neben der Verkürzung der Entwicklungszeiten die Möglichkeit, durch Verringerung der Anzahl der erforderlichen Versuchsfahrzeuge und -komponenten die Kosten zu senken sowie von der Qualität des jeweiligen Beurteilers unabhängig zu werden.

Inhalt:
Objektivierung subjektiver Fahreindrücke - Methodik - Anwendungen: Fahrdynamik, Bremsen, Geräusch- und Schwingungskomfort, Geräuschwahrnehmung, Geräuschdesign, Beurteilung der Geräuschqualität

Die Interessenten:
- Ingenieure, Physiker und Psychologen
  in Forschung und Entwicklung der Automobil- und Zulieferindustrie
  sowie Dienstleistungsunternehmen
- Hard- und Softwareanbieter
- Psychologen, Physiker und Ingenieurwissenschaftler
  an Hochschulen und Forschungsinstituten

Fordern Sie unsere Fachverzeichnisse an!
Tel. 07159/9265-0, FAX 07159/9265-20
e-mail: expert @ expertverlag.de
Internet: http://www.expertverlag.de

expert verlag GmbH · Postfach 2020 · D-71268 Renningen